Dr. Wolfgang Johannsen ist geschäftsführender Mitinhaber der It's Okay Ltd. & Co. KG in Bensheim. Er verfügt über umfangreiche Managementerfahrungen aus seinen Tätigkeiten als Bereichsleiter im Unternehmensbereich IT/Operations der Deutschen Bank und aus seiner Beratungstätigkeit bei Accenture. Er ist als Lehrbeauftragter für Wirtschaftsinformatik an der Frankfurt School of Finance & Management tätig und Mitinitiator des dortigen Kompetenzzentrums »IT-Governance-Practice-Network«. Dr. Johannsen beteiligt sich durch Vorträge und Veröffentlichungen am wissenschaftlichen und praxisorientierten Diskurs zur Thematik IT-Governance.

Prof. Dr. Matthias Goeken ist Juniorprofessor für Wirtschaftsinformatik an der Frankfurt School of Finance & Management und Mitbegründer des »IT-Governance-Practice-Network«, einem Kompetenzzentrum zu Themen der IT-Governance. Im Rahmen dieses Kompetenzzentrums widmet er sich verschiedenen Fragestellungen der IT-Governance in Forschungsprojekten sowie bei Vorträgen, Trainings und Beratungsaktivitäten. Zu seinen Forschungsgebieten zählen darüber hinaus benachbarte Themen wie Informationsmanagement und Anwendungsarchitekturen sowie Business Intelligence.

Wolfgang Johannsen · Matthias Goeken

Referenzmodelle für IT-Governance

Strategische Effektivität und Effizienz mit COBIT, ITIL & Co

Mit einem Praxisbericht von Daniel Just und Farsin Tami

 dpunkt.verlag

Wolfgang Johannsen
johannsen@its-okay.com

Matthias Goeken
m.goeken@frankfurt-school.de

Lektorat: Christa Preisendanz
Copy-Editing: Ursula Zimpfer, Herrenberg
Herstellung: Birgit Bäuerlein
Umschlaggestaltung: Helmut Kraus, www.exclam.de
Druck und Bindung: Koninklijke Wöhrmann B.V., Zutphen, Niederlande

Fachliche Beratung und Herausgabe von dpunkt.büchern im Bereich Wirtschaftsinformatik:
Prof. Dr. Heidi Heilmann · Heidi.Heilmann@t-online.de

Bibliografische Information Der Deutschen Bibliothek
Die Deutsche Bibliothek verzeichnet diese Publikation in der Deutschen Nationalbibliografie;
detaillierte bibliografische Daten sind im Internet über <http://dnb.ddb.de> abrufbar.

ISBN 978-3-89864-397-9

1. Auflage 2007
Copyright © 2007 dpunkt.verlag GmbH
Ringstraße 19
69115 Heidelberg

Für Hannah Goeken
und Gerda Johannsen

Vorwort

Die Aufgaben des Managements in der IT (Informations- und Kommunikationstechnologie) sind vielfältig und ändern sich mit dem technologischen und wirtschaftlichen Fortschritt. Serviceorientierte Architekturen werfen ihre Schatten voraus, neuartige Unternehmensstrukturen werden implementiert, und eine wachsende Anzahl regulatorischer Bestimmungen ist zu befolgen. Die Liste ließe sich fortsetzen.

Die Dynamik des Wandels in wirtschaftlichen Erfolg umzumünzen, setzt auch im IT-Management das Beackern von Neuland voraus. Die Frage ist – um im Bilde zu bleiben –, wo dieses neue Land zu finden ist und welche Eigenschaften es hat. Und um die Metapher noch etwas zu erweitern: Neues Land liegt nicht nur an exotischen Küsten, sondern manchmal auch unter der Wasseroberfläche. Man muss drainieren und Deiche bauen, um es hervorzuholen.

Dieses Buch will aufzeigen, welche Änderungskräfte eine neue Sicht auf das Management der IT erzwingen und dafür sogar einen neuen Begriff, *IT-Governance*, hervorbringen. Aus unserer beruflichen Praxis wissen wir, wie unterschiedlich dieser noch recht neue Begriff verstanden wird. Entsprechend unterschiedlich werden auch die damit verbundenen Rollen in den Unternehmen gefasst. Dies reicht von der Neuetikettierung traditioneller Aufgabenstellungen bis hin zum Willen, die IT im Unternehmen zu transformieren, ganzheitlich neu aufzustellen und die Beziehungen zu den Leistungsabnehmern völlig neu zu gestalten.

Besonders der letztgenannte Punkt, die IT in die Wertschöpfungs- und Prozessketten eines Unternehmens so einzugliedern, dass ihre Wertbeiträge deutlicher hervortreten können, und somit in dieser Beziehung den »klassischen« Unternehmensbereichen anzugleichen, ist ein Gebot der Stunde. Wie sonst könnte die IT von der Kosten- und Ertragsseite gleichermaßen ihren Nutzen für das Unternehmen nachweisen. Die im Harvard Business Review vor einiger Zeit aufgestellte ketzerische Behauptung »IT doesn't matter« kann schließlich nur mit wirtschaftlichen Zahlen widerlegt werden.

Dieses Buch will nicht nur die Problemstellungen benennen und darstellen, sondern auch die Frage nach dem »Neuland« beantworten und wie dieses beackert werden kann. Wir sind dabei dem nahe liegenden Denkansatz gefolgt, dass es ökonomisch vorteilhaft wäre, Neues auch auf Erprobtem aufzubauen. Unter erprobt verstehen wir dabei Methoden, die in sogenannten »Best Practice«-Referenzmodellen verdichtet wurden. Im idealen Fall führt ihre breite Anwendung zum Anheben des Qualitätsniveaus im IT-Management allgemein.

Dies ist mit vereinbarten Regeln der Statik – wie sie Architekten verwenden – vergleichbar. Jeder weiß, wie er seine Berechnungen durchzuführen hat, und so werden Zeit und Kosten gespart. So wie Stararchitekten die Regeln der Statik zu sprengen scheinen, so sollen auch die IT-Governance und die Anwendung von Referenzmodellen weder Wettbewerb noch Innovationen im IT-Management bremsen. Sie sollen jedoch zur Industrialisierung dieses Gebietes beitragen.

Allerdings sind Risiken zu beachten, und die Implementierung ist nicht immer unproblematisch. Referenzmodelle und Standards sind oftmals sperrig, und es lassen sich auch an manchen Stellen Ungereimtheiten und Vagheiten ausmachen. Sie stellen dennoch sehr reichhaltiges Wissen und gereifte Methoden dar, mit denen die Aufgaben der IT unterstützt werden können. Es wäre Verschwendung, würde man dieses Wissen ignorieren.

Wir stellen in diesem Buch Referenzmodelle und Standards im Kontext ihrer Bedeutung für die IT-Governance dar. Die behandelten Themen bilden auch den Arbeitsschwerpunkt der Forschungsgruppe *IT-Governance-Practice-Network (ITGPN)*. Das ITGPN wurde von den Autoren an der Frankfurt School of Finance & Management (ehemals HfB – Business School) gegründet. In enger Zusammenarbeit mit industriellen Sponsoren und Partnern sowie Berufsverbänden arbeitet es an der Weiterentwicklung von Methoden und Modellen der IT-Governance. Dabei verstehen wir uns als Kompetenzzentrum für Forschung, Lehre und Training an der Schnittstelle zwischen Universität und Wirtschaft.

Auf der Website des IT-Governance-Practice-Network *(http://www.frankfurt-school.de/it-governance)* werden wir über unsere Arbeitsergebnisse berichten und auch Informationen über die Weiterentwicklung der Referenzmodelle und Standards bereitstellen.

Danksagung

Der Entschluss, die Thematik IT-Governance in größerem Rahmen darzustellen, ergab sich sowohl aus der praktischen Erfahrung als auch aus der Auseinandersetzung mit dem Gebiet in der Lehrtätigkeit.

Die Einschätzung, ob denn das recht unbekannte Thema IT-Governance im Verlaufe von ca. zwei Jahren so interessant sein würde, dass es in Buchform den Markt bereichern solle, fiel den Autoren ziemlich leicht. Es lag und liegt auf der Hand, dass im Management neue Methoden gesucht werden und deswegen sehr viele Fragen in Richtung IT-Governance zu stellen sind, und auch, dass die Praktiker die Auseinandersetzung mit der Rolle der Referenzmodelle führen wollen.

Dennoch – oder gerade deshalb – gaben viele Menschen wertvolle Ratschläge und halfen mit ihrer Unterstützung. Dazu gehören John Dinger von IBM Raleigh, Ute Johannsen, Prof. Kurt Geihs von der Universität Kassel, Dirk Holler von der KPMG, Ottmar Kraus von It's Okay Ltd. & Co. KG, Dr. Henning Eckhardt von CSC Ploentzke AG und Onur Yildirim. Ihre Hilfe war wichtig, um Fehler auszumerzen, Inhalte zu schaffen, aber auch um die »Kompassnadel« immer wieder nachzujustieren. Wir danken allen herzlich!

In der Spätphase der Manuskripterstellung ergaben sich fruchtbare Diskussionen mit Dr. Martin Fröhlich, Dr. Kurt Glasner und ihren Kollegen von der PricewaterhouseCoopers AG. Herrn Daniel Just und Herrn Farsin Tami danken wir dafür, dass Sie einen Praxisbeitrag beigesteuert haben.

Die forschungsorientierte Atmosphäre der Frankfurt School of Finance & Management und der TU Darmstadt trug gleichfalls zur produktiven Arbeit bei. Mit den Kollegen Rainer Berbner und Nicolas Repp vom Lehrstuhl Professor Ralf Steinmetz der TU Darmstadt wurde ein Schritt in Richtung SOA-Governance getan. Glücklich der, der gute Studenten hat. Die Studierenden im Fach Wirtschaftsinformatik in unserem Kurs des Sommersemesters 2006 an der Frankfurt School of Finance & Management trugen bereichernde Arbeitsergebnisse bei, ebenso wie die Studenten Michael Barrios und Henry Fiddike mit ihren Abschlussarbeiten.

Mit unserer Herausgeberin beim dpunkt.verlag, Frau Professor Dr. Heidi Heilmann, hatten wir besonderes Glück – ihre Kritik war substanziell, umfassend und konstruktiv. Frau Preisendanz vom dpunkt.verlag stand uns jederzeit beratend zur Seite.

Unsere Familien und Freunde hatten das Los zu tragen, uns seltener als sonst zu sehen und auch kleinere Phasen der Ungeduld und des Zweifels mit uns zu überbrücken. Sie haben beides bravourös gemeistert. Ihnen gilt unserer besonderer Dank!

Wolfgang Johannsen, Matthias Goeken
Bensheim, Frankfurt im Mai 2007

Inhaltsübersicht

Inhaltsverzeichnis

1 Einleitung

Governance-Fragestellungen gewinnen in vielen Bereichen an Bedeutung, sowohl in der Privatwirtschaft als auch im staatlichen und halbstaatlichen Sektor. Gemeint ist hiermit die verantwortliche, transparente und nachvollziehbare Leitung und Überwachung von Organisationen und ihre Ausrichtung an Regulierungen, Standards und ethischen Grundsätzen.

In der Wirtschaft hat sich der Begriff »Corporate Governance« für die Leitung und Überwachung von Unternehmen in diesem Sinne etabliert. Die Aufgabe, ein Unternehmen zu führen, verlangt von den Führungskräften im zunehmenden Maße die Berücksichtigung neuartiger externer Interessen am Verhalten und am Geschick des Unternehmens. Sie bringen – am deutlichsten für börsennotierte Unternehmen – veränderte Rahmenbedingungen für Strukturen und Prozesse der Führung, Verwaltung und Kontrolle mit sich.

Corporate Governance

Wesentliche externe Interessen haben sich als neue Regulierungen konkretisiert. Vor dem Hintergrund massiven Fehlverhaltens einiger Entscheidungsträger namhafter Unternehmen in den USA und Europa, die das Vertrauen der Shareholder (Aktionäre) und der Stakeholder (z.B. Mitarbeiter, Kunden, Lieferanten) gleichermaßen erschütterten, sahen sich die Gesetzgeber in den vergangenen Jahren gezwungen, entsprechend tätig zu werden.

Auslöser: Regulierungen

Diese Regulierungen sollen die Transparenz des betriebsinternen Geschehens fördern. Sie fordern insbesondere Verbesserungen in der Qualität der (Finanz-)Berichterstattung des verantwortlichen Managements. Beispielsweise stellen der 2002 in Kraft gesetzte Deutsche Corporate Governance Kodex, das im selben Jahr verabschiedete Transparenz- und Publizitätsgesetz sowie die 2006 verabschiedete achte EU-Richtlinie (Abschlussprüferrichtlinie) u.a. höhere Anforderungen an die Tätigkeit und Zusammenarbeit von Vorständen, Aufsichtsräten und Abschlussprüfern. Vorstände und Aufsichtsräte börsennotierter Aktiengesellschaften müssen jährlich öffentlich erklären, ob und in welchem Umfang sie den Deutschen Corporate Governance Kodex anwenden.

In vielen Fällen verursachen die Regulierungen und der von ihnen ausgehende Zwang, die betrieblichen Abläufe transparenter zu gestalten, einen erhöhten unternehmensinternen Kontrollbedarf. Dieser wird so weit wie möglich durch die Integration automatischer Kontrollen in die Geschäftsprozesse realisiert. An dieser Stelle spätestens schlägt die Corporate Governance auf die Informations- und Kommunikationstechnik (IT) im Unternehmen durch und zwingt diese, bzw. die für sie Verantwortlichen, sich des Themas Governance auch in diesem Bereich anzunehmen. Auch müssen die IT-Systeme, da diese Informationen für Stakeholder produzieren, den Qualitätsansprüchen der Corporate Governance im Hinblick auf Korrektheit und Rechenschaftspflicht genügen (vgl.[Fröhlich & Glasner 2007]).

Auswirkungen auf die IT

So werden Governance-Fragestellungen, da sie sich nicht nur auf der (Gesamt-)Unternehmensebene auswirken, zu spezifischeren Fragestellungen und Herausforderungen auf den tieferen Ebenen der untergeordneten Organisationseinheiten und Fachbereiche, und es bilden sich »Teildisziplinen« wie bspw. die »IT-Governance« heraus. Interessanterweise hat diese verordnete Transparenz mittlerweile dazu geführt, dass die Methoden der IT-Governance auch dazu herangezogen werden, die IT hinsichtlich ihres Beitrages zum Unternehmenserfolg genauer zu beleuchten.

Damit umfasst IT-Governance im engeren Sinne den Auftrag, der ihr aus der Corporate Governance erwächst, und zusätzlich den betriebswirtschaftlichen Auftrag, die Investitionen nach Gesichtspunkten der Effektivität und Effizienz besser zu steuern. Für IT-Verantwortliche ergeben sich durch diese zum Teil neuen, zum Teil gegensätzlichen Fragestellungen und Herausforderungen neuartige Koordinations- und Steuerungsaufgaben.

Instrumentarium zum
Management der IT

Betrachtet man das Instrumentarium für das Management der IT, so lässt sich feststellen, dass dieses im Vergleich zu anderen Managementbereichen weit weniger gefestigt ist und Managementmethoden sowohl in der Wissenschaft weniger diskutiert werden, als auch in der Praxis weniger verbreitet sind. Die Methoden der IT adressieren zum Großteil die Anwendungs- und Systementwicklung sowie den operativen Betrieb, weniger aber Managementaspekte.

Insbesondere in den letzten fünf Jahren sind zur Erfüllung der Aufgaben und Herausforderungen der IT-Governance verschiedene Modelle, Standards, Methoden und Konzepte entwickelt worden. Vor dem Hintergrund der erweiterten Aufgabenstellung scheinen diese als probate Hilfsmittel geeignet zu sein. Zum einen erlauben sie eine fundiertere methodische Unterstützung der Abstimmungs- und Steuerungsaufgaben. Zum anderen sind sie stärker extern orientiert und umfassen auch den Abgleich der IT mit der Geschäftsstrategie (Alignment). So wird IT-Governance zu einer der zentralen Herausforderungen der IT-Verantwortlichen, aber auch der gesamten Unternehmensführung.

Das vorliegende Buch betrachtet im Schwerpunkt Referenzmodelle und Standards als Methoden der IT-Governance. Dabei werden ausgewählte Methoden umfassend dargestellt und diskutiert. Insgesamt gliedert es sich in neun Kapitel mit der Schlussbetrachtung (vgl. Abb. 1–1).

Aufbau des Buches

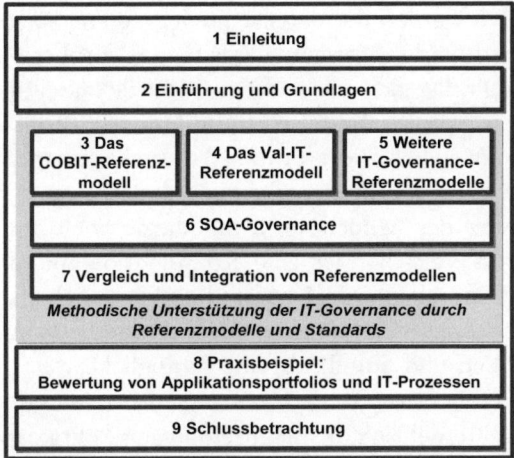

Abb. 1–1
Aufbau des Buches

Im Anschluss an diese Einleitung werden einige aus unserer Sicht relevante »Trends und Treiber« beleuchtet, welche die Verbreitung von IT-Governance gefördert haben. Außerdem werden in Kapitel 2 Grundbegriffe sowie eine IT-Governance-Geschäftsarchitektur erläutert, und es werden Ergebnisse empirischer Studien zur Verbreitung sowie zum Stand der Umsetzung von IT-Governance in Unternehmen vorgestellt.

Kapitel 2

Die folgenden Kapitel 3 bis 5 betrachten unterschiedlich detailliert eine Reihe von Referenzmodellen und Standards, die in den vergangenen Jahren entwickelt wurden und für unterschiedliche Fragestellungen der IT-Governance eine methodische Unterstützung bieten sollen. Hierbei steht COBIT wegen seiner ausgeprägten geschäftsorientierten Sichtweise im Mittelpunkt der Darstellung (Kapitel 3). Die Modelle des Servicemanagements (ITIL und ISO/IEC 20000) und der Informationssicherheit sowie das CMMI als Reifegradmodell werden in Kapitel 5 betrachtet, soweit sie von Relevanz sind für eine Gesamtschau verschiedener Referenzmodelle und Standards in einer umfassenden Architektur. Das relativ neue und eng mit COBIT verbundene Referenzmodell Val-IT stellen wir in Kapitel 4 dar, obwohl es sich noch in einem frühen Stadium befindet. Die Fragestellungen, die von Val-IT

Kapitel 3 bis 5

adressiert werden, schätzen wir allerdings als überaus bedeutsam ein, sodass wir Val-IT einen recht breiten Raum geben.

Kapitel 6   Kapitel 6 überträgt Überlegungen zur IT-Governance auf das neue Architekturparadigma SOA (serviceorientierte Architekturen). Mit dem Aufbau solcher Architekturen ist eine Vielzahl neuartiger und zusätzlicher Governance-Herausforderungen und -Aufgaben verbunden, die an dieser Stelle des Buches betrachtet werden. Gleichfalls werden erste Lösungsansätze für die methodische Unterstützung der Governance von serviceorientierten Architekturen aufgezeigt.

Kapitel 7   In Kapitel 7 werden die dargestellten Referenzmodelle und Standards verglichen, und es werden Überlegungen für ihren kombinierten Einsatz angestellt. Da die verschiedenen Modelle und Standards jeweils unterschiedliche Schwerpunkte setzen und unterschiedliche Aspekte in den Mittelpunkt stellen, liegt es nahe, sie nebeneinander oder kombiniert einzusetzen. Allerdings stehen gerade Überlegungen zum kombinierten Einsatz der Modelle und Standards noch am Anfang und nehmen einen Vergleich oder eine Kombination nur auf einer sehr hohen Abstraktionsebene vor. Insofern handelt es sich hier um ein interessantes Forschungsgebiet. Ziel wäre es, durch die Kombination von Referenzmodellen und Standards eine – möglicherweise flexibel konfigurierbare – IT-Governance-Referenzmodell-Architektur zu schaffen.

Kapitel 8   In Kapitel 8 findet sich die Beschreibung eines Praxisprojektes, das die Unternehmensberatung Steria Mummert durchgeführt hat. Dieses Praxisprojekt veranschaulicht viele der im Buch besprochenen Aspekte und nimmt einen weiteren auf, der bei den Referenzmodellen und Standards fehlt, nämlich die Anwendung eines Vorgehensmodells beim Aufbau einer IT-Governance.

Kapitel 9 widmet sich den Schlussbetrachtungen.

Zielgruppen des Buches   Das Buch richtet sich an *Manager, Projekt-* und *Abteilungsleiter* sowie an *Geschäftsprozessverantwortliche*, die methodische Unterstützung für Fragen der Abstimmung der IT mit den Unternehmenszielen und mit Regulierungen in ihrem Bereich benötigen.

Darüber hinaus dürfte eine Reihe von Aspekten für *Wirtschaftsprüfer* relevant sein, wenn sie mit IT-Prüfungen befasst sind, sowie für *Berater*, die sich mit Fragen des Wertbeitrags der IT und des IT-Alignments beschäftigen.

Die in dem Buch vorgestellten Methoden ergänzen in weiten Teilen das herkömmliche Instrumentarium des IT-Controllings, sodass es für die Lehre im Bereich IT-Controlling ebenso interessant ist wie für den im Unternehmen tätigen *IT-Controller*.

Es richtet sich selbstverständlich auch an *Studierende* und *Lehrende* an Universitäten und Hochschulen, die IT-Governance z.B. in den Fächern Informationsmanagement und IT-Management behandeln.

2 Einführung und Grundlagen

2.1 Die neue Rolle der IT

In Unternehmen wird von der Informationstechnologie (IT) verstärkt gefordert, dass sie aktiver einen Wertbeitrag zu leisten habe; das heißt, es wird zunehmend von ihr verlangt, flexibler, direkter und messbarer zum geschäftlichen Erfolg eines Unternehmens beizutragen [Kagermann & Österle 2006]. Damit ist die IT weitgehend der Möglichkeiten beraubt, sich als – bisweilen technikorientierter – interner Dienstleister einer Wirtschaftlichkeitsdiskussion entziehen zu können bzw. diese auf Kostengesichtspunkte zu beschränken.

Trotzdem verstehen sich auch heute noch viele IT-Manager und -Mitarbeiter als »Cost Center« oder »Service Provider« statt als »Value Center« oder »Enabler« [Hafner et al. 2004; Avison et al. 2004]. »Vor diesem Hintergrund habe ein CIO die Wahl« – so Kagermann/Österle –, entweder »zum Maschinen- und Outsourcing-Verwalter« oder aber zum »Berater des Geschäfts und Verantwortlichen für Prozesse« zu werden. *Geschäftliche Anforderungen an die IT gewinnen an Bedeutung*

Hinzu kommen zahlreiche neue gesetzliche Vorschriften, die zwar geschäftliche Aspekte betreffen, sich jedoch z.T. ganz erheblich auf die IT auswirken.

Der geschäftsgetriebene Veränderungsdruck, dem IT-Abteilungen und deren CIOs ausgesetzt sind, soll im Folgenden als »Business-Pull« bezeichnet werden. *Business-Pull*

Auf der anderen Seite lässt sich eine technologieinduzierte Veränderung der IT selbst feststellen. Es sind technische Entwicklungen und Innovationen zu beobachten, die es gerechtfertigt erscheinen lassen, von einem »Technology-Push« zu sprechen. Hier finden sich Visionen und Konzepte wie Real-Time-Enterprise, Business-on-Demand, Agile Enterprise, Adaptive Enterprise etc., die nicht zuletzt durch IT-Anbieter geprägt werden. Sie implizieren, dass bei fortschreitender Entwick- *Technology-Push* lung der Technik Daten, Anwendungen und damit auch Prozesse nahezu in Echtzeit auf Marktveränderungen hin angepasst werden können und so eine enge Synchronisierung von Geschäft und IT möglich werden wird. So würde ein hohes Maß an Flexibilität und Schnelligkeit bei der Einführung und Änderung von Prozessen und damit bei der Umsetzung neuer Geschäftsaktivitäten und -modelle erreicht werden. Darüber hinaus verweisen sie auf das Potenzial für eine grundsätzliche Neuorientierung der betrieblichen IT hin zu serviceorientierten Architekturen.

Abbildung 2–1 stellt die so charakterisierten Trends einander gegenüber.

Abb. 2–1

Business-Pull und

Technology-Push

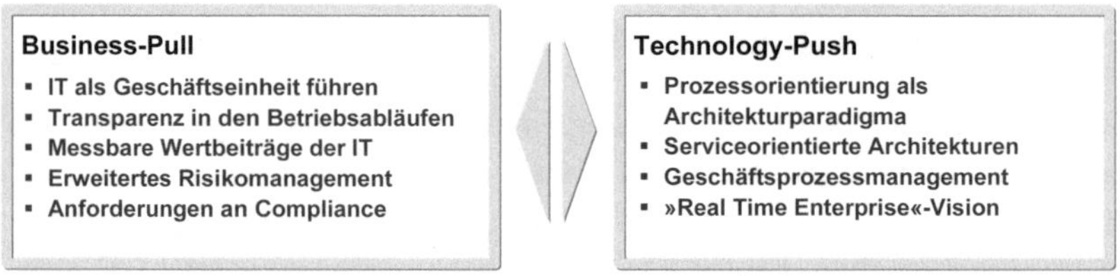

Business-Pull
- IT als Geschäftseinheit führen
- Transparenz in den Betriebsabläufen
- Messbare Wertbeiträge der IT
- Erweitertes Risikomanagement
- Anforderungen an Compliance

Technology-Push
- Prozessorientierung als Architekturparadigma
- Serviceorientierte Architekturen
- Geschäftsprozessmanagement
- »Real Time Enterprise«-Vision

Defizite bei der

methodischen

Unterstützung

Die intuitiven Fähigkeiten eines CIO entscheiden häufig darüber, wie erfolgreich mit dem Business-Pull und dem Technology-Push umgegangen wird [Pfeifer 2003]. Dies ist u.a. auf die bislang unzureichende Unterstützung des IT-Managements durch geeignete Methoden und pragmatisch einsetzbare Verfahren zurückzuführen.

In diesem Kapitel werden zunächst aktuelle Trends, die für die Unternehmens-IT von Bedeutung sind, analysiert (Abschnitt 2.2). Sie stellen Herausforderungen im Sinne von Treibern der Veränderung dar, auf die die Unternehmens-IT reagieren muss. Darüber hinaus motivieren sie den Aufbau einer eigenen IT-Governance-Geschäftsarchitektur, die in Abschnitt 2.3 dargestellt wird. Darunter verstehen wir die Prinzipien des geordneten und strategisch ausgerichteten Zusammenwirkens von Personal, Prozessen und Technologie in der Durchführung der IT-Governance-Aufgaben.

Diese Geschäftsarchitektur trägt dem Umstand Rechnung, dass Vielfalt und Komplexität der Trends und Treiber den Einsatz von Methoden notwendig machen, die eine stärker als bisher auf Effektivität und Effizienz ausgerichtete Steuerung der IT erlauben.

2.2   Trends und Treiber

2.2.1   Wertbeitrag von IT

Die Diskussion um den Wertbeitrag von IT wird im deutschen und intensiver noch im angelsächsichen Raum bereits seit Jahren unter dem Stichwort »Business Value of IT« geführt [Brynjolfsson & Hitt 2003; Brynjolfsson & Hitt 1998; Melville et al. 2004; Porter & Millar 1985; Pfeifer 2003].

Business Value of IT

Einen neuen Impuls erhielt die Debatte im Jahre 2003 durch die Thesen von Nicholas G. Carr, der argumentiert, dass der Einfluss der IT auf den Erfolg von Unternehmen generell zurückgehe [Carr 2004; Carr 2003]. Seiner Ansicht nach vollziehe sich in diesem Bereich etwas Ähnliches, was bereits lange vorher in der Entwicklung der Mechanisierung, der Elektrifizierung, der Fertigung, der Logistik und der Kommunikation zu beobachten war. Die damit verbundenen Güter würden zu einem für jedermann zugänglichen Gut, einer »Commodity«. Diese Kommodisierung schränke den wettbewerbsdifferenzierenden Beitrag der IT für den Unternehmenserfolg ein.

Carr: IT Doesn't Matter

Nun ist die Position Carrs nicht ohne Widerspruch geblieben und wird weiter kontrovers diskutiert. Eine empirische Studie der Economist Intelligence Unit (EIU) [Economist 2005] bspw. offenbart, dass die Technologieinnovationen und ihre Anwendung als die wichtigste Einflussgröße für das Geschäftsmodell von Finanzdienstleistern bis 2010 gesehen wird – deutlich vor Nachfrageveränderungen, regulatorischen Aspekten oder neuen Wettbewerbern (vgl. Abb. 2–2).[1] 84% der Befragten gehen davon aus, dass Technologie allgemein ein kritischer Faktor bei der Anpassung des Geschäftsmodells und bei der Strategieimplementierung ist. Insofern gehen die Erwartungen von Unternehmen – zumindest in diesem Sektor – in eine deutlich andere Richtung.

Studie der Economist Intelligence Unit

---

1.   Die Economist Intelligence Unit (*www.eiu.com*) der englischen Zeitschrift »The Economist« erstellt Analysen und Prognosen für Länder und Branchen für die verschiedensten Themen. In der zitierten Studie wurden 577 »Senior Executives« der Finanzdienstleistungsbranche befragt.

Abb. 2–2

Einflüsse auf das
Geschäftsmodell von
Banken[2]

Technologieinnovation **38**
Verringerte Gewinnspannen **37**
Nachfrageveränderungen **36**
Aufwand durch mehr Regulierung **32**
Schwierigkeiten bei Personalfindung **27**
Politische und ökonomische Unsicherheiten **20**
Steigender Wohlstand in Schwellenländern **18**
Aufwand durch Sicherheitsregulierungen **15**
Deregulierung der Märkte **14**
Verbesserte Qualität der Offshore- und Outsourcing-Anbieter **10**
Verbesserte Qualität und Verfügbarkeit von Low-Cost-Anbieter **10**
Erhöhter Wettbewerb durch Low-Cost-Länder **9**
Verbesserter Schutz geistigen Eigentums **5**
Beschäftigungsstruktur wird »älter« **5**
Energiekosten **2**

Management des
Technikeinsatzes als
entscheidende
Determinante

Auch wissenschaftliche Untersuchungen und z.T. recht umfangreiche empirische Studien kommen zu gegenteiligen Resultaten. So zeigen bereits [Brynjolfsson & Hitt 1998] in verschiedenen Studien, dass der IT-Einsatz deutlich positive nachweisbare Auswirkungen auf den Umsatz, die Produktivität und sogar den Marktwert hat. Auch lässt sich nachweisen, dass IT in verschiedenen Unternehmen unterschiedlich erfolgreich eingesetzt wird. Es lassen sich Produktivitätsunterschiede sowohl zwischen Ländern als auch zwischen einzelnen Unternehmen ausmachen, die in weiten Teilen auf die Nutzung von IT zurückzuführen sind. Untersuchungen von McKinsey und der London School of Economics weisen darauf hin, dass das Potenzial weniger auf der Seite der Informationstechnik an sich zu suchen ist. Diese sei grundsätzlich für jedermann verfügbar. Entscheidend ist vielmehr das Management des Technikeinsatzes, um die effiziente und effektive Nutzung sicherzustellen [Tallon et al. 2000; van Reenen & Sadun 2005, Karimi et al. 2001; Kraemer & Dedrick 1994].

---

2. Beantwortet wird die Frage, welche der genannten Entwicklungen und Umweltfaktoren zwischen 2005 und 2010 die stärksten Auswirkungen auf das Geschäftsmodell von Banken haben wird. Nennungen werden in Prozent angegeben [Economist 2005, S. 7].

Darüber hinaus lässt sich zeigen, dass bei langfristiger Betrachtung der Wertbeitrag der IT noch deutlicher steigt, wenn neue Organisationskonzepte, wie z.B. Prozessorientierung, komplementär unterstützt werden [Brynjolfsson & Hitt 2003; Brynjolfsson & Hitt 1998].

Unterstützung von Organisationskonzepten

Zwar ist eine gewisse Tendenz zur »Kommodisierung« aufseiten der Technik unzweifelhaft festzustellen. Die Studien zeigen jedoch, dass es die betriebswirtschaftlich-fachlichen Konzepte der Techniknutzung sind, die den Ausschlag für den wertsteigernden Einsatz geben, und es scheint durchaus Raum für die innovative und wertsteigernde Nutzung der IT zu geben.

Betriebswirtschaftlich-fachliche Konzepte der Techniknutzung

Mit den so gestiegenen Ansprüchen wechselt dann auch der Fokus bei der Betrachtung der IT. Standen in der Vergangenheit die Automatisierung sowie die Produktivitäts- und Effizienzsteigerung im Vordergrund, so ist das Zielsystem nun deutlich um den Gesichtspunkt der Effektivität und des strategischen Beitrages zum Unternehmenserfolg erweitert [Tallon et al. 2000].

Wir wollen im Folgenden grob zwischen *Effektivität, Effizienz* und einem *strategischen Beitrag* unterscheiden, auch wenn sich vor dem Hintergrund konkreter Sachverhalte zwischen diesen nicht immer ganz trennscharf differenzieren lässt.

Zielkategorien der IT-Nutzung

- Höhere Effizienz bedeutet, dieselben Aktivitäten wie die Wettbewerber besser als diese auszuführen, oder einer populären Charakterisierung folgend, »die Dinge richtig zu tun«. Effizienz wird überwiegend durch taktisch motivierte Maßnahmen erreicht.
- Effektivität zielt darauf ab, aufgrund einer zielführenden Priorisierung der Handlungsoptionen die zur Verfügung stehenden Mittel so einzusetzen, dass der damit angestrebte Geschäftserfolg bestmöglich erreicht werden kann. Vereinfacht bedeutet Effektivität, »die richtigen Dinge zu tun«. Im Gegensatz zur Effizienz wird Effektivität über mittelfristig orientierte Maßnahmen erreicht.
- Unter strategischen Beiträgen der IT verstehen wir solche, die es dem Unternehmen erlauben, einen langfristigen Wettbewerbsvorteil zu erringen oder ein neues Geschäftsmodell zu etablieren (bspw. durch innovativ andersartige Produkte, neue Vertriebs- und Bezugswege, größere Reichweite etc.). Im Gegensatz zur Effektivität führen strategische Beiträge immer zu grundlegenden Veränderungen.

Effizienzvorteile im Sinne von Zeit- und Kostenvorteilen bei der Ausführung von Geschäftsaktivitäten können sich dann ergeben, wenn neue Technologien rasch und früh eingesetzt werden. Durch die IT-Nutzung lassen sich unzweifelhaft Wettbewerbsvorteile durch Auto-

Automatisierung, Kostenreduktion und Produktivitätsvorsprünge

matisierung, Kostenreduktion und Produktivitätsvorsprünge erzielen. Jedoch sind Vorteile in diesem Bereich langfristig oftmals kaum zu verteidigen und gehen tendenziell im Zuge der Kommodisierung verloren.

Nutzung der IT in neuer Art und Weise

Weitergehende Wettbewerbs- und Innovationsvorteile im Sinne eines strategischen Beitrags der IT können sich durch die veränderte Nutzung vorhandener Technologien ergeben. Hier ermöglicht die IT bspw. eine grundlegend andere Geschäftstätigkeit und die Durchführung neuer Aktivitäten, durch die sich das Unternehmen neu aufstellen kann. Als Beispiel sei die Digitaltechnik genannt, die in mehreren Industriebereichen (Chemie, Filmhersteller und -entwickler, Kameras, Mobilkommunikation etc.) völlig neue Geschäftsfelder eröffnete und alte zerstörte.

IT als Enabler

Die Rolle eines *Enabler* kommt der IT dann zu, wenn sich Geschäftsfunktionen oder -modelle erst durch ihren Einsatz realisieren lassen. Eine tiefer gehende Analyse zu disruptiven Technologien – solchen also, die tief greifende Veränderungen nach sich ziehen – gibt [Christensen et al. 2004].

Abstimmung des IT-Einsatzes mit der Strategie

Insbesondere dann, wenn eine differenziertere Geschäftstätigkeit durch IT ermöglicht und neue Geschäftsfunktionen unterstützt werden sollen, ist eine umfassende Abstimmung des IT-Einsatzes mit der Strategie des Unternehmens erforderlich, um Komplexität und Kosten beherrschen zu können. Der Einsatz von IT wird dann auf die Unterstützung von marktorientierten Unternehmenszielen bzw. Kernkompetenzen des Unternehmens ausgerichtet sein (vgl. dazu auch Abschnitt 2.2.2 zu IT-Business-Alignment).

Geschäftsprozesse als Hebel für Wertbeiträge

In diesem Zusammenhang ist auch die in Abschnitt 2.2.5 besprochene Prozessorientierung zu sehen. Die Unterstützung der raschen »Time-to-Market« und der kosteneffizienten Abwicklung von Geschäftsprozessen – als den im Kern wertschöpfenden geschäftlichen Aktivitäten – ist der primäre Hebel für den Wertbeitrag der IT.

Wesentliche Facetten des Wertbeitragsbegriffes werden durch Abbildung 2–3 illustriert. Nach [Pfeifer 2003] sind insbesondere drei operative Hebel zu nennen, die den Wertbeitrag der IT zum Unternehmenserfolg positiv beeinflussen:

Operative Hebel der IT

- Die Erhöhung der Beiträge der IT an der Wertschöpfung des Unternehmens durch eine zielgerichtete »Verbesserung der Güte der IT«
- Die Reduktion der IT-Aufwendungen durch Maßnahmen des IT-Bereichs im Unternehmen selbst
- Beiträge der IT zur effizienteren Kapitalnutzung im Unternehmen

Über diese Hebel werden Beiträge zur Steigerung des Betriebsergebnisses und zur Verbesserung der Kapitaleffizienz erzielt, die beiden bestimmenden Komponenten der Wertsteigerung.

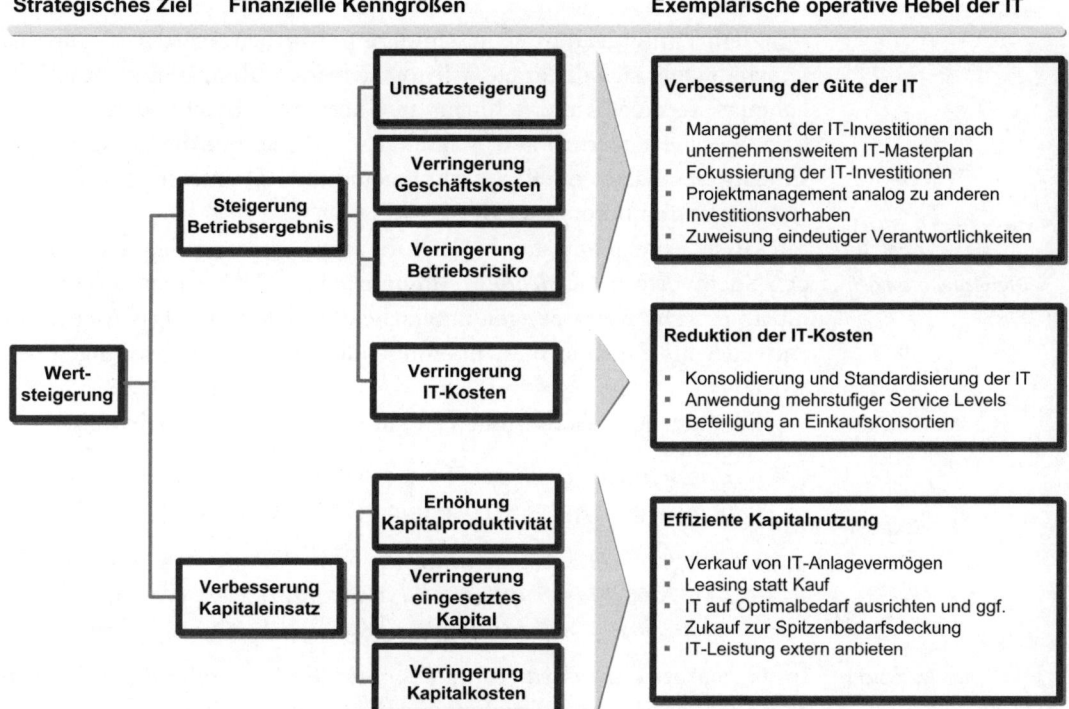

Strategisches Ziel Finanzielle Kenngrößen Exemplarische operative Hebel der IT

Wertsteigerung

Steigerung Betriebsergebnis
- Umsatzsteigerung
- Verringerung Geschäftskosten
- Verringerung Betriebsrisiko

Verbesserung der Güte der IT
- Management der IT-Investitionen nach unternehmensweitem IT-Masterplan
- Fokussierung der IT-Investitionen
- Projektmanagement analog zu anderen Investitionsvorhaben
- Zuweisung eindeutiger Verantwortlichkeiten

- Verringerung IT-Kosten

Reduktion der IT-Kosten
- Konsolidierung und Standardisierung der IT
- Anwendung mehrstufiger Service Levels
- Beteiligung an Einkaufskonsortien

Verbesserung Kapitaleinsatz
- Erhöhung Kapitalproduktivität
- Verringerung eingesetztes Kapital
- Verringerung Kapitalkosten

Effiziente Kapitalnutzung
- Verkauf von IT-Anlagevermögen
- Leasing statt Kauf
- IT auf Optimalbedarf ausrichten und ggf. Zukauf zur Spitzenbedarfsdeckung
- IT-Leistung extern anbieten

Unter dem Gesichtspunkt der Steigerung des Wertbeitrages ist auch ein veränderter Managementansatz zu verfolgen, der unter dem Schlagwort »IT als Geschäft betreiben« steht [Johannsen et al. 2002]. Die Erzielung tatsächlicher Wertbeiträge setzt jedoch voraus, dass IT-Projekte tatsächlich (messbare) Erträge erwirtschaften und ein Unternehmen auch die Notwendigkeit zur Reinvestition sieht.

Dies war in den zurückliegenden Jahren nach dem Verpuffen des Hypes um die E-Economy nur sehr eingeschränkt der Fall. Zudem zwang die veränderte Wettbewerbssituation die Unternehmen, die Kostenschraube anzuziehen. Wirklich gefährlich wurde es für Unternehmen, die zwar die IT-Kosten senkten, dabei aber mehr oder weniger blauäugig übersahen, dass es in erster Linie die (variablen) Kosten für neue Projekte waren, die gestrichen wurden, und nicht oder zuwenig die fixen Kosten für Wartung und Betrieb. Vielfach wurde ein Teufelskreis aus sinkenden Investivmitteln und Projektstreichungen geschaffen, der in eine »Investitionsfalle« führte, aus der nur noch

Abb. 2–3

Operative Hebel der IT zur Erzielung eines Wertbeitrages

energische Nachinvestitionen heraus helfen [Accenture 2002]. Dieser Zeitpunkt ist inzwischen in vielen Unternehmen erreicht.

2.2.2   IT-Business-Alignment

Vor dem Hintergrund der geschilderten Wertbeiträge der IT für das Geschäft stellt sich die Frage, wie die IT-Infrastruktur mit der geschäftlichen Seite eines Unternehmens in Einklang gebracht werden kann bzw. wie die Unternehmens-/Geschäftsstrategie und die daraus abgeleiteten Geschäftsmodelle durch angemessene IT-Infrastrukturen und -Architekturen unterstützt werden können.

Unterschiedliche Begriffsauffassungen   Diese Aspekte werden in der Literatur bereits seit längerem unter den Stichwörtern *IT-Business-Alignment* bzw. *IT-Strategie-Alignment* diskutiert. Die Auffassungen unterscheiden sich darin, dass Alignment entweder als Zustand bzw. Ergebnis oder aber als Prozess angesehen wird.

Statische Sicht   Die folgenden Definitionen entsprechen der ersten Sichtweise:

> » ... *applying IT in an appropriate and timely way, in harmony with business strategies, goals and needs.*« [Luftman et al. 1999].

> » ... *degree to which the information technology mission, objectives, and plans support and are supported by the business mission, objectives, and plans.*« [Reich & Benbasat 2000].

Dynamische Sicht   Im Gegensatz dazu wird häufig auch die Methode oder das Vorgehen zur Erlangung dieses Ergebnisses als Alignment bezeichnet. Diesen prozessualen Charakter des Alignments bringt [Chan 2002] mit ihrer Definition zum Ausdruck. Sie betont, dass Alignment eine Daueraufgabe ist (»is not a state, but a journey«):

> »*The ›bringing in line‹ of the IS function's strategy, structure, technology, and processes with those of the business unit so that IS personnel and their business partners are working towards the same goals while using their respective competencies*« [Chan 2002].

Ziele des Alignments   Ziel des IT-Strategie-Alignments ist es also, die Prioritäten, Kompetenzen, Entscheidungen und Aktivitäten der IT auf das Gesamtunternehmen hin abzustimmen. Tatsächlich zeigen empirische Studien, dass ein verbessertes Alignment zu einem höheren Wertbeitrag führen kann. [Chan et al. 1997] bspw. stellen fest, dass Verbesserungen im Alignment sowohl die Effektivität als auch die Unternehmensleistung an sich ansteigen lassen. [Tallon et al. 2000] weisen nach, dass überlegene IT-Managementverfahren zu einem wesentlich höheren wahrgenommenen Wertbeitrag für das Unternehmen führen und zeigen einen positiven Zusammenhang zwischen dem sichtbaren Nutzen aus dem Einsatz von IT und der Übereinstimmung von IT- und Geschäftsstrategie.

Seit Ende der 90er-Jahre ist eine Vielzahl von Alignment-Modellen entwickelt worden, die versuchen, das komplexe Phänomen zu erklären [Chan 2002; Tallon et al. 2000]. Der Ansatz von [Papp 1999] bspw. lässt sich als eine Alignment-Methode interpretieren und ist damit einer der wenigen, der die Alignment-Problematik nicht vowiegend deskriptiv betrachtet. [Reich & Benbasat 2000] diskutieren personelle und soziale Aspekte des Alignments (Social Alignment). *Alignment-Modelle*

Eine gewisse Prominenz hat in der Diskussion das Strategic Alignment Model (SAM) von Henderson/Venkatraman erlangt, das von verschiedenen Autoren übernommen und erweitert wurde [Henderson & Venkatraman 1993; Luftman 1996; Maes et al. 2000; Avison et al. 2004]. Sie betrachten die geschäftliche Seite eines Unternehmens und stellen diese der IT-Seite gegenüber. Auf beiden Seiten unterscheiden sie zwischen der Strategie (nach außen gerichtete Domänen) und der Infrastruktur (nach innen gerichtete Domänen). Aus diesen zwei Perspektiven resultieren die grundlegenden Bausteine des Modells (vgl. Abb. 2–4). *SAM: Idee und Aufbau*

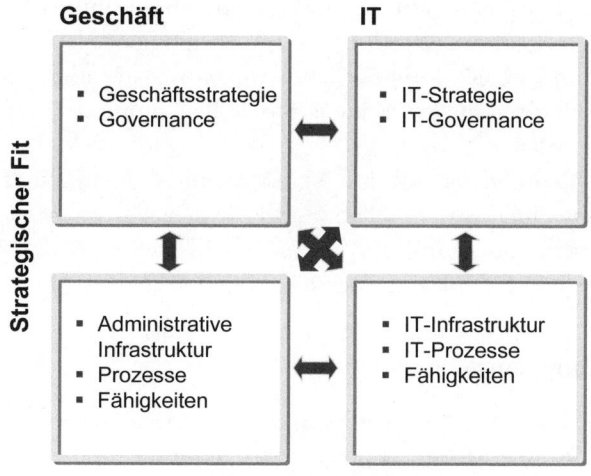

Abb. 2–4

Strategic Alignment gemäß dem SAM mit jeweils zwei nach außen (obere Quadrate) und nach innen gerichteten (untere Quadrate) Domänen

Neben den Domänen an sich werden Abstimmungsaufgaben zwischen ihnen thematisiert:

- Strategischer Fit bedeutet die vertikale Abstimmung der nach außen gerichteten Domänen (Geschäfts- oder IT-Strategie) mit den jeweils korrespondierenden nach innen gerichteten Domänen.

■ Funktionale Integration bezeichnet die Abstimmung in horizontaler Richtung, wobei hier zwischen strategischer (obere Quadrate in Abb. 2–4) und operativer Integration (untere Quadrate in Abb. 2–4) unterschieden wird.

Alignment bedeutet in diesem Modell »a balance among the choices made across all four domains« [Henderson & Venkatraman 1989, S. 477]. Jedoch geht es dabei nicht allein um die bilaterale Abstimmung der Domänen, sondern um multilaterale Beziehungen zwischen ihnen. Ausgehend entweder von der Business- oder der IT-Strategie wird die Wirkungskette über die jeweils horizontal oder vertikal benachbarte Domäne geführt[3].

Alignment-Perspektiven in SAM

Die Autoren unterscheiden demnach vier sogenannte Alignment-Perspektiven, die sich aus den involvierten Domänen ergeben. Das SAM beinhaltet damit eine »Cross-Domain-Perspektive«, da weder die Herstellung eines strategischen Fits noch die funktionale Integration allein hinreichend ist, um Geschäft und IT abzustimmen.

Grenzen von SAM

Das SAM ist als Strukturierungshilfe und als Modell zur Systematisierung des Alignment-Problems geeignet. Jedoch stellen Henderson/Venkatraman keine Methode i.S.v. Handlungsanweisungen, Techniken und Aktivitäten bereit, um das Alignment zu unterstützen. Ebenfalls bleiben Steuerungsaspekte, die das Alignment als Daueraufgabe begreifen und eine kontinuierliche Anpassung gewährleisten, außer Acht. Darüber hinaus fehlt eine explizite Beachtung der prozessorientierten Perspektive.

Nach Meinung der Autoren (vgl. Abschnitt 2.2.1) stellt die Prozessorientierung einen wesentlichen Hebel für den Wertbeitrag der IT dar. Insofern wäre auch für ein Alignment-Modell wie das SAM die Berücksichtigung der Prozessperspektive wünschenswert.

2.2.3   Compliance

Transparenz in der Unternehmensführung

Schwere Fehler bzw. kriminelle Praktiken in der Betriebsführung (z.B. der Firmen Worldcom, Enron) und dadurch ausgelöste heftige Erschütterungen auf den Finanzmärkten führten zu einer Reihe neuer Gesetze und Regulierungen. Die so erzwungene verbesserte Transparenz in der Unternehmensführung soll verloren gegangenes Vertrauen und den Anlegerschutz wiederherstellen. Um diesen Bemühungen weiteres Gewicht zu verleihen, wurde der Corporate Governance (Unternehmensleitung und -überwachung) erhebliche Aufmerksamkeit zuteil

---

3. In einer Erweiterung schlägt [Papp 2001] vor, den Aufbau der Wirkungsketten auch von den unteren Quadraten her vorzunehmen.

[Weill & Ross 2004, S. 4 f.]. Dabei stehen die z.T. sehr aufwendigen Aktivitäten zur Herstellung von Compliance, also die Übereinstimmung zu gesetzlichen, aufsichtsrechtlichen und freiwilligen Regeln, im Mittelpunkt.

Die bekanntesten Gesetze dieser Art sind der Sarbanes-Oxley Act (SOX), die International Accounting Standards (IAS), die Mindestanforderungen an das Risikomanagement (MaRisk), Basel II, das Gesetz zur Kontrolle und Transparenz im Unternehmensbereich (KonTraG), Solvency II u.a.m. (vgl. Tab. 2–1).

Gesetze und Regulierungen

SOX bspw. ist bindend für alle in- und ausländischen Unternehmen, die bei der amerikanischen Börsenaufsicht SEC (Securities and Exchange Commission) registrierungspflichtig sind, sowie für deren Tochtergesellschaften. Der Geltungsbereich erstreckt sich auf die Unternehmen und deren Tochtergesellschaften unabhängig davon, wo die Aktien dieser Firmen gehandelt werden. Darüber hinaus betrifft das Gesetz Wirtschaftsprüfungsgesellschaften, sofern diese bei der SEC registrierungspflichtig sind oder die Jahresabschlüsse von Unternehmen, die bei SEC registriert sind, prüfen. Der Zusammenhang zwischen den in SOX geforderten Maßnahmen und der IT der betroffenen Unternehmen wird an ausgewählten Abschnitten deutlich. Besondere Berücksichtigungen verdienen die Abschnitte 302, 404 und 409 (vgl. Abschnitt 3.7.1).

Sarbanes-Oxley Act, SOX

Nahezu jedes der Gesetzes- und Regelwerke der Corporate Governance hat signifikante Auswirkungen auf das IT-Management, sodass sich, allein schon durch Compliance-Anforderungen motiviert, IT-Governance als Pendant zur Corporate Governance und als Funktion der IT etabliert hat. Da mit den neuen Gesetzen der Vorstand nun ein wesentlich größeres Interesse an der Richtigkeit der vorzulegenden Finanzberichte hat, steigt auch die Notwendigkeit, die Angemessenheit und Ordnungsmäßigkeit sowohl der Systementwicklung als auch des Systembetriebs nachzuweisen. Insofern ist davon auszugehen, dass eine nachhaltige Umsetzung der Compliance-Richtlinien nur mit einer IT-Governance sinnvoll zu realisieren ist, die diese Aufgaben mithilfe angepasster Methoden unterstützt.

Auswirkungen auf die IT

Tab. 2-1

Compliance – Gesetze

und Regulierungen

Compliance Gesetze/ Regulierungen	Geltungsbereich (D: national, I: International) Verwendung	
Anlegerschutz und Finanzwesen		
KonTraG	D	Kontroll- und Transparenz-Gesetz, u.a. Verbesserung der Qualität der Abschlussprüfung
SOX	I	Sarbanes-Oxley Act, Offenlegungspflichten für alle an US-Börsen notierten Unternehmen
IAS	I	International Accounting Standard, Normen für die Rechnungslegung und Berechnung der Finanzergebnisse
Basel II	I	Eigenkapitalregeln bei Bankgeschäften
EU 8th Directive	I	8th Company law directive on statutory audit (»Abschlussprüferrichtlinie«)
GDPdU	D	Digitale Betriebsprüfung
EU Geldwäscherichtlinie	I	Bestimmungen zur Bekämpfung von Geldwäsche
USA Patriot Act	I	Bestimmungen zur Bekämpfung von Geldwäsche
MaRisk	D	Mindestanforderungen an das Risikomanagement
Solvency II	D	Rahmenwerk für die Versicherungsaufsicht
Sicherheit		
BDSG	D	Bundesdatenschutzgesetz
IT-Grundschutzhandbuch	D	Standard-Sicherheitsmaßnahmen, Bundesamt für Sicherheit in der Informationstechnik (BSI)
SigG	D	Signaturgesetz, rechtlicher Rahmen für die Erstellung und Verwendung elektronischer Signaturen
ISO 17799	I	Internationaler Standard für die Sicherheit von Geschäftsinformationen
95/46/EU	I	Datenschutzrichtlinie der Europäischen Union
2002/58/EU	I	Richtlinie der Europäischen Union zur Verarbeitung personenbezogener Daten

2.2.4 Risikomanagement

Erhöhtes Risikobewusstsein

Die wachsende Abhängigkeit der Unternehmen von ihren Informationsbeständen und ihrer Informationsverarbeitung führt bei Anlegern, Regulierungsinstanzen und in der Öffentlichkeit zu einem geschärften Risikobewusstsein. Dazu kommt die Bedrohung der Informationen und der Systeme durch kriminelle Aktivitäten.

Konsistentes Sicherheits- und Risikomanagement

Vor diesem Hintergrund erzwingt die zunehmende Verzahnung der Geschäftsprozesse ein konsistentes Sicherheits- und Risikomanagement über die direkt kontrollierbaren Unternehmensteile hinaus. Damit gewinnt die Frage an Bedeutung, wie der Nachweis geführt werden kann, dass die IT mit größtmöglicher geschäftlicher Wirkung und akzeptablem Risiko eingesetzt wird. Die Antwort darauf ist aus Regulierungsperspektive ebenso zu geben wie aus der Perspektive eines unternehmensinternen IT-Dienstleistungsanbieters, der sich zunehmend gegenüber Outsourcing-Angeboten im Markt behaupten muss.

Der Bedarf an Referenzmodellen zur Unterstützung des Sicherheitsmanagements wurde spätestens mit der Vernetzung von Rechenzentren und dem intensiver werdenden Austausch von digitalen Daten zwischen Unternehmen und öffentlichen Institutionen in den 80er-Jahren deutlich. Dies führte u.a. auch zum weitverbreiteten Grundschutzhandbuch des Bundesamtes für Sicherheit in der Informationstechnik.

Einen prozessorientierten Risk-Management-Ansatz bietet das *COSO* COSO (Committee of Sponsoring Organizations of the Treadway Commission) Enterprise Risk Management Model [COSO 2004], das im Rahmen von SOX-Compliance-Nachweisen wachsende Akzeptanz findet.

2.2.5 Prozess- und Serviceorientierung

Aktuell ist eine Renaissance der Prozessorientierung zu beobachten, um die es nach intensiv geführter Diskussion Anfang der 90er-Jahre etwas stiller geworden war. Laut Umfragen wird ihr bspw. im Finanzdienstleistungsbereich eine hohe Priorität beigemessen, die tendenziell noch ansteigt [Acrys et al. 2006].

Der Einschätzung von Porter/Millar, dass die IT eine außerordentliche Bedeutung für die Wertschöpfungskette und damit auch für die Aktivitäten und Prozesse eines Unternehmens hat [Porter & Millar 1985, S. 151 f.], wird heute nicht mehr widersprochen.

Wertbeitrag der IT über Prozessorientierung

Im Kern geht es auch heute auf der technischen Seite darum, funktional orientierte Anwendungen abzulösen oder sie so in Prozesse einzubinden, dass funktionale und abteilungsbedingte Grenzen nicht mehr hinderlich sind. Jedoch scheinen für diese neue Welle der Prozessorientierung die Erfolgsaussichten ungleich besser zu sein: So liegen heute ausgereiftere Methoden und Werkzeuge für Entwicklung und Modellierung vor. Darüber hinaus existieren leistungsstarke Infrastrukturen für die Prozess- und Anwendungsintegration.

Der Fortschritt in der prozessorientierten Steuerung der Unternehmensabläufe ist spürbar, jedoch geben Umfragen zufolge in der überwiegenden Anzahl der Unternehmen die IT-Architekturen die Geschäftsprozesse vor, nicht umgekehrt [Acrys et al. 2006].

Insbesondere Flexibilität ist schwer herzustellen. Die IT-Landschaft in Unternehmen ist typischerweise über die Jahre gewachsen und umfasst die unterschiedlichsten Kommunikationsstandards,

Flexibilität durch serviceorientierte Architekturen

Betriebssysteme und Anwendungen. Hier verspricht das Paradigma einer serviceorientierten Architektur (SOA) Abhilfe [Berbner et al. 2006]. Die Grundidee besteht in der flexiblen Komposition von Geschäftsprozessen aus technologieunabhängigen Services definierter fachlicher Funktionalität. Services sind z.B. über eine Enterprise-Application-Integration-(EAI-)Schicht lose miteinander gekoppelt.

Das Innovationspotenzial der IT würde sich in diesem Bild hin zur Fähigkeit des Anwenders, innovative Prozesse zu konfigurieren, verschieben. Zu Recht weisen [Berbner et al. 2006] in diesem Zusammenhang auf die Notwendigkeit einer Managementkomponente hin, da die Migration zu SOA ihren Preis in dem komplexer werdenden Management der Dienstgüte habe. Verfügbarkeit, Leistungsfähigkeit und Fehlerhäufigkeit seien unter dem Aspekt der Dienstgüte zu steuern. Im Hinblick auf die Prozessorientierung erhält die SOA-Umsetzungsproblematik eine zusätzliche Komplexitätsdimension.

Governance-Herausforderungen durch SOA

Ein zentraler Aspekt hierbei ist die »Governance«, d.h. sowohl die Corporate- als auch die IT-Governance, die es miteinander in Einklang zu bringen gilt. Man braucht eine Architektur, die es erlaubt, flexibel Prozesse zu ändern und innovative Prozesse einzuführen, d.h. die Geschäftsprozesse und somit auch die gesamte Geschäftsarchitektur flexibel im Sinne der Strategie und des Geschäftsmodells anzupassen.

Aus dem Trend hin zu serviceorientierten Architekturen ergeben sich neue Herausforderungen für die IT-Governance. Diese Herausforderungen und erste Lösungskonzepte werden in Kapitel 6 diskutiert.

2.3 Geschäftsarchitektur für IT-Governance

Die bisherige Diskussion hat gezeigt, dass mittlerweile ein Stand der Technik erreicht ist, durch den die Aussichten für eine effizientere Unterstützung der Geschäftsprozesse und deren Flexibilisierung durchaus als gut zu bewerten sind. Aber auch über die direkte Prozessunterstützung hinaus hat die IT das Potenzial, indirekt einen Wertbeitrag zu leisten.

Zusammenspiel von Strategie, Prozessen und Anwendungssystemen

Idealtypischerweise werden Prozesse aus der Strategie abgeleitet und so spezifiziert, dass sie diese operativ unterstützen; Prozesse selbst wiederum basieren auf einer mit ihnen abgestimmten IT-Infrastruktur. Auch hier ist eine enge Verzahnung zu fordern, sodass die Prozesse angemessen durch Anwendungssysteme unterstützt werden.

In der Praxis bleibt es jedoch häufig ein ungelöstes Problem, IT so zu nutzen, dass sie tatsächlich nachweisbar und wirkungsvoll zur Erreichung der Geschäftsziele beiträgt. Zum einen sind hierfür, infolge der ausgeprägten IT-Fachterminologie und nach wie vor bestehenden

Unterschiede in den »Berufskulturen«, Barrieren zwischen Fach- und IT-Abteilung verantwortlich. Zum anderen findet man kaum methodische Unterstützung für diese Aufgabe [Avison et al. 2004].

Dies legt den Entwurf einer konzeptionellen Gesamtsicht auf die IT nahe, die die Steuerungsaspekte hervorhebt, die sich durch die Notwendigkeit eines besseren Alignments und eines höheren Wertbeitrags der IT sowie durch neue Compliance- und Risikoanforderungen ergeben. Im Folgenden wird eine Geschäftsarchitektur skizziert, die sowohl der Notwendigkeit einer expliziten Berücksichtigung der Steuerungsschicht als auch der Prozessorientierung Rechnung trägt (vgl. Abb. 2–5).

Konzeptionelle Gesamtsicht auf die IT

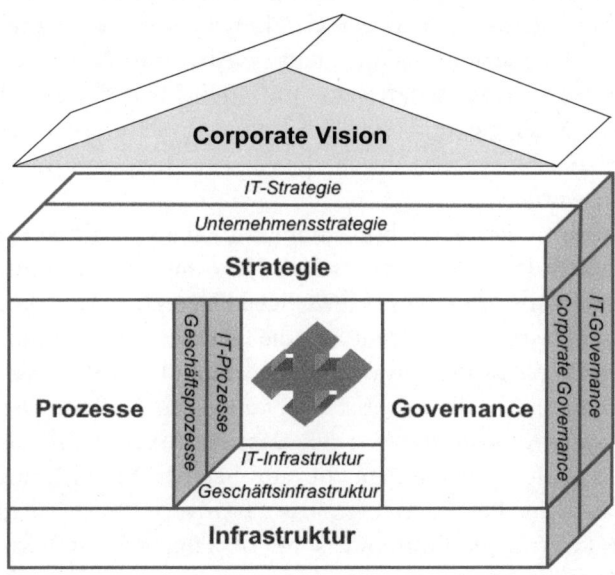

Abb. 2–5
IT-Governance-Geschäftsarchitektur [Johannsen & Goeken 2006]

In der Frontalsicht der Geschäftsarchitektur ergibt sich ein Zusammenspiel von Strategie, Prozessen, Governance und Infrastruktur, die hier einen generischen Bezugsrahmen bilden, der zum einen mit Blick auf das Gesamtunternehmen, zum anderen mit Blick auf die IT spezialisiert wird.

Generischer Bezugsrahmen

Die *Strategie* beschreibt, wie sich eine Organisationseinheit am Markt und hinsichtlich ihrer Kompetenzen positioniert, um nachhaltige Wettbewerbsvorteile zu erzielen [Winter 2003]. Insofern wird sowohl dem Market-based View als auch dem Resource-based View der Strategiediskussion Rechnung getragen. *Prozesse* sind eine Abfolge von Aufgaben, die über mehrere organisatorische Einheiten verteilt sein können. Sie werden aus der Strategie abgeleitet und unterstützen sie. Prozesse wiederum benötigen eine *Infrastruktur* als Plattform für ihre Ausführung [Österle & Blessing 2005].

Strategie, Prozesse, Infrastruktur

Governance-Perspektive

Neben den genannten Ebenen, die sich so oder vergleichbar in verschiedenen Architektur- und Modellierungsansätzen finden [Österle & Blessing 2005; Winter 2003; aber auch bspw. in ARIS], wird in die in Abbildung 2–5 dargestellte Geschäftsarchitektur eine Governance-Perspektive integriert. Sie dient zur Verdeutlichung einer Steuerungssicht, die nach Auffassung der Verfasser für die Abstimmung der Strategie mit den Prozessen und der Infrastruktur zwingend erforderlich ist. *Governance* bezeichnet die verantwortungsvolle, nachhaltige und auf langfristige Wertschöpfung ausgerichtete Organisation und Steuerung von Aktivitäten und damit das gesamte System interner und externer Leitungs-, Kontroll- und Überwachungsmechanismen.

Parallele zu SAM

Darüber hinaus wird in der Geschäftsarchitektur – analog zum Modell von Henderson/Venkatraman (s. Abschnitt 2.2.2) – zwischen der Unternehmens-/Geschäftsseite und der IT differenziert. Beide haben eine Strategie und ein Governance-System, und sie führen jeweils spezifische Prozesse durch, die von spezifischen Infrastrukturen unterstützt werden.

Governance als
Daueraufgabe

Demnach finden sich Abstimmungsaufgaben zwischen der Unternehmens- und der IT-Strategie (strategische funktionale Integration). Bezüglich der Abstimmung der jeweiligen Strategie mit der korrespondierenden Infrastruktur verdeutlicht die Geschäftsarchitektur, dass ein »Fit« durch die Ausführung von strategieadäquaten Prozessen hergestellt werden muss, die praktisch zu unterstützen sind. Die Governance-Perspektive stellt dabei sicher, dass die Abstimmung als Daueraufgabe begriffen wird und nicht nur bei der Entwicklung selbst, sondern auch im Betrieb erfolgt. Die IT-Governance wird nicht nur durch die IT-Strategie bestimmt, sondern hängt unmittelbar von der Corporate Governance und somit mittelbar von der (Gesamt-)Unternehmensstrategie ab. Die IT-Prozesse leiten sich ebenfalls sowohl aus der IT-Strategie als auch aus den operativen Geschäftsprozessen ab. Hier ist es die zentrale Aufgabe der IT-Governance, eben diese Abstimmungsprozesse zu organisieren und zu steuern.

Diese und die weiteren Steuerungs-, Organisations- und Abstimmungsbeziehungen zwischen den Bausteinen der Geschäftsarchitektur werden durch das schwebende Pfeilkreuz symbolisiert in Analogie zu einem Kraftfeld. In einem Idealzustand schwebt es, wenn im Gleichgewicht der Kräfte ein ausgeglichener Zustand erreicht wird.

2.4   IT-Governance: Begriff und Aufgaben

Über die oben genannte generische Governance-Definition hinaus soll der Begriff der *IT-Governance* an dieser Stelle etwas ausführlicher diskutiert werden.

Es ist festzustellen, dass die Definitionen des Begriffs IT-Governance erheblich divergieren. So stellt das IT Governance Institute die Verantwortung der obersten Führungsebene und deren Verantwortung für nachhaltiges Handeln in den Mittelpunkt und hebt Bereiche hervor, denen bei der Umsetzung besondere Aufmerksamkeit geschenkt werden sollte:

Divergierende Definitionen

> »*IT governance is the responsibility of the board of directors and executive management. It is an integral part of enterprise governance and consists of the leadership and organisational structures and processes that ensure that the organisation's IT sustains and extends the organisation's strategies and objectives*« [ITGI 2003a, S.19].

> »*IT governance is concerned about two responsibilites: IT must deliver value and enable the business, and IT-related risks must be mitigated. [...] Governance of IT encompasses several initiatives for board members and executive management. They must be aware of the role and impact of IT on the enterprise, define constraints within which IT professionals should operate, measure performance, understand risk, and obtain assurance*« [ITGI 2005a, S. 167 f.].

Weill/Ross geht es primär um die Verantwortlichkeiten und die damit verbundenen Entscheidungsrechte zur Herstellung eines »gewünschten Verhaltens« in der Nutzung von IT. Im Unterschied zum Management gehe es jedoch bei IT-Governance nicht um spezifische Entscheidungen – dies sei Sache des klassischen Managements – sondern darum, wer Entscheidungen treffen darf bzw. zu ihrer Findung beitragen sollte.

Verantwortung

> »*IT governance: Specifying the decision rights and accountability framework to encourage desirable behavior in the use of IT. IT governance is not about making specific IT decisions – management does that – but rather determines who systematically makes and contributes to those decisions*« [Weill & Ross 2004, S. 2, 8].

Abweichend davon stellen De Haes/van Grembergen die organisatorischen Fähigkeiten, deren sich das Management eines Unternehmens in Wahrnehmung seiner Aufgaben bei der Strategieumsetzung und der

Organisatorische Fähigkeiten

Herstellung des Business-IT-Alignments zu bedienen habe, in den Vordergrund.

> »*IT governance is the organizational capacity exercised by the Board, executive management and IT management to control the formulation and implementation of IT strategy and in this way ensure the fusion of business and IT*« [De Haes & van Grembergen 2004].

Die recht verschiedenen Begriffsauffassungen verdeutlichen auch die mit der Zeit erweiterte Aufgabenstellung der IT-Governance.

Während sich IT-Management vor allem auf die effektive Bereitstellung von IT-Leistungen und -Produkten sowie die Steuerung des operativen IT-Betriebs bezieht, ist *IT-Governance* deutlich breiter und legt den Schwerpunkt auf die Transformation der IT, gemäß den aktuellen und zukünftigen Anforderungen, die von der Geschäftsseite (intern) oder von Kundenseite (extern) an sie herangetragen werden (vgl. Abb. 2–6) [van Grembergen et al. 2004]. Zu der »organisational capacity« bei van Grembergen gehören nach unserer Auffassung insbesondere auch die Methoden zur Steuerung und Kontrolle der IT, die sich zum Teil als Best Practice in den Referenzmodellen der IT-Governance niedergeschlagen haben.

Nach Ansicht der Verfasser und im Einklang mit COBIT umfasst IT-Governance jedoch über den Alignment-Aspekt (in dem hier enger verstandenen Sinne) hinaus auch die Compliance, die Erfolgsmessung, das Ressourcenmanagement sowie das Risikomanagement. Außerdem wird der Fokus auch auf den Wertbeitrag der IT (Value Delivery) gelegt.

Abb. 2–6
IT-Governance vs.
IT-Management

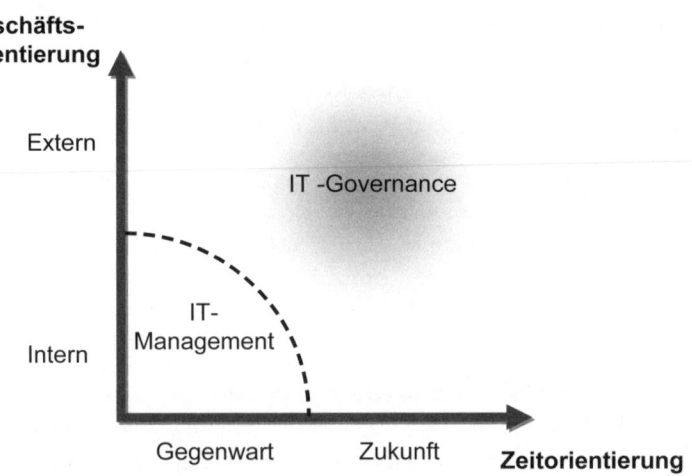

Die evolutionären Schritte von der Technologiebereitstellung zum
IT-Management heutiger Prägung zeigt Abbildung 2–7 ([Koch 2006]).

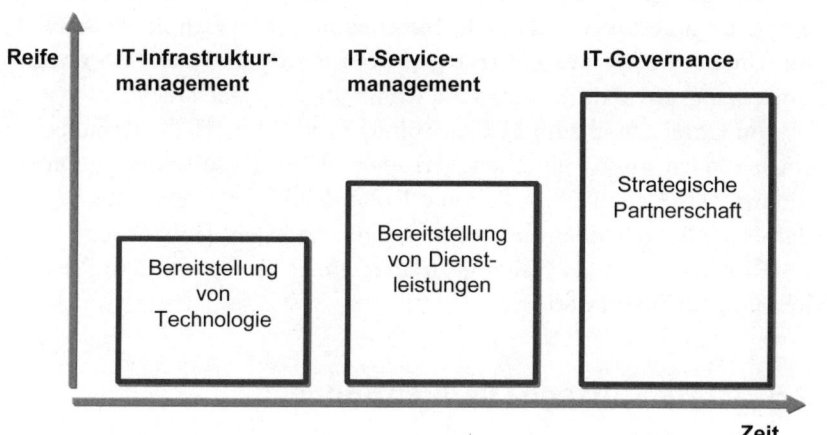

Abb. 2–7
Veränderung der Aufgabenstellung im IT-Management und Evolution der IT-Governance

Während es zunächst darum ging, den Geschäftseinheiten Technologie
in hinreichender Qualität zu bieten, ist die Phase der Bereitstellung von
Dienstleistung durch eine sehr viel unmittelbarere Unterstützung der
Geschäftsprozesse gekennzeichnet. Die Aufgabe wandelte sich vom
IT-Management zum IT-Servicemanagement. IT-Bereiche nehmen ver-
mehrt Anwendungswissen auf, und Applikationen werden mit den
Auftraggebern der Geschäftsseite eng abgestimmt entwickelt.

Evolution der IT und ihrer Steuerung

Für die nächste Phase der IT-Governance erwarten wir, dass die
Bedeutung der IT weiter wächst, sie selbst aber gleichzeitig weiter in
den Hintergrund tritt. Die Verantwortung für die IT wird als Partner
der Prozessverantwortlichen wahrgenommen und damit auch für die
strategische Ausrichtung und nachhaltige Entwicklung des Gesamtun-
ternehmens. Dieser Erweiterung des Aufgabenspektrums steht die sehr
viel engere Verzahnung mit den Prozessen gegenüber, die ein Handeln
sehr viel »enger am Markt« erzwingt.

Nächste Phase der IT-Governance

Die Abstimmung zwischen Geschäft und IT wird zumindest in Teilen durch formale Regeln und klar definierte Schnittstellen sowie
marktähnliche Beziehungen realisiert werden – weniger in gemeinsamen Projekten, wie dies heute der Fall ist.

Eine so verstandene IT-Governance weist selbstverständlich Überlappungen zum IT-Controlling auf. Beim IT-Controlling wird üblicherweise zwischen dem operativen und dem strategischen IT-Controlling
unterschieden. Ersteres hat das Ziel, die Wirtschaftlichkeit der Leistungserstellung zu sichern, und fokussiert zu diesem Zweck auf
Erfolgs-, Rentabilitäts- und Produktivitätskennzahlen. Das strategische Controlling dagegen zielt auf die Sicherstellung und Erhaltung

IT-Controlling

von Erfolgspotenzialen und dient der langfristigen Existenzsicherung. Hierunter fällt die Aufgabe, den Einsatz der Informationstechnologie auf die Unternehmensziele auszurichten und sie damit effektiv und effizient zu gestalten. Als Teilgebiete nennen [Horváth & Rieg 2001] die Unterstützung der IT-Strategieformulierung und der IT-Strategieumsetzung sowie die strategische Kontrolle der IT-Strategie.

Im Unterschied zum IT-Controlling wollen wir IT-Governance als stärker nach außen gerichtet verstehen. Über Regulierungsaufgaben hinaus ist sie auch über die neue Rolle der IT im Unternehmen und damit einhergehenden neuen Geschäftsmodellen [Johannsen et al. 2002] stärker als das bisherige Management direkt mit dem Geschehen im Markt verbunden.

2.5   Unterstützende Referenzmodelle

Methodische Unterstützung der IT-Governance

Das so skizzierte Aufgabenspektrum der IT-Governance legt es nahe, sich methodischer Unterstützung zu bedienen und darüber hinaus Methoden, die industrieübergreifend hohe Ähnlichkeiten aufweisen und nicht wettbewerbsdifferenzierend sind, als Best Practices zu konsolidieren.

Referenzmodelle bzw. Frameworks und Standards

Eine gewisse Verbreitung in diesem Umfeld finden zunehmend sogenannte Referenzmodelle bzw. Frameworks und Standards[4], die sich als Best-Practice-Methoden zur prozessorientierten IT-Steuerung zu etablieren beginnen. Hierunter fallen u.a. COBIT, ITIL, ISO 17799 (zu einer Übersicht vgl. Tab. 2–2).

Tab. 2–2
Übersicht der Referenzmodelle zur Unterstützung der IT-Governance

Kategorie			
(R: Referenzmodell, IS: Internationaler ISO-Standard, Ind: Industrie-Referenzmodell)			
Verwendung			
(CG: Corporate Governance, ITG: IT-Governance, Sv: Servicemanagement, Sc: Sicherheitsmanagement, MA: Maturity Assessment, PM: Project Management, QM: Qualitätsmanagement)			
Name			**Bezeichnung**
COSO	R	CG	Committee of Sponsoring Organizations of the Treadway Commission
COBIT	R	ITG	Control Objectives for Information and Related Technology/IT-Governance
Val IT	R	ITG	Governance of IT Investments
ITIL	R	Sv	IT Infrastructure Library for IT Service Management/ Service Management →

---

4. Wir werden im Folgenden dann den Begriff »Referenzmodell« als Synonym für Frameworks und Standards benutzen, wenn sich eine Differenzierung erübrigt.

Name	Kategorie		Bezeichnung
	Kategorie (R: Referenzmodell, IS: Internationaler ISO-Standard, Ind: Industrie-Referenzmodell) **Verwendung** (CG: Corporate Governance, ITG: IT-Governance, Sv: Servicemanagement, Sc: Sicherheitsmanagement, MA: Maturity Assessment, PM: Project Management, QM: Qualitätsmanagement)		
ISO/IEC 20000	IS	Sv	Specification/Code of Practice for Service Management (BS15000-1/2)
MOF IBM IT PM HP ITSM	Ind	Sv	Microsoft Operating Framework IBM IT Process Model HP IT Service Management
ISO/IEC 27000	IS	Sc	Informationssicherheit, (ISO/IEC 27002 enthält ISO/IEC 17799:2005)
ISO/IEC 17799	IS	Sc	Information technology – Code of practice for information security management
ISO/IEC 15408	IS	Sc	Common Criteria, Security techniques – Evaluation criteria for IT security
IT-Grundschutz	R	Sc	Standard-Sicherheitsmaßnahmen, Bundesamt für Sicherheit i.d. Informationstechnik
CMM/CMMI	R	MA	Capability Maturity Model/Capability Maturity Model Integration
ISO /IEC 15504	IS	MA	Information technology – Process assessment (SPICE-Initiative)
PRINCE 2	R	PM	Projects in controlled environments
ISO 9000, 9001	IS	QM	Quality management systems – Fundamentals and vocabulary
EFQM	R	QM	Business Excellence Model der EFQM (European Foundation for Quality Management)

Generell bieten Referenzmodelle die Chance zur Verbesserung von Prozessen und Managementstrukturen, denn ihre Methoden und Verfahren lehnen sich an erprobte Vorgehensweisen an.

Frameworks als Chance zur Verbesserung

In den folgenden Kapiteln dieses Buches werden verschiedene Referenzmodelle unter dem Gesichtspunkt ihres Beitrages zu einer IT-Governance-Geschäftsarchitektur (s.o.) vorgestellt und ihr Zusammenwirken diskutiert.

Zuvor veranschaulicht der nachfolgende Abschnitt einige Aspekte zur Verbreitung von IT-Governance und ihrer Umsetzung unter besonderer Berücksichtigung des COBIT-Referenzmodells, das auch den Mittelpunkt dieses Buches bildet.

2.6   Akzeptanz von IT-Governance

2.6.1   Weltweite Untersuchungen

Das gewachsene Interesse an IT-Governance veranlasste in der jüngsten Vergangenheit mehrere Unternehmen und Institutionen dazu, Untersuchungen zum Status der Umsetzung anzustellen.

So führte – im Auftrag des IT Governance Institute – die Wirtschaftsprüfungsgesellschaft PriceWaterhouseCoopers (PWC) zwischen Juli und Oktober 2005 eine weltweite Erhebung zur Verbreitung von IT-Governance-Praktiken und von COBIT durch [ITGI 2006d].

PWC führte die Interviews in 22 Ländern durch. Von den 695 Befragten gehört die größte Gruppe mit 265 Befragten zum asiatisch-pazifischen Raum, 191 sind in Europa tätig, 143 in Nordamerika und 96 in Südamerika.

Diverse Studien   Eine weitere Untersuchung, auf die unten Bezug genommen wird, ist eine weltweite Erhebung zum Status der Umsetzung von IT-Governance, die von KPMG durchgeführt wurde [KPMG 2004]. Ziel der Befragung, die 2004 in den Regionen Europa, Mittlerer Osten und Südafrika durchgeführt wurde, war es, den Implementierungsgrad und die Effektivität von IT-Governance zu erheben. Die Befragten aus 19 Ländern und nahezu 200 Unternehmen gehörten überwiegend zur C-Level-Gruppe, d.h. Chief Executive Officer (CEO), Chief Information Officer (CIO) und Chief Operating Officer (COO).

Die Wirtschaftsprüfungsgesellschaft Deloitte führte gleichfalls eine Untersuchung durch, die unter dem Titel »Are you sitting comfortably? – 2005. IT Governance survey findings« [Deloitte 2005] veröffentlicht wurde. Seitens des Beratungsunternehmens Detecon liegt eine Studie »IT-Transparenz – Zum Stand der Praxis in deutschen Unternehmen« [Stephan 2005] vor. Eine weitere weltweite Studie zur Problematik und zu Methoden der bestmöglichen Integration von Geschäft und Technologie unter Innovationsgesichtspunkten wurde unter dem Titel »Innovation und Kooperationsmanagement im Blick« von IBM Global Business Services [IBM 2006] erstellt[5].

In diesem Abschnitt werden Ergebnisse empirischer Erhebungen dargestellt. Wir verfolgen dabei nicht das Ziel, die Erhebungsmethoden und Ergebnisse im Detail zu analysieren und zu diskutieren. Viel-

---

5.   Als Beleg für das weltweit stark gestiegene Interesse am Thema mag auch eine Erhebung im Rahmen einer Master-Thesis am Polytechnic of Namibia in Windhuk dienen [Ndilula 2007], die vom Autor Johannsen betreut wurde. Insbesondere IT-Alignment wurde von den befragten namibischen Unternehmen als verbesserungswürdig anerkannt.

mehr geht es uns darum, ausgewählte Resultate und Erkenntnisse darzustellen und so das Themengebiet »IT-Governance« und »Referenzmodelle« aus Praxissicht zu beleuchten und dessen steigende Bedeutung zu verdeutlichen.

Im Folgenden wird im Wesentlichen auf die Ergebnisse der ITGI-Studie eingegangen. Interessant erscheinende Aspekte der bereits genannten Studien werden dann angesprochen, wenn sie die ITGI-Studie stützen bzw. den Ergebnissen deutlich widersprechen.

Die Erhebung der ITGI-Studie [ITGI 2006d] verfolgte das Ziel, die Bereitschaft zur Umsetzung von IT-Governance und den Bedarf von Methoden und Werkzeugen dafür zu ermitteln. Zielgruppe waren insbesondere Vorstände und das höhere Management. Drei Untersuchungsziele wurden dabei verfolgt:

Ziele ITGI-Studie

Untersuchungsziel 1:
Analyse zum Bekanntheitsgrad von IT-Governance-Konzepten insbesondere auf Vorstandsebene sowie zum Grad der Akzeptanz und der Umsetzungsbereitschaft.

Untersuchungsziel 2:
Kenntnisstand zu Referenzmodellen und ihrem Einsatz in der Praxis.

Untersuchungsziel 3:
Grad des Einsatzes und der Zufriedenheit mit dem COBIT-Referenzmodell.

2.6.2 Ergebnisübersicht

Eine Auswahl von Resultaten der Studie des ITGI [ITGI 2006d] bestätigt die Einschätzung, dass die Bedeutung der IT in den Unternehmen wächst, zeigt aber auch, dass zur Bewältigung der damit verbundenen Herausforderungen nach Methoden gesucht wird, die sowohl die Effektivität der Strategieumsetzung als auch die Effizienz des Betriebs der IT im Unternehmen unterstützen:

▪ **Die Bedeutung der IT wächst weiter**
Für 87% der Befragten ist IT ein sehr wichtiges Instrument zur Erreichung der strategischen Ziele. Bei $2/3$ der Befragten sind IT-Themen regelmäßig Gegenstand bei Vorstandssitzungen.

▪ **IT-Manager schätzen die Bedeutung der IT vergleichsweise gering ein**
Manager der Geschäftsseite schätzen die Bedeutung der IT in ihren Unternehmen höher ein als die für die IT verantwortlichen Manager (CIO). Sie sind im Allgemeinen auch zufriedener mit dem Bei-

trag der IT zum Unternehmenserfolg und mit dem strategischen Abgleich zwischen Geschäft und IT (Alignment).

▪ **Erhebliche Unterschiede zwischen Industriesparten**
Telekommunikationsunternehmen und Finanzdienstleister weisen einen höheren Umsetzungsgrad der IT-Governance auf als Unternehmen des Einzelhandels und Produktionsunternehmen. Diese Ergebnisse korrespondieren mit der Einschätzung der strategischen Bedeutung der IT in diesen Branchen. KPMG [KPMG 2004] kam zu einem unterschiedlichen Ergebnis. Dort wurden keine signifikanten Unterschiede zwischen den Wirtschaftssektoren festgestellt.

▪ **Die wichtigsten Problemstellungen ergeben sich aus Personalfragen**
Unter Berücksichtigung aller Problembereiche und der Häufigkeit des Auftretens von Ereignissen darin, der Signifikanz eines Problemtyps und der Einschätzung der zukünftigen Problembedeutung erscheinen Personalfragen als wichtigster Problemtyp.

▪ **Sicherheit wird nicht als das wichtigste mit IT verbundene Problem gesehen**
Sicherheit und Compliance rangieren auf dem letzten von acht IT-Problemkategorien.

▪ **IT-Outsourcing ist »out«**
IT-Outsourcing wird nicht mehr als die effektivste Methode zur Lösung von IT-Problemen gesehen. Zunehmend setzt sich die Ansicht durch, dass IT-Probleme nicht nach außen verlagert werden können und die Kontrolle über problematische Systeme im Unternehmen verbleiben muss.

▪ **Der Bekanntheitsgrad von ISACA und ITGI wächst**
Im Vergleich zu einer ähnlichen Erhebung vor 3 Jahren ist der Bekanntheitsgrad beider mit IT-Governance als zentraler Aufgabenstellung befassten Institutionen um das Dreifache gestiegen.

▪ **Der Bekanntheitsgrad von CobiT ist gestiegen**
Der Bekanntheitsgrad von COBIT ist insgesamt von 18% auf 27% der Befragten gestiegen. Ein Sechstel aus der Gruppe der Befragten gab an, COBIT gut zu kennen.

▪ **Der Sarbanes-Oxley Act (SOX) ist nicht für den steigenden Einsatz von CobiT verantwortlich**
Die Vorschriften des Sarbanes-Oxley Act verlangen vom Unternehmensmanagement indirekt das Vorhandensein von angemessenen IT-Controls. Nur 38% der befragten COBIT-Nutzer gaben an, es wegen SOX oder anderer regulatorischer Zwänge eingeführt zu haben.

■ **Die Einführung von IT-Governance und CobiT ist schwieriger als erwartet**
Es wurde deutlich, dass abweichend von den Erwartungen der Befragten, die Einführung von IT-Governance und COBIT sich schwieriger gestaltet als erwartet. Es erfordert ein kontinuierliches Management als längeren Prozess. COBIT eignet sich nicht für einen »Out of the Box«-Ansatz. Vielmehr müssen in diesem Prozess eine Auswahl der tatsächlich benötigten Komponenten getroffen und auf den Bedarf des Unternehmens hin angepasst werden.

■ **CobiT wird von 10% der IT-Anwender genutzt**
Gegenwärtig kann von einem COBIT-Nutzungsgrad von 10% ausgegangen werden, d.h., in mindestens einem Zehntel aller Unternehmen werden eine oder mehrere COBIT-Komponenten eingesetzt.

2.6.3 Die Ergebnisse der ITGI-Studie

Im Folgenden werden ausgewählte Ergebnisse der ITGI-Studie [ITGI 2006d] zur Akzeptanz von IT-Governance und COBIT sowie deren Bedeutung in Unternehmen dargestellt.

2.6.3.1 Bedeutung der IT

Die Bedeutung der IT für den Unternehmenserfolg wird von der Mehrzahl der Befragten mit 87% als ziemlich wichtig bis sehr wichtig eingeschätzt. Damit ergibt sich keine signifikante Änderung zu den Ergebnissen einer gleichartigen Befragung im Jahr 2003. Bemerkenswert ist, dass die Einschätzung einer sehr hohen Bedeutung eher zugenommen hat (vgl. Abb. 2–8). Dies korrespondiert mit den Ergebnissen der oben vorgestellten Studie der EIU (vgl. Seite 8).

IT ist sehr wichtig

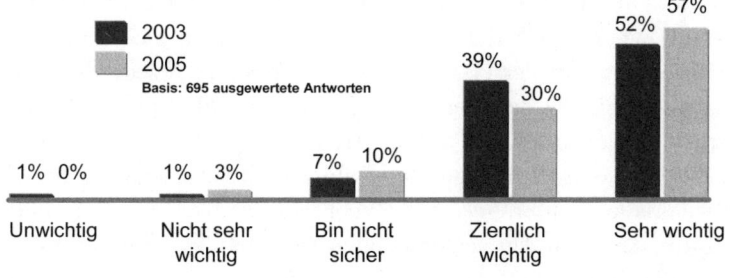

Abb. 2–8
Die Bedeutung der IT für den Unternehmenserfolg

Erwartungsgemäß wird in Telekommunikations- und Finanzdienstleistungsunternehmen die IT häufiger als »sehr wichtig« eingeschätzt als in den anderen Sektoren (vgl. Abb. 2–9). Dennoch liegt ihre Bewertung als »ziemlich wichtig« bis »sehr wichtig« in keinem der Sektoren unter 80%.

Abb. 2–9
Die Bedeutung der IT für die Unternehmensstrategie unterschiedlicher Sektoren

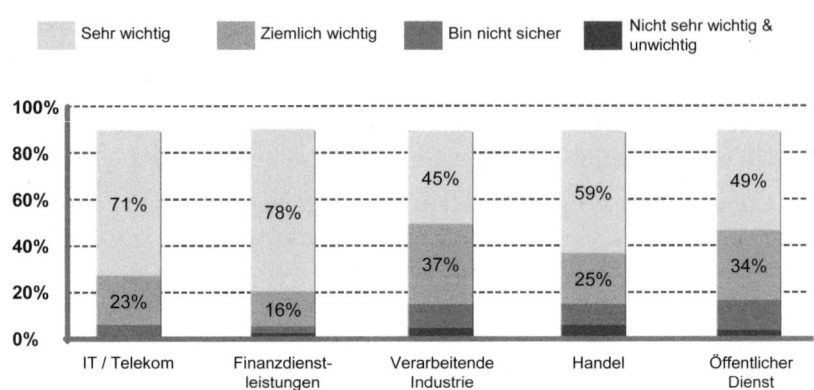

Von den Managern, deren Aufgabenbereiche außerhalb der IT liegen, wird deren Bedeutung zu 67% als »sehr wichtig« eingeschätzt. Diese Bewertung liegt bei ihnen um 13% höher als die Einschätzung durch das IT-Management selbst (vgl. Abb. 2–10).

Abb. 2–10
Die Bedeutung der IT für das Management allgemein und das IT-Management

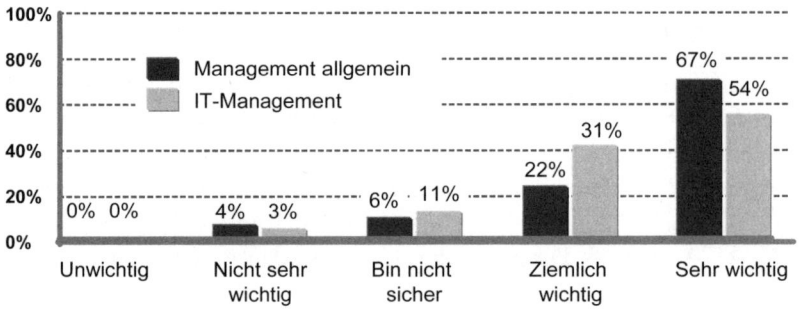

IT im Vorstand

Als weiterer Indikator für die IT-Bedeutung im Unternehmen wurde abgefragt, wie oft sich der Vorstand mit IT-Fragen auseinandersetzt. Die Häufigkeit, mit der IT-Themen vom Vorstand regelmäßig behandelt werden, ist in den Sektoren Telekommunikation und Finanzdienstleistungen wesentlich höher als in den anderen Sektoren (vgl. Abb. 2–11). In der verarbeitenden Industrie ist sie am geringsten. Dieses Ergebnis korrespondiert mit dem Ergebnis der wahrgenommenen Bedeutung der IT in den verschiedenen Sektoren (vgl. Abb. 2–9).

Wertbeitrag

Auf die Frage nach dem geleisteten Wertbeitrag der IT in ihrem Unternehmen antworteten 74% (von 696 Antworten) dieser sei »viel« bis »sehr viel« (vgl. Abb. 2–12). Der immer noch hohe Anteil (26%) derjenigen, die sich nicht in der Lage sahen, den Beitrag überhaupt einzuschätzen bzw. ihn als gering bis sehr gering bewerteten, verweist auf einen Handlungsbedarf in der Verbesserung des IT-Managements.

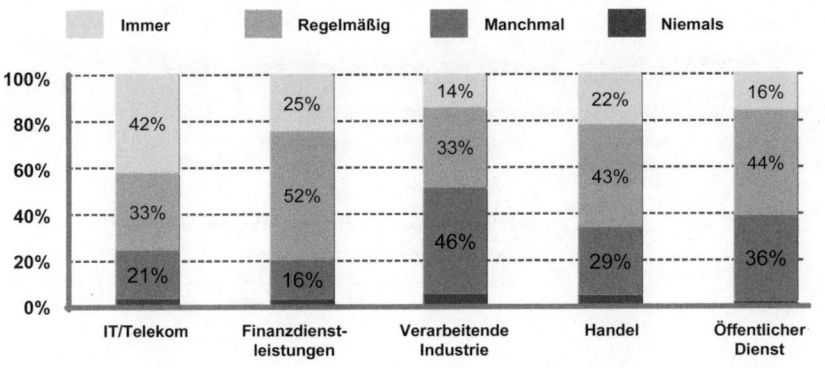

Abb. 2–11
Häufigkeit, mit der IT auf der Tagesordnung von Vorstandssitzungen zu finden ist

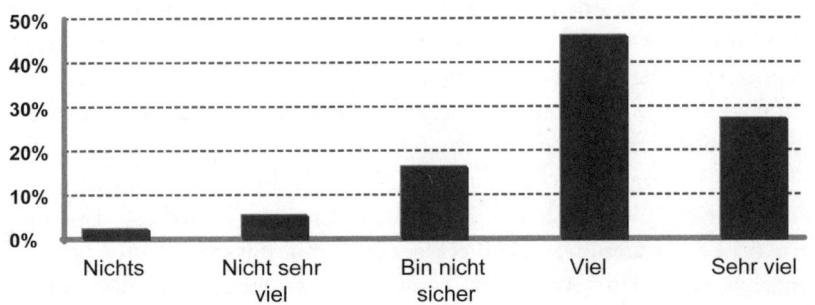

Abb. 2–12
Einschätzung des Wertbeitrages der IT

2.6.3.2   Problembereiche der IT

In Abbildung 2–13 ist wiedergegeben, wie häufig Probleme zu bestimmten Bereichen der IT in den zurückliegenden 12 Monaten auftraten. Hierbei zeigt sich, dass sich im Vergleich zu 2003 der Zufriedenheitsgrad generell erhöhte. So äußerte eine steigende Zahl der Befragten, keine IT-Probleme zu haben (21%). In den Problembereichen Betriebsstörungen, mangelndes Business-IT-Alignment und Personalsituation sind Verbesserungen zu verzeichnen. Auch die Einschätzung der Leistungsfähigkeit der IT hat sich offenbar gegenüber 2003 verbessert. Die Autoren der Studie führen diese positive Entwicklung auf die gewachsene Stabilität der Windows- und ERP-Systeme zurück [ITGI 2006d].

Offenbar wurde im Jahr 2005 erstmals nach den Bereichen »Compliance«, »Outsourcing« und »Sicherheit« gefragt, da für das Jahr 2003 keine entsprechenden Vergleichswerte vorliegen.

Abb. 2–13

Problembereiche der IT

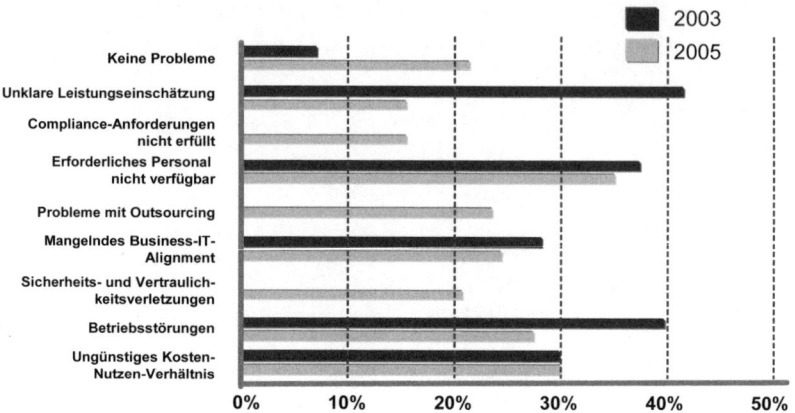

2.6.3.3 Stand der Umsetzung von IT-Governance

Bei der Frage nach dem Stand der Umsetzung von IT-Governance zeigt sich, dass der Anteil der Unternehmen, die eine Implementierung begonnen haben oder eine Implementierung erwägen, gestiegen ist. Umgekehrt hat der Anteil derjenigen Unternehmen, die eine Einführung bisher nicht planen, etwas abgenommen (vgl. Abb. 2–14).

Erfolgreiche Implementierung

Gleichzeitig sank der Anteil an Unternehmen, die IT-Governance bereits erfolgreich implementiert haben. Zunächst mag dieses Ergebnis etwas überraschen. Das ITGI erklärt es damit, dass viele Unternehmen anscheinend den Aufwand einer erfolgreichen Implementierung zunächst unterschätzt haben. Ebenfalls könnte man argumentieren, dass eine erfolgreiche IT-Governance-Umsetzung weniger ein Zustand ist, sondern vielmehr ein andauernder Prozess.

Abb. 2–14

Stand der Umsetzung von IT-Governance in Unternehmen

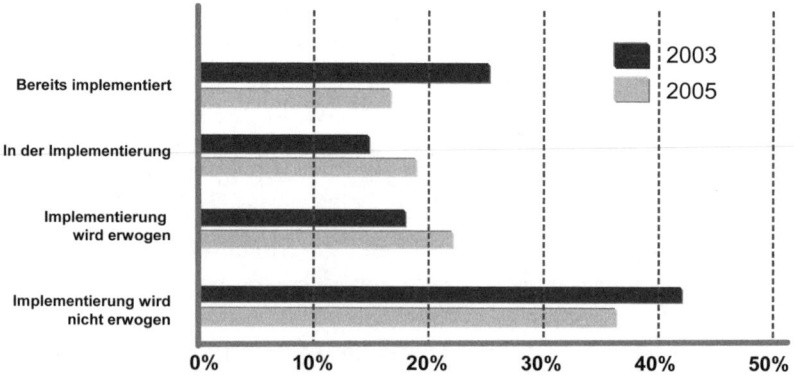

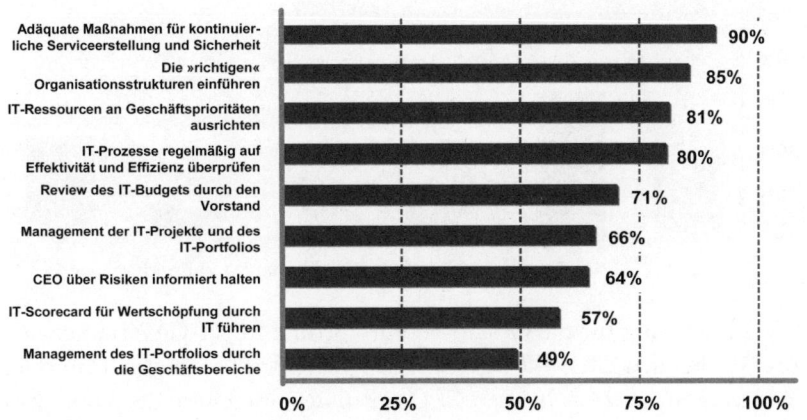

Abb. 2–15

*Für wichtig befundene
IT-Governance-Praktiken
bzw. Ziele*

Nicht nur die Diskussion um die Definition des Begriffes »IT-Governance« wird kontrovers geführt (vgl. Abschnitt 2.4), auch in der Praxis wird IT-Governance unterschiedlich interpretiert bzw. mit unterschiedlichen Zielen verknüpft. Dies zeigt sich an den Antworten auf die Frage, was IT-Governance auszeichne (vgl. Abb. 2–15).

Aus Sicht des ITGI ist besonders überraschend, dass Managementpraktiken, bei denen die Geschäftsseite bzw. der Vorstand direkt Einfluss auf die IT nimmt, keinen höheren Stellenwert genießen. Hierunter fallen das Management des IT-Portfolios durch die Geschäftsseite ebenso wie das Review des IT-Budgets durch den Vorstand. Diese beiden IT-Governance-Praktiken bekamen mit 49% bzw. 71% relativ wenige Nennungen. Offenbar hatte man beim ITGI – unter Verweis auf die eigene Definition von IT-Governance – erwartet, dass der Anteil höher läge [ITGI 2006d].

Managementpraktiken

Weiter wird ausgeführt, dass das Management der IT eher in einem »Hands-on«-Modus geschähe und weniger in einem »Governance-Modus«.

Die Mehrheit der befragten Firmen verbindet offensichtlich mit IT-Governance besseren Service, mehr Sicherheit und klare Organisationsstrukturen; Ziele also, die mehr fachlich bzw. technikorientiert als geschäftsorientiert sind.

Die Untersuchung der KPMG [KPMG 2004] bestätigt dieses Ergebnis der ITGI-Studie, da von den befragten Firmen die Mehrheit der Auffassung war, dass IT-Governance noch nicht als integrierter Teil der Corporate Governance gesehen werden könne. In vielen Fällen war eine IT-Governance-Funktion oder eine entsprechende Struktur vorhanden, jedoch wurde sie als sehr informell charakterisiert.

Studie der KPMG

Abb. 2–16

*Verantwortung für
IT-Governance*

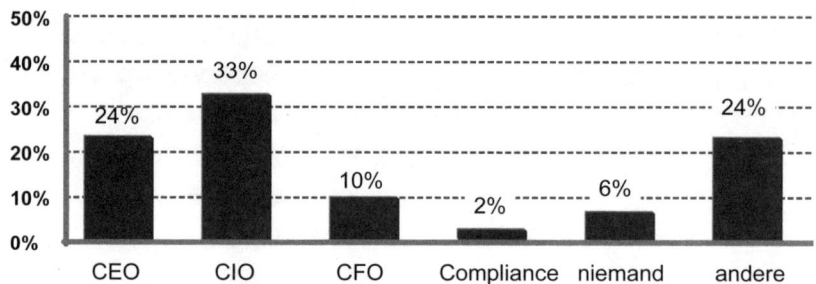

Die Zuordnung für die Gesamtverantwortung für IT-Governance liegt zu 33% bei den CIOs (IT-Vorstände/IT-Leiter) der befragten Unternehmen und nur zu 24% bei den CEOs, also den Sprechern der Vorstandsgremien. »Andere« können z.B. dedizierte Stäbe sein.

Dies widerspricht dem sich in der Fachwelt etablierenden Verständnis von IT-Governance, bei dem insbesondere dem Senior-Management auf der Geschäftsseite eine Methode zum besseren Verständnis und zur engeren Steuerung der IT an die Hand gegeben werden soll.

Abb. 2–17

*Selbsteinschätzung
des Reifegrades für
IT-Governance in
Unternehmen*

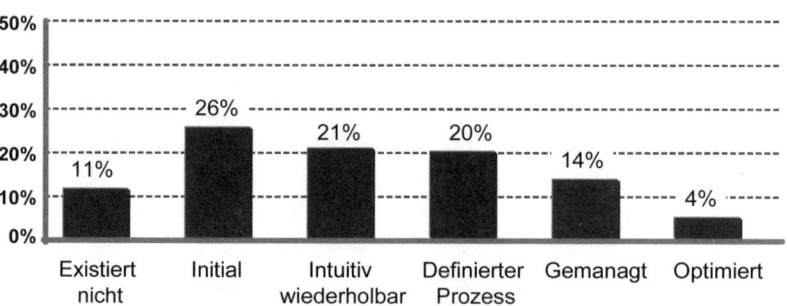

Die Selbsteinschätzung des Reifegrades, d.h., inwieweit IT-Governance erfolgreich im Unternehmen implementiert ist, erfolgte nach den Kriterien des IT-Governance-Maturity-Modells (vgl. Abschnitt 3.3.9). Dabei ordneten sich 18% der befragten Unternehmen bereits dem Reifegrad gemanagt oder optimiert zu. Dieses an sich »gute« Ergebnis ist nach Einschätzung des ITGI [ITGI 2006d] unrealistisch, d.h. zu gut, und wird unter Bezugnahme auf eigene Benchmarkdaten bezweifelt. Unabhängig davon bleibt festzustellen, dass weit über 50 % der Unternehmen sich nach eigener Einschätzung auf den unteren drei Reifegradstufen befinden und für diese sich daher ein großes Verbesserungspotenzial ergibt.

2.6.3.4   Nutzungsgrad der Referenzmodelle und Methoden

Die Frage nach dem Nutzungsgrad der Referenzmodelle und/oder Methoden führte zu einem recht fragmentierten Bild (vgl. Abb. 2–18). Ein Drittel der befragten Firmen verwendet ein selbst entwickeltes Modell. ITIL, COBIT und ISO 1799 werden jeweils nur in circa 10% der befragten Unternehmen eingesetzt, ISO 9000 zu 20%. Der Einsatz von COBIT ist überraschenderweise leicht zurückgegangen. Das ITGI vermutet, dieser Rückgang sei dadurch zu erklären, dass COBIT in vielen Fällen als Grundlage für ein selbst entwickeltes Modell dienen würde, dieses jedoch nicht aus den Antworten zu entnehmen sei [ITGI 2006d].

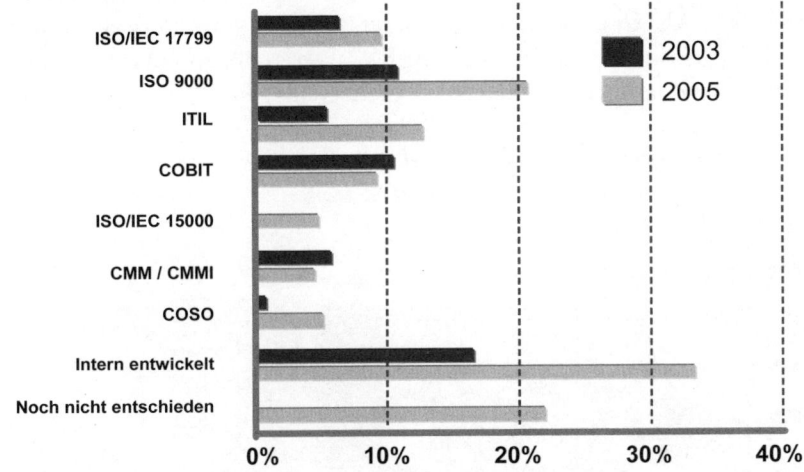

Abb. 2–18
Nutzungsgrad der
Referenzmodelle in
Unternehmen

Die Studie der KPMG zeigte gleichfalls einen relativ geringen Einsatz von Best-Practice-Referenzmodellen [KPMG 2004].

2.6.3.5   Bekanntheitsgrad und Bedeutung von COBIT

Der Bekanntheitsgrad von COBIT ist um 50% (von 18% auf 27%) gegenüber dem Jahre 2003 gestiegen (Abb. 2–19). Von den Befragten, die angaben, COBIT zu kennen, war sich jedoch nur die Hälfte (55%) über die Inhalte des Referenzmodells im Klaren.

Abb. 2–19

Bekanntheitsgrad von COBIT

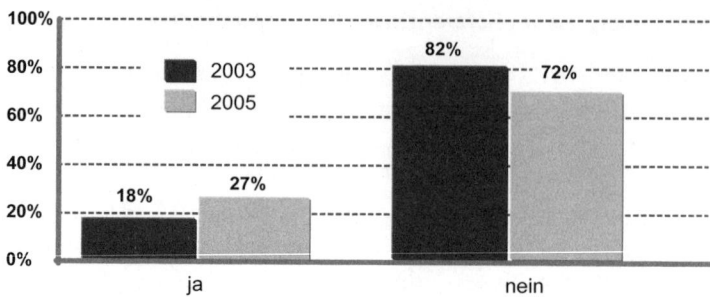

Regionale Unterschiede

Bei der Erhebung des Bekanntheitsgrades nach geografischen Regionen (Abbildung 2–20) zeigte sich, dass COBIT in Nordamerika und im asiatisch-pazifischen Raum bekannter ist als in Europa und Lateinamerika. Als Ursache kann vermutet werden, dass sich die unterschiedlichen regulatorischen Anforderungen in einem entsprechenden Unterschied im Interesse an COBIT niederschlagen.

Abb. 2–20

Bekanntheitsgrad von COBIT nach geografischen Regionen

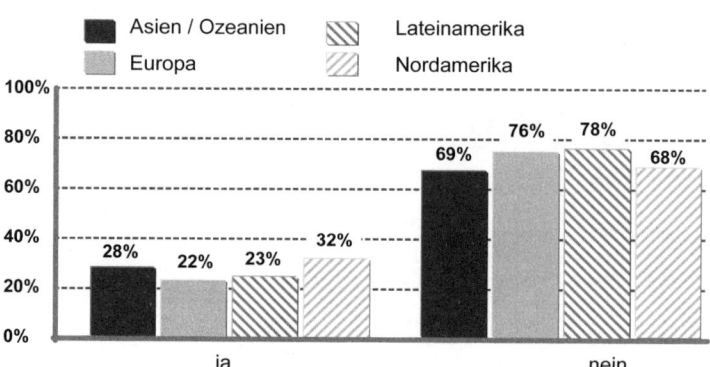

Abb. 2–21

Bedeutung von COBIT für IT-Governance

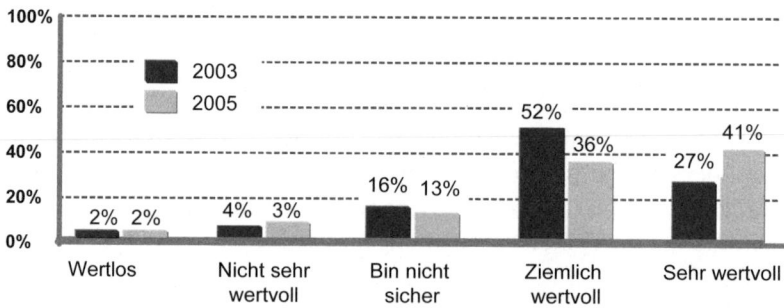

Die hohe Bedeutung, die Unternehmen COBIT zunehmend für die Umsetzung von IT-Governance beimessen, spiegelt sich in Abbildung 2–21 wider. Nur 5% der befragten Unternehmen (denen COBIT bekannt ist) messen COBIT in 2005 so gut wie keine Bedeutung zu, aber fast 80% sowohl in 2003 als auch in 2005 eine hohe Bedeutung. Interessanterweise verschob sich in diesen 2 Kategorien die Wertschätzung von »ziemlich wertvoll« in Richtung »sehr wertvoll«. Der Anteil der Befragten, in deren Unternehmen COBIT einen »sehr wertvollen« Beitrag zur IT-Governance liefert, erhöhte sich im Vergleich zu 2003 um 50% (vgl. Abb. 2–21). Somit kann man auf eine wachsende strategische Bedeutung von COBIT schließen.

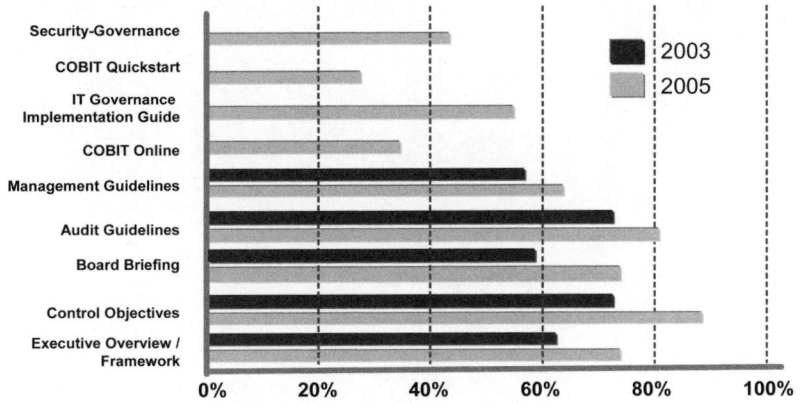

Abb. 2–22
Einsatz von
COBIT-Produkten

Im Vergleich zu 2003 ist die Akzeptanz der COBIT-Produkte deutlich gestiegen (vgl. Abb. 2–22). Am häufigsten eingesetzt werden die Control Objectives (Kontrollziele), die ja auch den Kern des Referenzmodells bilden, und die Audit Guidelines wegen ihrer Bedeutung für die Prüfungspraxis. Die Produkte (Quickstart, Online, Implementation Guide sowie die Security-Governance), die als Implementierungsunterstützung herangezogen werden können, zeigen 2005 erstmals ein nennenswertes Ausmaß der Nutzung.

COBIT als bedeutend bewertet

Die Ergebnisse der ITGI-Studie zeigen, dass die Bedeutung von COBIT für IT-Governance als hoch eingeschätzt wird und das Interesse an seiner Anwendung wächst. Gleichzeitig weist die Selbsteinschätzung von Unternehmen darauf hin, dass im Bereich der IT-Governance ein großes Potenzial für Verbesserungen vorliegt. Außerdem ist COBIT in Europa weniger bekannt als in anderen Teilen der Welt und wird nur zu 10% in den befragten Unternehmen eingesetzt.

Vor diesem Hintergrund thematisieren wir im folgenden Kapitel das COBIT-Referenzmodell und zeigen in weiteren Kapiteln seine Beziehungen zu anderen benachbarten Referenzmodellen und Standards auf.

3 Das COBIT-Referenzmodell

Framework

In diesem Kapitel wird das Referenzmodell COBIT (Control Objectives for Information and Related Technology) vorgestellt. COBIT gilt derzeit als bestes Beispiel für einen systematischen Ansatz zur methodischen Unterstützung der IT-Governance. COBIT ist für die IT-Governance von besonderem Interesse, weil es die Brücke schlägt über den häufig beklagten Abgrund zwischen den geschäftlichen Bereichen und der IT in Unternehmen. Die folgende Darstellung orientiert sich an den frei zugänglichen englisch- und deutschsprachigen Dokumenten zu COBIT[1]. Wir werden zunächst einige Grundlagen erläutern und neben Geschichte, Zielen und Zielgruppen sowie der IT-Governance-Perspektive von COBIT die wesentlichen Merkmale darstellen (Abschnitt 3.2). Daran schließt sich eine Erläuterung der wesentlichen COBIT-Komponenten an (Abschnitt 3.3). Die Komponenten werden in ihrem Zusammenhang als Gesamtmodell dargestellt (Abschnitt 3.4), und das Kernkonzept von COBIT – die IT-Prozesse – wird ausführlich behandelt. Der Rahmen des Gesamtmodells wird dann um weitere COBIT-Produkte (Abschnitt 3.5) ergänzt. COBIT wird in Verbindung mit COSO diskutiert (Abschnitt 3.6), und ein Anwendungskontext – der Einsatz COBITs zur Herstellung von Sarbanes-Oxley-Compliance sowie Entwurfsgesichtspunkte eines »*Control Framework*« – wird vorgestellt (Abschnitt 3.7). Das Kapitel schließt mit Hinweisen zu Zertifizierung und Qualifizierung und einem Fazit.

---

1. Zu beziehen unter: *www.itgi.org* oder *www.isaca.org*.

3.1 Einleitung und Übersicht

3.1.1 Entstehung und Geschichte

Grundidee von COBIT

COBIT ist ein IT-Governance-Referenzmodell (IT-Governance-Framework), das branchen- und betriebsgrößenunabhängig angewendet werden kann und allgemeine sowie international akzeptierte Grundsätze und Ziele für die IT definiert.[2] Es bietet dem Management eine methodische Unterstützung zur effizienteren und effektiveren Nutzung und Steuerung der IT und soll sicherstellen, dass die IT die geschäftlichen Anforderungen unterstützt. Im Kern beschreibt COBIT ein generisches Prozessmodell, das die Prozesse, die man üblicherweise in einer IT-Abteilung oder Organisation findet (bzw. finden sollte), darstellt.

Herausgegeben wird COBIT von dem internationalen Prüfungsverband *Information Systems Audit and Control Association (ISACA, vormals ISACF)* und dem *IT Governance Institute (ITGI)*. Das erstmals im Jahre 1996 veröffentlichte Referenzmodell (2nd Edition 1998; 3rd Edition 2000) wurde im Jahr 2005 grundlegend überarbeitet und erschien im Dezember 2005 mit der Versionsnummer 4.0. Inzwischen liegt eine deutsche Übersetzung vor [ITGI 2006e].

Schwerpunktverschiebung: von Kontrollzielen zur IT-Governance

Während die erste Version den Schwerpunkt auf sogenannte Kontrollziele (Control Objectives, s.u.) legte und damit Gesichtspunkte der Wirtschaftsprüfung (*Audits*) in den Mittelpunkt stellte, hat sich das COBIT-Referenzmodell zu einer Ergänzung der Methoden des IT-Managements entwickelt, deren Zielsetzung über das Audit hinaus eine Vielzahl betriebswirtschaftlicher Aspekte adressiert.

Neben dem Referenzmodell ist eine Reihe weiterer Dokumente entstanden, die ebenfalls von ISACA & ITGI weiterentwickelt werden. Diese sogenannten *COBIT-Produkte* erweitern das Referenzmodell inhaltlich und geben Hinweise für seine Implementierung und Anwendung. Zum Teil wurden in der aktuell vorliegenden Version COBIT 4.0[3] verschiedene vormals unabhängige Dokumente integriert. Insofern kann man COBIT 4.0 als den Kern der COBIT-Veröffentlichungen bezeichnen.

COBIT als Integrationsmodell

ISACA und ITGI sehen COBIT als ein Hilfsmittel zur strategischen Neuausrichtung der IT, zumal es die Ansätze mehrerer anderer Referenzmodelle und Standards integriert (vgl. Abschnitt 3.1.3):

---

2. Wie auch bei angelsächsischen Rechtsvorschriften wird häufig die Phrase »Generally Accepted« im Zusammenhang mit COBIT verwendet, die sich bspw. auch in den »United States Generally Accepted Accounting Principles« (US-GAAP) findet.
3. Diese Version wurde im Mai 2007 durch die – gleichfalls frei verfügbare – Version COBIT 4.1 modifiziert (s. Abschnitt 3.10).

»COBIT has become the integrator for IT best practices and the umbrella framework for IT governance that helps in understanding and managing the risks and benefits associated with IT. The process structure of COBIT and its high-level business-oriented approach provide an end-to-end view of IT and the decisions to be made about IT« [ITGI 2005a].

3.1.2   Zielsetzungen und Zielgruppen

ISACA & ITGI begründen den Bedarf für das COBIT-Referenzmodell mit der großen Bedeutung, die die IT in Unternehmen heute erlangt hat. Dieser soll dadurch Rechnung getragen werden, dass die IT durch ein Referenzmodell als methodische Unterstützung auf geschäftliche Belange und Anforderungen hin ausgerichtet wird. *Steigende Bedeutung der IT*

Durch eine solche methodische Unterstützung lässt sich u.a. Folgendes erzielen:

- Die Planung der IT wird direkt mit geschäftlichen Anforderungen in Zusammenhang gebracht.
- IT-Aktivitäten werden mittels eines allgemein akzeptierten Modells organisiert.
- Die ökonomische Verwendung der relevanten IT-Ressourcen wird unterstützt.
- Relevante Steuerungs- und Managementinformationen über die IT werden mithilfe von Kontrollelementen bereitgestellt.

Zum einen können mit COBIT die ökonomischen Chancen des IT-Einsatzes konsequent genutzt und die daraus resultierenden Risiken minimiert werden. Diesbezüglich soll durch COBIT eine angemessene Sicherheit (»reasonable assurance«) erzielt werden. Zum anderen schafft die Anwendung von COBIT bessere Transparenz über die Leistungen der IT-Abteilung. Da die Leistungen operationalisiert und quantifiziert werden, sind diese vergleichbar, und es entstehen komprimierte Informationen für das Management [ITGI 2005a]. *Risiken steuern und Chancen wahrnehmen*

In COBIT werden fünf sogenannte IT-Governance-Kernbereiche (»Focus Areas«) definiert [ITGI 2005a, S. 6] (vgl. Abb. 3–1). *Fünf »Focus Areas« (Kernbereiche)*

Abb. 3–1

IT-Governance-
Kernbereiche
(»Focus Areas«)
in CoBiT [ITGI 2005a]

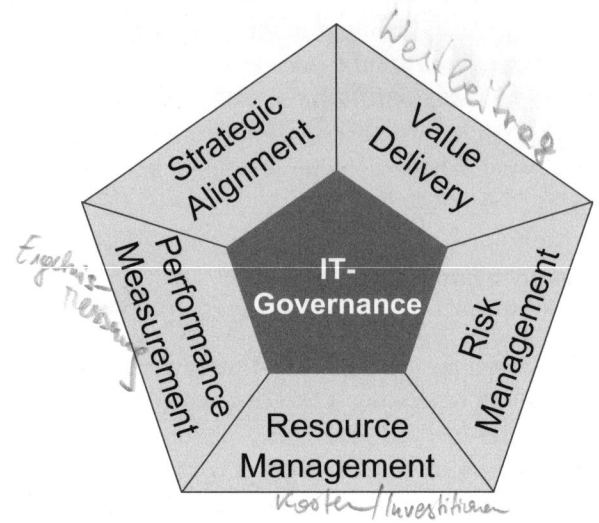

Kernbereiche der
IT-Governance nach CoBiT

Sie adressieren diejenigen Aspekte, denen Manager Beachtung schenken müssen, um die IT aus Geschäftssicht adäquat steuern zu können, d.h. eine hohe Effektivität und Effizienz im Technologieeinsatz zu erzielen:

▧ **Strategic Alignment**
bedeutet in CoBiT den Abgleich von Geschäfts- und IT-Strategie im Hinblick auf die Definition sowie die kontinuierliche Überprüfung und Verbesserung des Wertbeitrages der IT (vgl. allgemein zum »Alignment« Abschnitt 2.2.2).

▧ **Wertbeitrag (Value Delivery)**
beinhaltet die Forderung, dass die IT als Ganzes und auch einzelne Anwendungssysteme in ihrem gesamten Lebenszyklus einen Nutzen im Hinblick auf die Unternehmensstrategie und die Kostenoptimierung stiften (vgl. allgemein zum Wertbeitrag der IT Abschnitt 2.2).

▧ **Ressourcenmanagement (Resource Management)**
zielt auf die Optimierung von Investitionen und deren zweckmäßiges Management. Als die wesentlichen (IT-)Ressourcen werden in CoBiT Anwendungen, Informationen, Infrastruktur und Personal angesehen (siehe Abschnitt 3.3.3).

▧ **Risikomanagement (Risk Management)**
bedeutet die Identifizierung und Analyse von Risiken sowie ein klares Verständnis der Risikopräferenz des Unternehmens. Dazu kommen die Kenntnisse einschlägiger Regularien und Gesetze sowie die Verankerung von Verantwortlichkeiten in der Organisation, vor allem aber die Methoden, Risiken zu antizipieren und zu umgehen

oder bei Eintreten der Risiken diese zu eliminieren oder ihre Auswirkungen zu begrenzen.

■ **Performance Management** *Ergebnismessung*
ist die Überwachung und leistungsseitige Steuerung der Strategieimplementierung. Durch die Operationalisierung und Messung von Maßnahmen wird die Zielerreichung unterstützt bspw. hinsichtlich Ressourcennutzung und Prozessperformance.

Vor dem Hintergrund dieser Kernbereiche zielt das COBIT-Referenzmodell auf die methodische Unterstützung der IT-Governance. Durch eine Erhöhung der Transparenz im Hinblick auf Kosten, Wertbeitrag und Risiken der IT ergibt sich ein konkreter Nutzen auch durch folgende Punkte: *Nutzen von größerer Transparenz*

■ Klarere Verantwortlichkeiten und Zuständigkeiten, die durch ein Rollenkonzept und eine ausgeprägte Prozessorientierung (siehe Abschnitt 3.2.3) von COBIT erreicht werden.
■ Verbesserte Akzeptanz des Unternehmens bei regulatorischen Instanzen bei der Überprüfung gesetzlicher oder sonstiger regulatorischer Vorgaben und ggf. auch bei Kunden.
■ Förderung einer »gemeinsamen Sprache« für alle Beteiligten (Stakeholder) im Sinne eines einheitlichen Verständnisses von Begriffen und Terminologie.
■ Verbesserte Erfüllung der Anforderungen der gesamtbetrieblichen Governance (Corporate Governance) an eine kontrollierte IT-Umgebung, wie sie z.B. durch die Vorgaben in COSO [COSO 2004] zum Ausdruck kommen.

Mit der geschäftlichen Orientierung von COBIT geht einher, dass nicht die IT-Abteilung, sondern das Management die primäre Zielgruppe darstellt. Diese Gruppe umfasst im Folgenden neben den Linienverantwortlichen im Geschäfts- und IT-Management auch die Verantwortlichen für Geschäftsprozesse: *Zielgruppe Management*

■ Strategisches Management, Vorstand, Aufsichtsgremien
■ Geschäfts- und IT-Management
■ Spezialisten der Bereiche Governance, Sicherheit, Compliance

Der spezifische Nutzen, der durch COBIT entsteht, ist naturgemäß sehr unterschiedlich und reicht bspw. von der verbesserten strategischen Sicht auf die Unternehmens-IT bis hin zu operativen Gesichtspunkten bei der Durchführung von Revisionen und Audits. Tabelle 3–1 konkretisiert die Überlegungen und veranschaulicht für eine Vielzahl von Stakeholdern den erhofften Nutzen detaillierter. *Nutzen für unterschiedliche Zielgruppen*

Tab. 3–1

Zielgruppen von CobiT
und gruppenspezifischer
Nutzen

Funktion	Nutzen
Vorstand und Aufsichtsrat	• CobiT bietet ein systematisches Werkzeug, die Umsetzung der IT-Strategie zu hinterfragen
Senior Management	• Bewertung und Analyse der im Unternehmen vorhandenen IT-Kontrollen und Schließung unerwünschter Lücken • Zur Vorbereitung von IT-Investitionsentscheidungen und zur Unterstützung des Risikomanagements • Verbesserung der Zusammenarbeit der Geschäfts- und IT-Bereiche sowie ggf. Neuordnung von Verantwortungen • Komplementierung ggf. vorhandener Frameworks und Standards (z.B. ITIL, ISO 17799, COSO)
Geschäfts-bereichs-management	• Nutzung des CobiT-Frameworks als erprobte Grundlage für das Management der IT-Belange • Überprüfung der Schnittstellen
IT-Management	• Formulierung von Service Level Agreements • Messung von Prozessen bzw. Geschäftsprozess-unterstützung • Formulierung von IT-Methoden und -Verfahren sowie Richtlinien • Basis zur Formulierung von Kontrollzielen für die IT
Projekt-management	• Überprüfung von Projektplanungen hinsichtlich Risiko, Compliance und IT-Alignment • Überprüfung der Berücksichtigung relevanter Kontrollziele in Projekten
Betrieb	• Abstimmung der Betriebsprozeduren mit den geschäftlichen Zielen und IT-Zielen
Sicherheit	• Verwendung als Grundlage für die Strukturierung von Richt-linien, Prozeduren und Applikationen
Nutzer	• Vertrauen im Umgang mit der IT, den Sicherheits-vorkehrungen und ihrer Kontrolle gewinnen
Auditoren	• Stellungnahmen an das Management werden erleichtert bzw. fundiert • Beratung hinsichtlich der minimal erforderlichen Kontrollen

3.1.3   (Basis-)Referenzmodelle und Standards

Die Verfasser von CobiT haben nach eigenen Angaben mit dem CobiT-Referenzmodell 36 nationale und internationale Referenzmo-delle und Standards aus den Bereichen Qualität, Sicherheit und Revi-sion integriert und harmonisiert. Insofern bildet CobiT – nach Vorstel-lung der ISACA und des ITGI – die verbindende Klammer (vgl. auch Seite 41). Das ITGI nennt für die erwähnten Bereiche die folgenden Standards und Referenzmodelle:

■ **Qualität**   *Qualitätsframeworks/*
Qualitätsmanagement (ISO 9000), Bewertung von Softwarepro-   *-referenzmodelle*
zessen (Software Process Improvement and Capability Determination, SPICE), Servicemanagement (IT Infrastructure Library, ITIL)

■ **Sicherheit**   *Sicherheitsframeworks/*
Sicherheitskriterien für IT-Systeme und -Prozesse wie die Kriterien   *-referenzmodelle*
zur Bestimmung vertrauenswürdiger Systeme (Trusted Computer
System Evaluation Criteria, TCSEC), weltweit akzeptierte Sicher-
heitsframeworks wie die Common Criterias und der Internationale
Sicherheitsstandard ISO 17799

■ **Revision**   *Revisionsframeworks/*
Standards berufsständischer Organisationen der internen Kon-   *-referenzmodelle*
trolle und Revision: z.B. Kontrollframeworks für Finanzprozesse
(Committee of Sponsoring Organizations of the Treadway Com-
mission, COSO), internationale Prüfervereinigung (The Internatio-
nal Federation of Accountants, IFAC), Berufsverband für EDV-
Revisoren (Information Systems Audit and Control Association,
ISACA), nationale und internationale Vereinigung der Buch- und
Bilanzprüfer (American Institute of Certified Public Accountants,
AICPA, Institute of Internal Auditors, IIA)

■ **Weitere Referenzmodelle**
  a) Technische Standards der Internationalen Standardisierungs-   *Weitere Referenzmodelle*
     organisation (ISO) wie z.B. ISO 9735 (Electronic Data Inter-
     change For Administration, Commerce and Transport, EDIF-
     ACT)
  b) »Codes of Conduct« (ethische Richtlinien für Unternehmen)
     herausgegeben z.B. durch die Europäische Union (EU), die
     Organisation für wirtschaftliche Zusammenarbeit (Organisa-
     tion for Economic Cooperation and Development, OECD) und
     den Berufsverband für EDV-Revisoren ISACA
  c) Neue industriespezifische Anforderungen aus dem Umfeld von
     Banken, Electronic Commerce und IT-Herstellern
  d) Referenzmodelle wie das Capability Maturity Model des Soft-
     ware Engineering Institute der Carnegie Mellon Universität,
     Pittsburgh (siehe Abschnitt 5.4).

Die Integration von verschiedensten Referenzmodellen und Standards
erlaubt es, COBIT u.a. auch zur Kommunikationsunterstützung einzusetzen, mit dessen Hilfe unterschiedliche Terminologien integriert werden. So kann sein Einsatz zur Förderung einer durchgängigen »Sprache« beitragen und die Effizienz in der Zusammenarbeit insbesondere
an der Schnittstelle zwischen Geschäft und IT verbessern.

3.1.4   Die CobiT-IT-Governance-Perspektive

3.1.4.1 IT-Governance-Grundverständnis

CobiT als Kern der IT-Governance

Wie oben bereits erwähnt, hat sich CobiT mit der Zeit von einem prüfungsorientierten Kontrollsystem zu einem IT-Governance-Referenzmodell gewandelt. Nach ISACA & ITGI bildet CobiT den Kern von IT-Governance und soll dabei helfen, Folgendes zu verbessern: die Ausnutzung des IT-Potenzials, das Management IT-bezogener Risiken sowie die Kontrolle über die betrieblichen Informationen und die sie verarbeitende Technik. Hierzu gehört, dass die IT-Abteilungen in Unternehmen ihre Fähigkeiten in personeller, prozessualer und technischer Hinsicht realistisch einschätzen können.

Besonderer Wert wird darauf gelegt, dass IT-Governance ein Thema des Geschäftsmanagements und nicht vornehmlich eine Aufgabe der IT-Abteilung ist. In diesem Sinne liegt IT-Governance in der Verantwortung von Vorstand und Aufsichtsrat und ist Bestandteil der Corporate Governance. Sie umfasst die Führung und Verantwortung für organisatorische Strukturen und Prozesse, die sicherstellen, dass die Unternehmens-IT die Unternehmensstrategie und -ziele unterstützt und erweitert [ITGI 2003a].

3.1.4.2 IT-Governance-Prozess

Prozesssicht IT-Governance

CobiT definiert IT-Governance als Prozess. Aus dem IT-Governance-Verständnis und den Zielen von CobiT resultiert, dass dieser Prozess die Erzeugung von Werten bzw. Wertbeiträgen zum Geschäftsergebnis eines Unternehmens und die systematische Behandlung von Risiken (Risikomanagement) zur Aufgabe hat. Während der Erfolg der ersten Aufgabe den bestmöglichen Abgleich (Alignment) der IT-Strategie mit der Geschäftsstrategie verlangt (vgl. Abschnitt 2.2.2), hängt die zweite Aufgabenstellung wesentlich von der angemessenen Zuordnung von Verantwortung und Rechenschaftspflichten ab [ITGI 2003a].

Angemessener Ressourceneinsatz und Leistungsmessung

Diese Aufgaben machen einerseits einen angemessenen Ressourceneinsatz nötig, andererseits erfordern sie, die Leistungen und damit den Erfüllungsgrad der Aufgaben messbar und quantifizierbar zu machen.

Phasen des IT-Governance-Prozesses

Der IT-Governance-Prozess wird in CobiT als zyklische Abfolge von Schritten begriffen (Abb. 3–2). Diese Schritte lassen sich den oben eingeführten IT-Governance-Kernbereichen zuordnen. Initiiert und aufrechterhalten wird der IT-Governance-Prozess durch die Erwartungen der Stakeholder *(Stakeholder Value Drivers)*. Üblicherweise beginnt er mit der Strategieentwicklung und dem Abgleich von IT- und Geschäftsstrategie *(Strategic Alignment)*. Mit der Umsetzung ihrer Strategie liefert die IT Wertbeiträge *(Value Delivery)*. Der Umgang mit erwarteten und unerwarteten Risiken erzwingt Modifikationen *(Risk Management)*, wodurch sich ggf. angestrebte Ziele und erreichte Ergebnisse verändern. Die Ergebnismessung *(Performance Measurement)* gibt Aufschluss über die aktuelle Leistungsfähigkeit. Ihre Resultate sind Auslöser zur Nachsteuerung der Strategie und damit zur Überprüfung des »Strategic Alignment«. In allen Phasen ist ein effizientes Ressourcenmanagement vorzusehen (in Abb. 3–2 als »IT-Resources« gekennzeichnet). Der nächste Zyklus beginnt dann sofort oder verzögert, z.B. – wie in der Strategieentwicklung in vielen Unternehmen üblich – im Jahresabstand [ITGI 2003a].

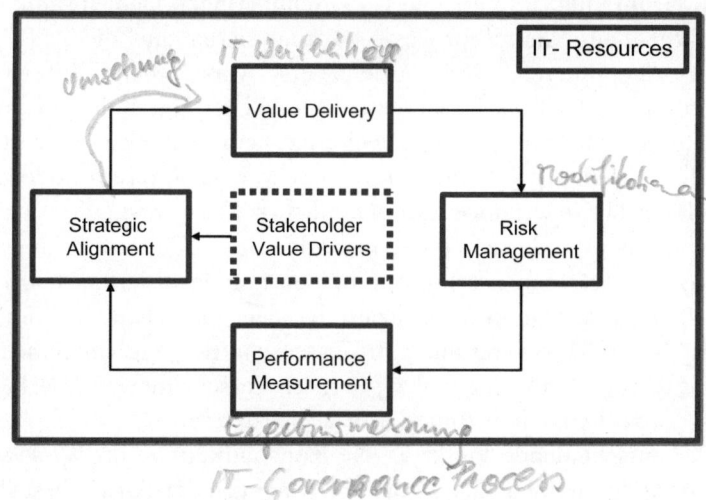

Abb. 3–2
Der IT-Governance-
Prozess [ITGI 2003a]

3.2 CoBiT-Merkmale

3.2.1 Best Practices

CoBiT sowie weitere in diesem Buch betrachtete Referenzmodelle basieren auf Best-Practice-Methoden.

Konsolidiertes Wissen und Erfahrungen

Best Practice, also »beste Praxis«, »beste Methode«, »bestes Verfahren«, »beste Vorgehensweise« usw., charakterisiert das konsolidierte Wissen und die Erfahrung eines Unternehmens bzw. einer Gruppe von Unternehmen, die im Einsatz von Technologien, Techniken und Managementverfahren oder in anderen wesentlichen Arbeitsfeldern führend sind. Die unterschiedlichen Lösungen und Vorgehensweisen werden gelegentlich zu Referenzmodellen (auch Frameworks, Rahmenwerke sind als Bezeichnungen gebräuchlich) verdichtet. Im

Deutschen kann man das Resultat als vorbildliche Lösung oder Musterlösung bezeichnen.

Best Practices können strenggenommen nur dann als solche
bezeichnet werden, wenn sie hinreichend durch den Vergleich mit
anderen Unternehmen bzw. Organisationen untermauert sind. Dieser
Vergleich wird in der Praxis nicht unbedingt explizit durchgeführt,
sondern entsteht durch das gemeinsame Arbeiten von Experten aus
Unternehmen, von denen begründet angenommen werden kann, dass
sie in dem fraglichen Bereich führend sind.

So wurde bspw. für den Bereich des IT-Servicemanagements (vgl.
Abschnitt 5.1) von der britischen Regierungsbehörde für Beschaffungsfragen, dem Office of Government Commerce (OGC), verfahren,
als es darum ging, erfolgreiche Unternehmen nach Gemeinsamkeiten
hinsichtlich ihrer Serviceprozesse zu analysieren und diese als Best
Practice zu definieren. 1989 wurde die erste Version der IT Infrastructure Library (ITIL) als Best-Practice-Modell fertiggestellt und veröffentlicht. Sie wird von der OGC weiterhin herausgegeben und fortentwickelt. Das COBIT-Referenzmodell und weitere Referenzmodelle im
Bereich der IT-Governance sind in ähnlicher Weise entstanden.

Entwicklung ITIL   Normen (Standards), die von nationalen Standardisierungsgremien (z.B. DIN) und der Internationalen Standardisierungsorganisation (ISO) festgelegt und publiziert werden, entstehen in ähnlicher
Weise.[4] Industrievertreter und ggf. Wissenschaftler verdichten ihr Wissen mit dem Ziel, allgemein akzeptierbare Vorschriften, Eigenschaften
von Werkstücken, Algorithmen usw. zu spezifieren.

Der entscheidende Punkt ist die Konsolidierung von *Wissen aus
Erfahrung*. So definiert das IT-Service-Management-Forum Best Practice folgendermaßen:

>»*A proven activity or process that has been successfully used
by multiple organisations.*«

not reinventing   >»*By using a best practice approach there is no need to ›reinthe wheel*   *vent the wheel‹ and it also means that similar organisations or
departments will be speaking the same language*« [itSMF o.J.].

Individuelle Anpassung   Die Umsetzung der verfügbaren Best-Practice-Erfahrungen muss indi
auf die Unternehmens-   viduell der Unternehmenssituation angepasst werden und bringt i.d.R.
situation   erheblichen Aufwand mit sich. Dies vor allem, weil Best-Practice-Refe-

---

4. Im Gegensatz zu Normen (Standards), die »de jure« gelten, da sie von offiziellen
    Normungsgremien herausgegeben werden, werden Industriestandards von Anwendergruppen oder Software- bzw. Hardwareherstellern veröffentlicht und gelten,
    soweit sie sich genügend durchsetzen, »de facto« [Stahlknecht & Hasenkamp
    2002].

renzmodelle abstrakt gehalten werden, damit sie branchenübergreifend anwendbar sind. Daher lassen sich nur selten genaue Schlüsse für die konkrete Umsetzung ziehen.

Best-Practice-Erfahrungen sind in aller Regel gut geeignet, das Verbesserungspotenzial der eigenen, meist schlechteren Praxis zu erkennen und möglicherweise vorhandene Lücken zu schließen. Sie sollten jedoch nicht mit Innovation im Wettbewerb verwechselt werden, denn die Orientierung an Best Practice ist nicht der Schlüssel, um in die jeweilige Spitzengruppe vorzustoßen oder gar einen Wettbewerbsvorteil zu erlangen.

Nicht mit Innovation im Wettbewerb zu verwechseln

Zur Illustration möge das Beispiel des ehemaligen Spitzensportlers Dick Fosbury dienen. Er wurde nicht nur berühmt, weil er bei den Olympischen Spielen 1968 eine Goldmedaille im Hochsprung gewann, sondern weil ihm dies durch die Einführung einer neuen Sprungtechnik (Fosbury Flop) gelang. Er warf die bisherige »Best-Practice-Erfahrung« – mit der Körpervorderseite zuerst über die Stange zu springen – über Bord und etablierte eine neue: mit der Rückseite zuerst die Stange zu überspringen. Sie ist bis heute der Gegenstand der Optimierungsbemühung der Sportler dieser Disziplin geblieben.

3.2.2 Geschäftsorientierung

Wie bereits deutlich wurde, konzentriert sich COBIT auf die Schnittstelle zwischen Geschäft und IT in Unternehmen bzw. Organisationen. In einer prozessorientierten Organisation nehmen an dieser Stelle die Verantwortlichen für Geschäftsprozesse eine Schlüsselposition ein. Deren Anforderungen bilden den Ausgangspunkt. In COBIT determinieren die *geschäftlichen Anforderungen* und Ziele den Einsatz der *IT-Ressourcen* (Applikationen, Information, Infrastruktur sowie Personal). Diese werden eingesetzt, um IT-Prozesse abzuwickeln. Die IT-Prozesse wiederum unterstützen und befriedigen geschäftliche Anforderungen oder erzeugen darüber hinaus über technische Innovationen neue geschäftliche Anforderungen (vgl. Abb. 3–3)[ITGI 2005a].

Geschäftliche Anforderungen als Ausgangspunkt

Diese Sichtweise mag zunächst etwas überraschen, denn üblicherweise wird die Kausalitätskette eher ausgehend von den geschäftlichen Anforderungen über die IT-Prozesse hin zu den IT-Ressourcen und zurück zu den Anforderungen geführt: IT-Prozesse werden nach den geschäftlichen Anforderungen gestaltet, und im nächsten Schritt werden die Ressourcen bestimmt. Deren Fähigkeiten haben dann rückkoppelnden Einfluss auf die geschäftlichen Anforderungen, besonders dann, wenn der Technologieeinsatz zu neuen technologischen Optionen führt.

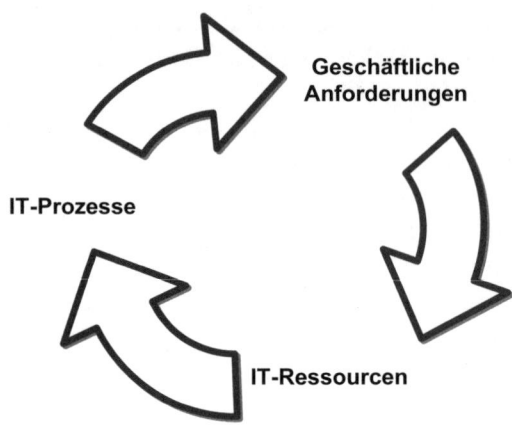

Geschäftliche
Anforderungen

IT-Prozesse

IT-Ressourcen

Die Gründe für die von ISACA & ITGI eingenommene Sichtweise
dürften historischer Natur sein. Allerdings sind auch keine Gründe
erkennbar, die – ohne dass sich das Referenzmodell grundlegend
ändern müsste – diese Kausalität ausschließen würden.

3.2.3   Prozessorientierung

Ein weiteres Merkmal von COBIT ist die Prozessorientierung. Ihr
wurde bei der Strukturierung des Referenzmodells gegenüber einem
funktionalen, einem technisch orientierten oder einem anwendungs-
orientierten Ansatz der Vorzug gegeben. Die Prozessorientierung erlaubt
es besser, Ergebnisse und Verantwortlichkeiten kundenorientiert und
abteilungsübergreifend festzulegen. Die folgenden drei Gründe sprechen laut ISACA für eine Prozessorientierung:

- Ein Prozess ist auf ein Resultat fokussiert und optimiert den dafür
  notwendigen Ressourceneinsatz. Die tatsächliche Struktur der Ressourcen (z.B. spezifische Technologie, einzubringende Kenntnisse)
  ist auf dieser Betrachtungsebene von untergeordneter Bedeutung.
- Ein Prozess und die damit verknüpften Geschäftsziele sind in der
  Regel langlebiger als die unterstützende Organisation oder die
  genutzte Technik. Das Risiko eines häufigen Wechsels des Kon-
  trollgegenstandes wird so verringert.
- Der Einsatz von IT bzw. von Anwendungssystemen ist nicht auf
  eine Unternehmensabteilung bzw. einen Unternehmensbereich
  beschränkt. Mit dem Betrieb und der Nutzung sind unterschiedliche organisatorische Einheiten und Menschen in verschiedenen
  Rollen befasst, die in einem Geschäftsprozess zusammenarbeiten.

CobiT beschreibt spezifische IT-Prozesse, die den Lebenszyklus der IT abbilden und die gemäß Best-Practice-Vorstellungen den originären Aufgaben der IT-Abteilung dienen, nämlich der Bereitstellung von Informationen und der Unterstützung geschäftlicher Abläufe und Aktivitäten. Der IT-Bereich eines Unternehmens oder einer Organisation muss in der Lage sein, die Informationen bereitzustellen, die das Unternehmen benötigt, um seine Ziele zu erreichen. Diese mittels IT-Ressourcen erzeugten und bereitgestellten Informationen werden über IT-Prozesse zur Erfüllung der Geschäftsanforderungen weitergegeben.

Prozessorientierung fokussiert den kundenorientierten Ressourceneinsatz

Auch auf einer höheren Ebene ist CobiT prozessorientiert, denn die IT-Prozesse sind ihrerseits in vier sogenannte *Kontrollbereiche (Domänen)* gruppiert, die sich am Lebenszyklus (Design, Build, Run, Monitor) von Anwendungssystemen orientieren.

Domänen in prozessorientierter Anordnung

3.2.4 Steuerungs- und Kontrollorientierung

Die Prozesssicht (s.o.) nimmt die Unternehmenswirklichkeit auf, in der Verantwortung zunehmend an Geschäftsprozesse geknüpft wird. Die Verantwortung für Prozesse bringt die Rechenschaftspflicht (Accountability) hinsichtlich des geleisteten Beitrags zum Unternehmenserfolg und zu Art und Intensität des IT-Einsatzes mit sich. Hieraus resultieren Steuerungs- und Kontrollnotwendigkeiten im Hinblick auf interne und externe Dienstleistungsanbieter wie IT-Abteilungen, Tochterunternehmen und Outsourcing-Anbieter.

Damit in IT-Prozessen die Ressourcen optimal und den Geschäftsanforderungen entsprechend genutzt werden, ist gemäß dem CobiT-Referenzmodell die Implementierung von *Steuerungs- und Kontrollelementen*, sogenannten *Controls*[5]*,* erforderlich. Hierunter versteht CobiT Richtlinien, Verfahren, Praktiken und Organisationsstrukturen, die dafür sorgen sollen, dass verfolgte Unternehmensziele erreicht und unerwünschte Ereignisse verhindert bzw. erkannt und korrigiert werden. Diese Steuerungs- und Kontrollelemente werden als Minimalanforderungen einer effektiven Kontrolle über den damit verbundenen IT-Prozess verstanden.

Controls (Steuerungs- und Kontrollelemente)

Neben diesen Controls sieht CobiT für jeden einzelnen IT-Prozess spezifische Kontrollziele (Control Objectives bzw. IT Control Objectives) auf verschiedenen Abstraktionsebenen (High-Level/Detailed)

Steuerungs- und Kontrollmodell (Control Framework)

---

5. Gelegentlich wird in deutschsprachigen Veröffentlichungen der Begriff »Kontrollen« verwendet. Das englische Wort »controls« scheint allerdings semantisch reicher zu sein und umfasst auch den Aspekt der Steuerung. Daher werden im Folgenden die Begriffe »Controls« und »Steuerungs- und Kontrollelemente« synonym verwendet.

sowie Kontrollanforderungen (Control Requirements) vor. So entsteht ein engmaschiges Steuerungs- und Kontrollmodell. Dieses *Control Framework* entlastet die Prozessverantwortlichen bei der Überwachung von Kontrollerfordernissen.[6]

Gemäß dem Prinzip eines Regelkreises werden Normen, Standards und Ziele als externe Soll-Größen vorgegeben (vgl. Abb. 3–4). Diese werden mit Ist-Größen aus den IT-Prozessen verglichen, wodurch deren Nachsteuerung möglich wird.

Aktives Risikomanagement

Die Anordnung als Regelkreis macht deutlich, dass Steuerung und Kontrolle als kontinuierliche Aktivitäten des Managements zu begreifen sind, wodurch abermals der Unterschied zu einer Auditmethode offensichtlich wird, denn hier geht es um aktives Risikomanagement durch die Reduktion von Fehlerquellen, um Effizienz und die Verbesserung der Effektivität der Geschäftsprozesse.

Abb. 3–4
Regelkreis der Steuerungs- und Kontrollstruktur in COBIT

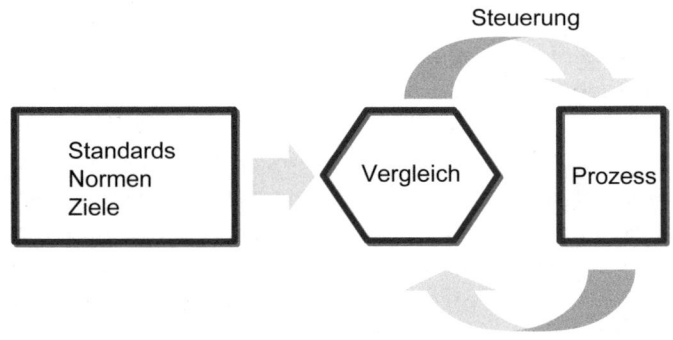

Auf den Steuerungsaspekt zielt COBIT auch dadurch, dass es die Kommunikation der Beteiligten durch die Normierung der Terminologie standardisiert und effizienter gestaltet. Sprachliche Barrieren zwischen IT und Fachabteilung können somit überwunden oder verringert werden.

Steuerungs- und Kontrollelemente auf ...

COBIT bietet Steuerungs- und Kontrollelemente für die IT-Prozesse auf 3 Ebenen. Hier ergeben sich deutliche Analogien zu den Ebenen der IT-Governance-Geschäftsarchitektur (vgl. Abschnitt 2.3):

... Geschäftsebene

■ **Managementebene/Geschäftsebene**
Auf dieser Ebene werden die Geschäftsziele und Entscheidungen zur Umsetzung der Geschäftsstrategie getroffen und durch Geschäfts-

---

6.   »A tool for business process owners that facilitates the discharge of their responsibilities through the provision of a supporting control model« [ITGI 2005a, S. 191].

prozesse umgesetzt. Darüber hinaus werden Grundsatzentscheidungen zur Unternehmenssteuerung und zu Fragen der Corporate Governance getroffen und im Unternehmen kommuniziert. Hierdurch wird ein Rahmen abgesteckt, der als Kontrollumgebung der IT (IT Control Environment) aufgefasst werden kann und diese durch Vorgaben prägt. Die Controls auf der Ebene der Unternehmenssteuerung werden auch als *Business Controls* bezeichnet.

Applikationsebene

... Applikationsebene

Steuerungs- und Kontrollelemente werden auf spezifische geschäftliche Aktivitäten angewendet, die durch Anwendungssysteme unterstützt werden. Da viele Geschäftsprozesse vollständig oder zum Teil automatisiert sind, sind auch die Steuerungs- und Kontrollelemente automatisiert und in die Anwendungssysteme (*Application Controls*[7]) integriert. Aktivitäten in Prozessen, die weiterhin manuell durchgeführt werden, wie z.B. bestimmte Autorisierungen oder der Abgleich potenziell fehlerhafter Daten, erfordern manuelle Controls.

Ebene der IT-Infrastruktur

... Ebene der Infrastruktur

Zur Unterstützung der Geschäftsprozesse liefert die IT Services. Diese durch die IT-Infrastruktur (Arbeitsplatzsysteme, Netzwerke, Datenbanken etc.) erbrachten Leistungen können von mehreren Applikationen gleichzeitig genutzt werden. Die Controls in diesem Bereich werden in der CₒBᵢT-4.0-Terminologie als *IT General Controls* bezeichnet. Controls auf dieser Ebene sichern die Verlässlichkeit der Application Controls ab und damit auch die der Applikationen im Hinblick auf die Unterstützung der Geschäftsprozesse.

3.2.5 Risikoorientierung

Obwohl im CₒBᵢT-Referenzmodell Risikomanagement als ein Eckpfeiler der IT-Governance aufgefasst wird, verfügt auch die Version CₒBᵢT 4.0 über kein explizites Risikomanagement. Risiken werden jedoch als Teil einer detaillierten, auf Kontrollzielen aufgebauten Analyse innerhalb der IT-Prozesse berücksichtigt.

Kein explizites Risikomanagement im CₒBᵢT-Referenzmodell

Allerdings bewerten wir CₒBᵢT als ein wichtiges Instrument zur Reduzierung von Risiken, die durch den Einsatz von IT überhaupt erst entstehen können. Erst die Etablierung eines Control-Frameworks erlaubt die systematische Überwachung relevanter Vorgänge hinsichtlich geschäftlicher, systemischer und operativer Risiken.

CₒBᵢT – ein Instrument zur Reduzierung von Risiken

---

7.   »A set of controls embedded within automated solutions (applications)« [ITGI 2005a, S. 191].

CobiT adressiert Risiken jedoch nicht im Sinne eines systematischen Risikomanagements, sondern indirekt auf einem recht hohen Abstraktionsniveau. Allerdings bieten die »Management Guidelines« der 3rd Edition eine Matrix, in der typische (aufgrund einer Analyse von Gartner Research zusammengestellte) Risiken der IT aus Managementsicht in Zusammenhang mit den IT-Prozessen dargestellt werden[8].

3.2.6 Operationalisierung von Leistungen und Risiken

Transparenz über Leistungsfähigkeit

Ein weiteres zentrales Merkmal von CobiT ist es, Leistungen der IT messbar zu machen. Wie der Regelkreis in Abbildung 3–4 oben gezeigt hat, sind Messungen und Vergleich entscheidend für die Steuerung und das Management. Nur die Herstellung von Transparenz hinsichtlich der eigenen Leistungsfähigkeit lässt die Notwendigkeit von Verbesserungsmaßnahmen erkennen, diese dosieren und schließlich sie überwachen. Darüber hinaus ermöglicht Transparenz, die eigenen Leistungen im Vergleich zu anderen realistisch einzuschätzen.

Metriken

CobiT liefert zu diesem Zweck verschiedene Indikatoren und eine Reihe von Metriken, die – ähnlich den oben diskutierten Controls – auf verschiedenen Ebenen die Leistungen der Geschäftsprozesse sowie ihre Unterstützung durch IT operationalisieren.

Reifegradmodell

Darüber hinaus stellt CobiT (basierend auf dem Capability Maturity Model Integration, CMMI) – eine Methode zur Reifegradmessung bereit, die das Benchmarking und die Identifikation von Verbesserungspotenzialen ermöglicht.

3.3 CobiT-Komponenten

Das CobiT-Referenzmodell beschreibt im Kern 34 IT-Prozesse, die notwendig sind, um eine verlässliche Nutzung und Anwendung der IT im Unternehmen sicherzustellen [Gaulke 2004]. Die Prozessbeschreibungen und das gesamte CobiT-Referenzmodell bestehen aus einer Reihe von Komponenten, die im diesem Abschnitt ausführlich behandelt werden. Gegenstand des folgenden Abschnittes ist dann das Zusammenspiel dieser Komponenten und ihre Darstellung als Gesamtmodell.

Bottum-up-Vorgehen

Da ein CobiT-Neuling, sobald er die Vogelperspektive auf das Referenzmodell verlässt, mit einer verwirrenden Vielzahl an Komponenten konfrontiert ist (Kontrollbereichen, verschiedenen Arten von

---

8. Umfassender und systematischer wird das Risikomanagement jedoch im Kontext von COBIT 4.1 [ITGI 2007b] im IT Assurance Guide [ITGI 2007c] behandelt. Insbesondere die Planung, die Verwendung und die Überprüfung der Controls (vgl. Abschnitt 3.3.8) werden hier unter Risikogesichtspunkten dargestellt.

Zielen – Goals, Objectives –, Prozessen auf verschiedenen Detailebenen etc.), haben wir uns entschieden, bei der Erläuterung des Referenzmodells bottom-up vorzugehen. Dies birgt zwar die Gefahr, den Leser zunächst mit diesen vielen Komponenten zu verwirren und erst spät, wenn das Gesamtbild zusammengesetzt wird, einen »Aha-Effekt« zu erzielen. Trotzdem erschien es uns als die bessere Variante, da beim umgekehrten Vorgehen zu Anfang das Gesamtmodell möglicherweise in weiten Teilen unverständlich bleibt.

Um den Einstieg zu erleichtern und das Verständnis für die Zielsetzung der IT-Prozesse in COBIT zu wecken, behandelt Abschnitt 3.3.1 den COBIT-Informationsraum, der eine begrenzte Anzahl an Komponenten und ihr Zusammenspiel darstellt.

3.3.1 Der COBIT-Informationsraum

Eine in vielen Veröffentlichungen über COBIT zu findende Darstellung ist der COBIT-Cube (COBIT-Würfel; vgl. Abb. 3–5). Er spannt mit den Koordinaten »IT-Prozesse«, »IT-Ressourcen« und »Geschäftsanforderungen« einen dreidimensionalen Informationsraum auf.

COBIT-Würfel

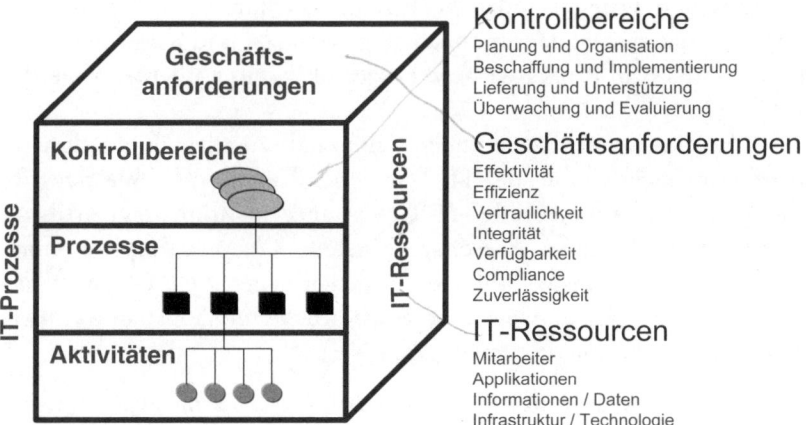

Kontrollbereiche
Planung und Organisation
Beschaffung und Implementierung
Lieferung und Unterstützung
Überwachung und Evaluierung

Geschäftsanforderungen
Effektivität
Effizienz
Vertraulichkeit
Integrität
Verfügbarkeit
Compliance
Zuverlässigkeit

IT-Ressourcen
Mitarbeiter
Applikationen
Informationen / Daten
Infrastruktur / Technologie

Abb. 3–5
Der COBIT-Würfel:
IT-Prozesse, Geschäftsanforderungen und
IT-Ressourcen [ITGI 2005a]

Der Würfel verdeutlicht, dass in IT-Prozessen bestimmte Aktivitäten durchgeführt werden. Diese IT-Prozesse werden auf einer höheren Ebene zu Gruppen, sogenannten Kontrollbereichen (Domänen), zusammengefasst.

IT-Prozesse

Durch die zweite Dimension wird zum Ausdruck gebracht, dass zur Ausführung von Aktivitäten und Prozessen bestimmte Ressourcen, wie Personal, Applikationen, Informationen/Daten und Infrastruktur, als Input benötigt werden.

IT-Ressourcen

Informationskriterien

Die dritte Dimension verweist darauf, dass IT-Prozesse durchgeführt werden, um bestimmte Ziele zu erreichen. Diese Ziele werden der IT in der Regel extern vorgegeben und resultieren aus Anforderungen der Fachbereiche. Im Informationsraum sind diese Geschäftsanforderungen generischer Natur und schlagen sich als Qualitätsmerkmale, sogenannten Informationskriterien, nieder. Dies sind sieben Kriterien, die von den IT-Prozessen zu unterschiedlichem Grade erfüllt sein müssen, damit ein Kontrollziel als erreicht gelten kann (vgl. Abb. 3–5).

Der COBIT-Informationsraum gibt also Auskunft darüber, was (Aktivitäten, Prozesse) mit welchen Ressourcen getan werden muss, um ein definiertes Ziel (Informationskriterien/Geschäftsanforderungen) zu erreichen.

Die genannten Komponenten werden in den nachfolgenden Abschnitten detaillierter erläutert. In Abschnitt 3.3.2 werden vorab die sogenannten Kontrollziele dargestellt, da diese eine zentrale Komponente sind und COBIT sogar seinen Namen geben.

3.3.2 Kontrollziele

Control Objectives

Unter einem Kontrollziel versteht man eine Aussage zu einem gewünschten Ergebnis oder Vorhaben, das durch Implementierung von automatisierten oder manuellen Steuerungs- und Kontrollelementen (Controls) in Prozessen bzw. Prozessaktivitäten überprüft werden soll.[9]

Derartige Kontrollziele finden sich in nahezu allen Unternehmensbereichen, nicht nur in der IT. Das Modell »Control Objectives for Enterprise Governance« des IT Governance Institute zeigt grob die Unternehmensbereiche (Geschäftstätigkeit, Organisation/Kommunikation, Informationstechnologie), in denen neben COBIT-Kontrollzielen (IT Control Objectives) auch geschäftliche und sonstige Kontrollziele zur Anwendung kommen (Abb. 3–6).

- Kontrollziele im Unternehmensbereich *Geschäftstätigkeit* betreffen die Kern- und Geschäftsaktivitäten (Produkte, Dienstleistungen usw.) sowie Aktivitäten mit Blick auf Unternehmensressourcen (Personal, Einrichtungen usw.).
- Kontrollziele für *Organisation und Kommunikation* sind Planungsaktivitäten (gemeinsame Ziele identifizieren bzw. kommunizieren), Überwachungsaktivitäten (Status gemeinsam einschätzen

---

9. »A statement of the desired result or purpose to be achieved by implementing control procedures in a particular process« [ITGI 2005a].

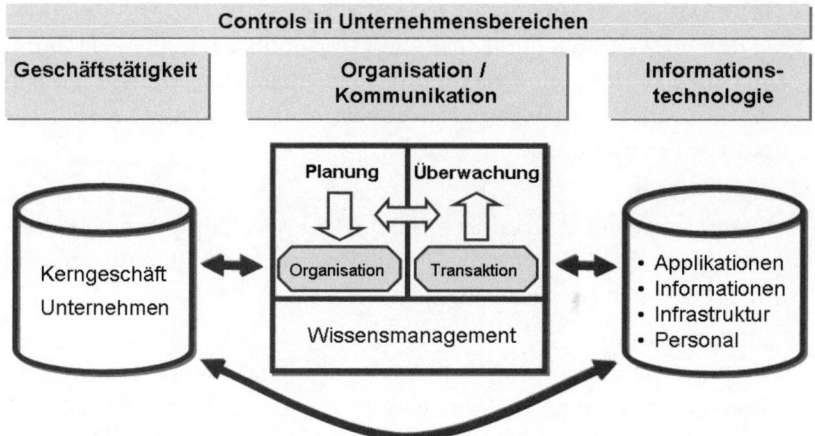

Abb. 3–6
Unternehmensbereiche, in
denen IT-Controls
eingesetzt werden

bzw. kommunizieren) sowie Wissensmanagementaktivitäten (Wissen gemeinsam entwickeln bzw. kommunizieren).

- *Informationstechnologie* ist der Bereich, in dem IT Control Objectives den Beitrag der IT zu den Geschäftszielen überwachen und steuern. Sie sind Gegenstand von CoBiT.

Die Kontrollnotwendigkeiten der beiden erstgenannten Bereiche werden von allgemeinen, unternehmensweiten Referenzmodellen, wie z.B. COSO, und unternehmensindividuellen internen Kontrollsystemen adressiert.

Erkennbar ist in der Abbildung 3–6 wiederum die Verknüpfung der in CoBiT betrachteten IT-Ressourcen mit geschäftlichen Aktivitäten bzw. Zielen.

Jeder der 34 CoBiT-IT-Prozesse ist mit einem High-Level-Kontrollziel (*High-level Control Objective*) und mehreren detaillierten Kontrollzielen (*Detailed Control Objective*) verbunden. High-Level-Kontrollziele und IT-Prozesse stehen in einer 1:1-Beziehung, wobei das High-Level-Kontrollziel dem IT-Prozess den Namen gibt. Durch diese Kontrollziele wird für jeden Prozess beschrieben, welche Ergebnisse und Eigenschaften er erfüllen muss und welche Zwecke mit ihm verfolgt werden.

High-Level- & detaillierte Kontrollziele

3.3.3 IT-Ressourcen

Um die in IT-Prozessen organisierten Aufgaben der IT angemessen abwickeln zu können, ist der bedarfsgerechte Einsatz von *IT-Ressourcen* nötig. Folgende IT-Ressourcen werden bei CoBiT unterschieden:

Prozesse benötigen IT-Ressourcen

■ **Informationen/Daten**
Daten im weitesten Sinne, die von Informationssystemen als Input, als Output oder in Zwischenformen verarbeitet werden und in strukturierter, unstrukturierter sowie in unterschiedlichen Formaten vorliegen können.

■ **Applikationen**
Gesamtmenge der geordneten manuellen oder durch Software verarbeiteten Funktionen, die Geschäftsprozesse unterstützen und Informationen bereitstellen.

■ **Infrastruktur**
Technologie (Hardware, Betriebssysteme, Netzwerke, Datenbanksysteme etc.) sowie die Umgebung, die ihren Betrieb ermöglicht (Gebäude, Energieversorgung, Supportstrukturen etc.).

■ **Personal**
Die Mitarbeiter, die zur Planung, Beschaffung, Entwicklung, Organisation, Implementierung, Leistungserstellung/-lieferung, Unterstützung, Überwachung u.Ä. der IT erforderlich sind. Personal in diesem Sinne umfasst betriebsinterne Mitarbeiter, Outsourcing-Unternehmen oder auf sonstiger Basis für das Unternehmen tätiges Personal.

IT-Unternehmens-architektur besteht aus IT-Ressourcen

Diese IT-Ressourcen bilden die IT-Unternehmensarchitektur (Enterprise Architecture for IT) [ITGI 2005a]. COBIT definiert diese als die Gesamtheit der Ressourcen und ihre wechselseitigen Abhängigkeiten bei der Ausführung von IT-Prozessen (vgl. Abb. 3–7).

Abb. 3–7
IT-Geschäftsarchitektur nach COBIT [ITGI 2005a]

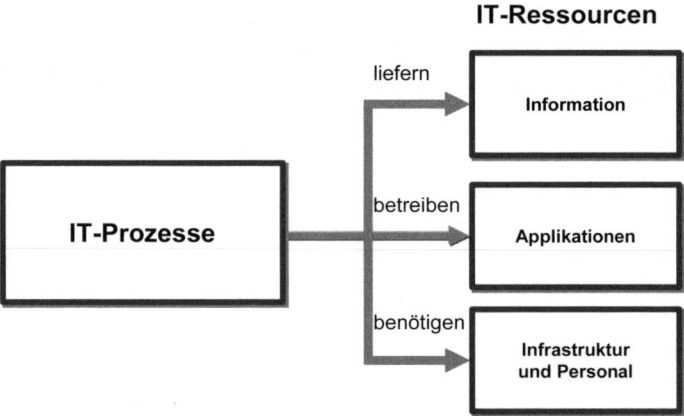

3.3.4 Informationskriterien

IT-Prozesse nutzen Ressourcen und erzeugen daraus Leistungen, durch die geschäftliche Anforderungen an die IT erfüllt werden (vgl. Abb. 3–8, die den Zusammenhang der Dimensionen des COBIT-Informationsraums (siehe Abschnitt 3.3.1) als Wirkungskette zeigt).

Qualitätsmerkmale

Die geschäftlichen Anforderungen sind im COBIT-Referenzmodell generisch gehalten und dienen unter der Bezeichnung »Informationskriterien« (Information Criteria) (vgl. Tab. 3–2) als Qualitätsmerkmale.[10]

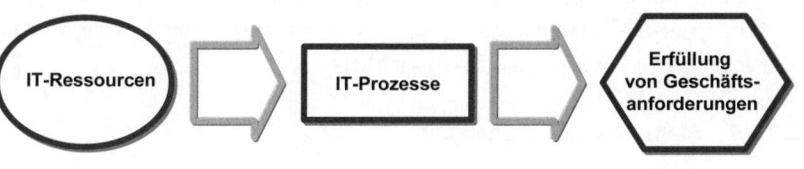

- Applikationen
- Information
- Infrastruktur
- Personal

- Planung und Organisation
- Beschaffung und Implementierung
- Lieferung und Unterstützung
- Überwachung und Evaluierung

- Effektivität
- Effizienz
- Vertraulichkeit
- Integrität
- Verfügbarkeit
- Compliance
- Zuverlässigkeit

Abb. 3–8

IT-Prozesse als Bindeglied zwischen IT-Ressourcen und Geschäftsanforderungen (Informationskriterien)

Informationskriterium	Beschreibung
Effektivität	Informationen für einen Geschäftsprozess müssen relevant und sachdienlich sein sowie zeitgerecht, korrekt, konsistent und verwertbar geliefert werden.
Effizienz	Informationen sollten unter optimaler Nutzung der zur Verfügung stehenden Ressourcen erzeugt werden.
Vertraulichkeit	Sensitive Informationen müssen vor unautorisiertem Gebrauch geschützt sein.
Integrität	Exaktheit und Vollständigkeit sowie die Validität der Geschäftszahlen und geschäftlicher Erwartungen sind zu gewährleisten.
Verfügbarkeit	Informationen sollen bedarfsgerecht zur Verfügung stehen, und die nötigen Maßnahmen für ihre zukünftige Verfügbarkeit sollen getroffen sein.
Compliance	Verträge, Vorschriften und Gesetze sind durch die Geschäftsprozesse einzuhalten. Externe geschäftliche Notwendigkeiten dafür sind zu beachten, und interne Verfahren dazu sind zu befolgen.
Zuverlässigkeit	Das Management muss sich auf die bereitgestellten Informationen verlassen können, um das Unternehmen im Sinne der Geschäftsziele und unter Einhaltung von Sorgfaltspflichten führen zu können.

Tab. 3–2

Die COBIT-Informationskriterien

---

10. »Information criteria provide a generic method for defining the business requirements«[ITGI 2005a].

3.3.5 Kontrollbereiche und IT-Prozesse

Vier Kontrollbereiche zur Strukturierung der IT-Prozesse

Kontrollbereiche (Domänen) strukturieren die COBIT-Kontrollziele – jedem Kontrollziel ist 1:1 ein IT-Prozess zugeordnet – in vier Bereiche, die den Schritten *Design* (Kontrollbereich Planung und Organisation), *Build* (Beschaffung und Implementierung), *Run* (Lieferung und Unterstützung) und *Monitor* (Überwachung und Evaluierung) im Lebenszyklus von IT-Systemen entsprechen.

Im Folgenden (Abschnitte 3.3.5.1 – 3.3.5.5) werden die vier Kontrollbereiche, die ihnen zugeordneten Kontrollziele bzw. IT-Prozesse, ihre Einordnung hinsichtlich ihrer Bedeutung für die Abdeckung der IT-Governance-Kernbereiche und ihre Zuordnung zu Informationskriterien und IT-Ressourcen vorgestellt.

3.3.5.1 Planung und Organisation

Definition des technischen, strukturellen und strategischen Rahmens

Prozesse im Kontrollbereich Planung und Organisation (Plan and Organize, PO) definieren den technischen, strukturellen und strategischen Rahmen der IT. Hier werden umfassende und langfristige Aspekte wie die IT-Strategie, die technische Grundorientierung sowie die Organisation der IT festgelegt. Aufgeführt werden strategische und taktische Gesichtspunkte hinsichtlich des bestmöglichen Beitrages der IT für den Geschäftserfolg. Dies erfolgt über einen Top-down-Ansatz, der sich von der Planung und dem Management der strategischen Vision bis hin zur Überprüfung der Organisation und der Infrastrukturkomponenten erstreckt.

Wesentlich für diesen Bereich sind die folgenden Fragestellungen:

- Sind IT- und Geschäftsstrategie abgestimmt (Alignment)?
- Gibt es eine mittel- und langfristige Ausrichtung der IT, und wird diese verstanden?
- Sind Prinzipien und ein allgemeiner Plan für die IT definiert?
- Werden die IT-Ziele von jedem Mitarbeiter im IT-Bereich verstanden?
- Werden die Risiken richtig eingeschätzt, und gibt es ein Risikomanagement?
- Entspricht die Qualität der IT-Systeme den geschäftlichen Anforderungen?

Tabelle 3–3 enthält die zehn Prozesse dieses Kontrollbereichs.

Kontrollbereich: Planung und Organisation (PO, Plan and Organize)	
IT-Prozess	**Beschreibung**
PO1	Definition eines strategischen Plans für die IT
PO2	Definition der Informationsarchitektur
PO3	Bestimmung der technologischen Richtung
PO4	Definition der IT-Prozesse, der IT-Organisation und Beziehungen (Rollen, Verantwortungen)
PO5	Management der IT-Investitionen
PO6	Kommunikation von Zielsetzungen und Richtung des Managements
PO7	Personalmanagement
PO8	Qualitätsmanagement
PO9	Beurteilung und Management von IT-Risiken
PO10	Projektmanagement

Tab. 3–3

IT-Prozesse des Kontrollbereichs Planung und Organisation

3.3.5.2 Beschaffung und Implementierung

In diesem Bereich (Acquire and Implement, AI) geht es darum, die Voraussetzungen für den Betrieb und die Nutzung von Software- und Anwendungssystemen zu schaffen. Es werden konkrete Prozesse und Aktivitäten beschrieben, die der Identifikation, Beschaffung, Entwicklung und Integration von Leistungen und Ressourcen sowie der Pflege und Wartung existierender Ressourcen dienen. Der Begriff Acquire umfasst also alle Tätigkeiten des Erwerbs und der Entwicklung von Applikationen über eine eventuelle Beschaffung hinaus.

Acquire: Erwerb, Entwicklung, Konfiguration

Die sieben Prozesse dieses Kontrollbereichs (vgl. Tab. 3–4) bauen auf den vorhergehenden Planungsprozessen auf, und somit ist die Umsetzung der IT-Strategie ihr wesentlicher Gegenstand.

Umsetzung der IT-Strategie

Folgende Fragestellungen sind kennzeichnend für diesen Bereich:

- Welche geschäftlichen Anforderungen lassen sich durch automatisierte Lösungen kostengünstiger und risikoärmer erfüllen?
- Werden bedarfsgerechte Anwendungssysteme realisiert, und lassen sie einen positiven und messbaren Beitrag zum Geschäftserfolg erwarten?
- Erfolgen die Beschaffung und Wartung von technischer Infrastruktur und sonstigen IT-Ressourcen nach einem transparenten und nachvollziehbaren Verfahren?
- Werden Bedarf und Anforderungen an IT-Leistungen erhoben, und erstreckt sich deren Analyse auch auf wirtschaftliche Aspekte?
- Sind die notwendigen Änderungen an den laufenden Systemen ohne Störungen des laufenden Geschäfts möglich?

■ Gibt es ein formelles und geordnetes Anforderungs-, Change-, Release- und Änderungsmanagement?

Kontrollbereich: Beschaffung und Implementierung (AI, Acquire and Implement)	
IT-Prozess	**Beschreibung**
AI1	Identifikation von automatisierten Lösungen
AI2	Beschaffung und Wartung von Applikationssoftware
AI3	Beschaffung und Wartung der technischen Infrastruktur
AI4	Sicherstellung des Betriebs und der Nutzung
AI5	Beschaffung von IT-Ressourcen
AI6	Änderungsmanagement
AI7	Installation und Freigabe von Lösungen und Änderungen

3.3.5.3 Lieferung und Unterstützung

Management des
Systembetriebs

Im Mittelpunkt des dritten Kontrollbereichs (Deliver and Support, DS; siehe Tab. 3–5), der mit 13 IT-Prozessen die größte Anzahl an Prozessen beinhaltet, stehen Aktivitäten, die dem Management des Systembetriebs dienen. Adressiert werden bspw. Fragen der Performance, der Skalierbarkeit, der Sicherheit und des unterbrechungsfreien Betriebs (Business Continuity). Ebenfalls finden sich hier Prozesse zur Ausbildung und Unterstützung der Benutzer.

Ähnlich wie beim ITIL-Referenzmodell (vgl. dazu Abschnitt 5.1) werden schwerpunktmäßig Aspekte des operativen Betriebs angesprochen. Insofern ergeben sich deutliche Überschneidungen mit den Zielen und Prozessen von ITIL. Wesentlich für diesen Bereich sind die folgenden Fragestellungen:

■ Liegen transparente Vereinbarungen bzgl. intern erbrachter und extern bezogener Leistungen vor, und werden diese aktiv gemanagt?
■ Ist die Einhaltung wichtiger funktionaler Eigenschaften und Qualitätskriterien (Funktion, Betrieb, Service Level etc.) sichergestellt?
■ Werden die Kosten der IT erhoben und verrechnet?
■ Existiert ein geordneter, periodisch durchgeführter Ablauf zur Planung von zu erbringenden Leistungen und vorzuhaltenden Kapazitäten?
■ Finden Benutzer eine angemessene Unterstützung in Form von Schulungen, Trainings und Help-Desk-Einrichtungen?

▨ Werden Anforderungen an Daten, IT-Infrastruktur (Hardware, Netze) und physische Umgebung (bspw. Zutritt zu Gelände, Gebäuden und Arbeitsbereichen in Abhängigkeit von Personengruppen und wahrgenommenen Rollen) systematisch identifiziert und dokumentiert?

▨ Werden Risiken erkannt, erfasst und systematisch behandelt?

Kontrollbereich: Lieferung und Unterstützung (DS, Deliver and Support)	
IT-Prozess	**Beschreibung**
DS1	Definition und Management von Dienstleistungsgraden (Service Level)
DS2	Management der Leistungen von Dritten
DS3	Leistungs- und Kapazitätsmanagement
DS4	Sicherstellen des kontinuierlichen Betriebs
DS5	Sicherstellung der Systemsicherheit
DS6	Identifizierung und Verrechnung von Kosten
DS7	Aus- und Weiterbildung von Benutzern
DS8	Verwaltung von Service-Desk und Vorfällen
DS9	Konfigurationsmanagement
DS10	Problemmanagement
DS11	Datenmanagement
DS12	Management der physischen Umgebung
DS13	Management des Betriebs

Tab. 3–5
Die IT-Prozesse des Kontrollbereichs Lieferung und Unterstützung

3.3.5.4 Überwachung und Evaluierung

Alle IT-Prozesse sind in regelmäßigen Abständen auf ihre Qualität und auf die Erfüllung regulatorischer Anforderungen hin zu überprüfen. Der Kontrollbereich Überwachung und Evaluierung (Monitor and Evaluate, ME; siehe Tab. 3–6) adressiert Performance-Management, interne Kontrolle und regulatorische Anforderungen. Insofern schließt sich durch diesen vierten Kontrollbereich der Kreis, da die Ergebnisse des »Monitoring« einen neuen Zyklus initiieren, der mit den Prozessen des Kontrollbereichs »Planung und Organisation« beginnt.

Monitoring der Einhaltung von Zielen und Anforderungen

Für diesen Bereich sind folgende Fragestellungen wesentlich:

▨ Wird die aktuelle IT-Leistung gemessen, und werden auftretende Leistungsengpässe frühzeitig erkannt und eingeplant?

▨ Stellt das Management sicher, dass interne Kontrollen sowohl effektiv als auch effizient sind?

▨ Werden Risiken bewertet, Kontrollen ausgewertet und die Leistungserstellung gemessen, und gibt es ein funktionierendes Berichtswesen dazu?

Kontrollbereich: Überwachung und Evaluierung (ME, Monitor and Evaluate)	
IT-Prozess	**Beschreibung**
ME1	Überwachung und Evaluierung der IT-Leistung
ME2	Überwachung und Beurteilung der internen Controls
ME3	Compliance gewährleisten
ME4	IT-Governance sicherstellen

3.3.5.5   Relevanz der Kontrollbereiche für die Kernbereiche

Die 34 IT-Prozesse der vier Kontrollbereiche werden im COBIT-Referenzmodell unterschiedlich hinsichtlich ihrer Bedeutung insgesamt und einzelner IT-Governance-Kernbereiche (siehe Seite 41) gewichtet. Die Bedeutung, die den verschiedenen Prozessen im Referenzmodell zugeordnet wird, ist im Folgenden anhand von Tabellen dargestellt. Die Tabellen 3–7 bis 3–10 sind die Ergebnisse einer ITGI-Erhebung [ITGI 2005a] und erläutern die Bedeutung der Prozesse in COBIT.

Bedeutung für
IT-Governance-
Kernbereiche

Die erste Spalte nach der Prozessbeschreibung gibt die Bedeutung eines IT-Prozesses für IT-Governance insgesamt wieder, abgestuft nach »hoch, mittel, niedrig«. Die weiteren Spalten enthalten für die verschiedenen IT-Governance-Kernbereiche die Relevanz eines Prozesses. Gewichtet wird nach der Stärke der Relevanz: Primär (P), Sekundär (S), ein freies Feld verweist auf eine weniger wichtige oder marginale Verknüpfung zwischen IT-Prozess und IT-Governance-Kernbereich.

Aus Tabelle 3–7 ist bspw. ersichtlich, dass der IT-Prozess PO1 insgesamt für IT-Governance von hoher Bedeutung ist und primär einem verbesserten strategischen Alignment dient. Risiko- und Ressourcenmanagement sind in zweiter Linie betroffen.

Kontrollbereich: Planung und Organisation (PO, Plan and Organize)		Bedeutung	IT-Governance-Kernbereiche				
			Strategisches Alignment	Wertbeitrag	Ressourcen-management	Risiko-management	Performance-Management
IT-Prozess	**Beschreibung**						
PO1	Definition eines strategischen Plans für die IT	H	P		S	S	
PO2	Definition der Informationsarchitektur	N	P	S	P	S	
PO3	Bestimmung der technologischen Richtung	M	S	S	P	S	
PO4	Definition der IT-Prozesse, der IT-Organisation und Beziehungen (Rollen, Verantwortungen)	N	S		P	P	
PO5	Management der IT-Investitionen	M	S	P	S		S
PO6	Kommunikation von Zielsetzungen und Richtung des Managements	M	P			P	
PO7	Personalmanagement	N	P		P	S	S
PO8	Qualitätsmanagement	M	P	S		S	
PO9	Beurteilung und Management von IT-Risiken	H	P			P	
PO10	Projektmanagement	H	P	S	S	S	S
H: hoch, M: mittel, N: niedrig, P: primär, S: sekundär							

Tab. 3–7   *IT-Prozesse des Kontrollbereiches Planung und Organisation:*
Bedeutung und Zusammenhang mit den IT-Prozessen

Kontrollbereich: Beschaffung und Implementierung (AI, Acquire and Implement)		Bedeutung	IT-Governance-Kernbereiche				
			Strategisches Alignment	Wertbeitrag	Ressourcen-management	Risiko-management	Performance-Management
IT-Prozess	**Beschreibung**						
AI1	Identifikation von automatisierten Lösungen	M	P	P	S	S	
AI2	Beschaffung und Wartung von Applikationssoftware	M	P	P		S	
AI3	Beschaffung und Wartung der technischen Infrastruktur	N			P		
AI4	Sicherstellung des Betriebs und der Nutzung	N	S	P	S	S	
AI5	Beschaffung von IT-Ressourcen	M		S	P		
AI6	Änderungsmanagement	H		P	S		
AI7	Installation und Freigabe von Lösungen und Änderungen	M	S	P	S	S	S
H: hoch, M: mittel, N: niedrig, P: primär, S: sekundär							

Tab. 3–8   *IT-Prozesse des Kontrollbereiches Beschaffung und Implementierung:*
Bedeutung und Zusammenhang mit den IT-Prozessen

Kontrollbereich: Lieferung und Unterstützung (DS, Deliver and Support)		Bedeutung	IT-Governance-Kernbereiche				
			Strategisches Alignment	Wertbeitrag	Ressourcen- management	Risiko- management	Performance- Management
IT-Prozess	**Beschreibung**						
DS1	Definition und Management von Dienstleistungsgraden (Service Level)	M	P	P	P		P
DS2	Management der Leistungen von Dritten	N		P	S	P	S
DS3	Leistungs- und Kapazitätsmanagement	N	S	S	P	S	S
DS4	Sicherstellen des kontinuierlichen Betriebs	M	S	P	S	P	S
DS5	Sicherstellung der Systemsicherheit	H				P	
DS6	Identifizierung und Verrechnung von Kosten	N		S	P		S
DS7	Aus- und Weiterbildung von Benutzern	N	S	P		S	
DS8	Verwaltung von Service-Desk und Vorfällen	N	S	P			S
DS9	Konfigurationsmanagement	M		P		S	
DS10	Problemmanagement	M		P		S	
DS11	Datenmanagement	H		P	P	P	
DS12	Management der physischen Umgebung	N			S	P	
DS13	Management des Betriebs	N			P		
H: hoch, M: mittel, N: niedrig, P: primär, S: sekundär							

Tab. 3–9   *IT-Prozesse des Kontrollbereiches Lieferung und Unterstützung:*
Bedeutung und Zusammenhang mit den IT-Prozessen

Kontrollbereich: Überwachung und Evaluierung (ME, Monitor and Evaluate)		Bedeutung	IT-Governance-Kernbereiche				
			Strategisches Alignment	Wertbeitrag	Ressourcen- management	Risiko- management	Performance- Management
IT-Prozess	**Beschreibung**						
ME1	Überwachung und Evaluierung der IT-Leistung	H					P
ME2	Überwachung und Beurteilung der internen Controls	M		P		P	
ME3	Compliance gewährleisten	H	P			P	
ME4	IT-Governance sicherstellen	H	P	P	P	P	P
H: hoch, M: mittel, N: niedrig, P: primär, S: sekundär							

Tab. 3–10   *IT-Prozesse des Kontrollbereiches Überwachung und Evaluierung:*
Bedeutung und Zusammenhang mit den IT-Prozessen

3.3.6 Interdependenzen im COBIT-Informationsraum

Mit IT-Ressourcen, Informationskriterien sowie Kontrollbereichen (bzw. IT-Prozessen und Kontrollzielen) sind die wesentlichen Komponenten des COBIT-Informationsraums beschrieben. Der Zusammenhang der drei Komponenten ergibt sich einerseits aus der Relevanz der IT-Prozesse für die Informationskriterien und andererseits aus den Ressourcen, die IT-Prozesse benutzen.

Zusammenhang von IT-Prozessen, IT-Ressourcen und Informationskriterien

Dieser Zusammenhang wird im Folgenden hergestellt, indem – wie im COBIT-Würfel – die IT-Prozesse den IT-Ressourcen bzw. den Informationskriterien zugeordnet werden. Dabei wird für die IT-Ressourcen lediglich indiziert, ob ein IT-Prozess für eine IT-Ressource Relevanz besitzt. Ähnlich wird mit den Informationskriterien verfahren, jedoch wird hier unterschieden, ob ein primärer (starker), ein sekundärer (schwacher) oder kein Zusammenhang besteht.

Deutlich wird dabei auch, dass nicht jede Kombination aus Kontrollziel, IT-Ressource und Informationskriterium von Relevanz ist, sondern dass bestimmten IT-Prozessen jeweils nur spezielle IT-Ressourcen bzw. Informationskriterien zugeordnet sind. So betrifft bspw. PO1 *(Definition eines strategischen Plans für die IT)* v.a. die Effektivität und im geringeren Maße die Effizienz. Geschäftliche Anforderungen hinsichtlich Compliance und Integrität sind dagegen nicht angesprochen.

Die Tabellen 3–11 bis 3–14 helfen in einer konkreten betrieblichen Situation zu überprüfen, ob sich die Kontrolle eines IT-Prozesses anbietet, indem dessen Zusammenhänge mit betrieblichen Ressourcen und Geschäftsanforderungen, die durch die Informationskriterien zum Ausdruck kommen, transparent gemacht werden.

Hilfsmittel in konkreten betrieblichen Situationen

Für die Nutzung von COBIT ist es wichtig, dass die Bereiche, die sich in der Praxis mit den IT-Prozessen abdecken lassen, bekannt sind und dass bewusst ist, was nicht von COBIT erfasst wird (wie z.B. die eigentliche Geschäftstätigkeit und die Aufbauorganisation).

COBIT-Abdeckung wird ersichtlich

Kontrollbereich: Planung und Organisation (PO, Plan and Organize)		Ressourcen				Informationskriterien						
IT-Prozess / **Beschreibung**		Personal	Information	Anwendungen	Infrastruktur	Effektivität	Effizienz	Vertraulichkeit	Integrität	Verfügbarkeit	Compliance	Zuverlässigkeit
PO1	Definition eines strategischen Plans für die IT	✓	✓	✓	✓	P	S					
PO2	Definition der Informationsarchitektur		✓	✓		S	P	S	P			
PO3	Bestimmung der technologischen Richtung			✓	✓	P	P					
PO4	Definition der IT-Prozesse, der IT-Organisation und Beziehungen (Rollen, Verantwortungen)	✓				P	P					
PO5	Management der IT-Investitionen	✓		✓	✓	P	P					S
PO6	Kommunikation von Zielsetzungen und Richtung des Managements	✓	✓			P					S	
PO7	Personalmanagement	✓				P	P					
PO8	Qualitätsmanagement	✓	✓	✓	✓	P	P			S		S
PO9	Beurteilung und Management von IT-Risiken	✓	✓	✓	✓	S	S	P	P	P	S	S
PO10	Projektmanagement	✓		✓	✓	P	P					

✓: relevant, P: primär, S: sekundär

Tab. 3–11 *Zusammenhang zwischen den IT-Prozessen des Kontrollbereichs Planung und Organisation, den IT-Ressourcen und Informationskriterien*

Kontrollbereich: Beschaffung und Implementierung (AI, Acquire and Implement)		Ressourcen				Informationskriterien						
IT-Prozess / **Beschreibung**		Personal	Information	Anwendungen	Infrastruktur	Effektivität	Effizienz	Vertraulichkeit	Integrität	Verfügbarkeit	Compliance	Zuverlässigkeit
AI1	Identifikation von automatisierten Lösungen			✓	✓	P	S					
AI2	Beschaffung und Wartung von Applikationssoftware			✓		P	P		S			S
AI3	Beschaffung und Wartung der technischen Infrastruktur				✓	S	P		S	S		
AI4	Sicherstellung des Betriebs und der Nutzung	✓		✓	✓	P	P		S	S	S	S
AI5	Beschaffung von IT-Ressourcen	✓	✓	✓	✓	S	P				S	
AI6	Änderungsmanagement	✓	✓	✓	✓	P	P		P	P		S
AI7	Installation und Freigabe von Lösungen und Änderungen	✓	✓	✓	✓	P	S		S	S		

✓: relevant, P: primär, S: sekundär

Tab. 3–12 *Zusammenhang zwischen den IT-Prozessen des Kontrollbereichs Beschaffung und Implementierung, den IT-Ressourcen und Informationskriterien*

		Ressourcen				Informationskriterien						
Kontrollbereich: Lieferung und Unterstützung (DS, Deliver and Support)		Personal	Information	Anwendungen	Infrastruktur	Effektivität	Effizienz	Vertraulichkeit	Integrität	Verfügbarkeit	Compliance	Zuverlässigkeit
IT-Prozess	**Beschreibung**											
DS1	Definition und Management von Dienstleistungsgraden (Service Level)	✓	✓	✓	✓	P	P	S	S	S	S	S
DS2	Management der Leistungen von Dritten	✓	✓	✓	✓	P	P	S	S	S	S	S
DS3	Leistungs- und Kapazitätsmanagement			✓	✓	P	P			S		
DS4	Sicherstellen des kontinuierlichen Betriebs	✓	✓	✓	✓	P	S			P		
DS5	Sicherstellung der Systemsicherheit	✓	✓	✓	✓			P	P	S	S	S
DS6	Identifizierung und Verrechnung von Kosten	✓	✓	✓	✓		P					P
DS7	Aus- und Weiterbildung von Benutzern	✓				P	S					
DS8	Verwaltung von Service-Desk und Vorfällen	✓		✓		P	P					
DS9	Konfigurationsmanagement		✓	✓	✓	P	S			S		S
DS10	Problemmanagement	✓	✓	✓	✓	P	P			S		
DS11	Datenmanagement		✓							P		P
DS12	Management der physischen Umgebung				✓					P	P	
DS13	Management des Betriebs	✓	✓	✓	✓	P	P			S	S	
									✓: relevant, P: primär, S: sekundär			

Tab. 3–13 Zusammenhang zwischen den IT-Prozessen des Kontrollbereichs Lieferung und Unterstützung, den IT-Ressourcen und Informationskriterien

		Ressourcen				Informationskriterien						
Kontrollbereich: Überwachung und Evaluierung (ME, Monitor and Evaluate)		Personal	Information	Anwendungen	Infrastruktur	Effektivität	Effizienz	Vertraulichkeit	Integrität	Verfügbarkeit	Compliance	Zuverlässigkeit
IT-Prozess	**Beschreibung**											
ME1	Überwachung und Evaluierung der IT-Leistung	✓	✓	✓	✓	P	P	S	S	S	S	S
ME2	Überwachung und Beurteilung der internen Controls	✓	✓	✓	✓	P	P	S	S	S	S	S
ME3	Compliance gewährleisten	✓	✓	✓	✓						P	S
ME4	IT-Governance sicherstellen	✓	✓	✓	✓	P	S	S	S	S	S	S
									✓: relevant, P: primär, S: sekundär			

Tab. 3–14 Zusammenhang zwischen den IT-Prozessen des Kontrollbereichs Überwachung und Evaluierung, den IT-Ressourcen und Informationskriterien

3.3.7   Ziele, Erfolgsmessung und IT-Geschäftsarchitektur

3.3.7.1   Zielarten und Metriken im Überblick

Ziele (Goals)   Neben den Kontrollzielen (Control Objectives) sowie den Steuerungs- und Kontrollelementen (Controls, siehe Abschnitt 3.3.8) beinhaltet COBIT Ziele (Goals). Auch hier werden verschiedene Ebenen unterschieden:

- Geschäftsziele (Business Goals)
- IT-Ziele (IT-Goals)
- Prozessziele (Process Goals)
- Aktivitätsziele (Activity Goals)

Die genannten Zielarten bilden eine Hierarchie. Im ersten Schritt werden IT-Ziele aus Geschäftszielen abgeleitet. Daraus werden wiederum Prozess- und im letzten Schritt Aktivitätsziele abgeleitet.

IT-Ziele nehmen eine zentrale Rolle in COBIT ein   Auch in anderer Hinsicht nehmen IT-Ziele im COBIT-Modell eine zentrale Rolle ein (Abb. 3–9): Sie legen die Geschäftsarchitektur fest, d.h., ihnen werden IT-Prozesse und IT-Ressourcen zugeordnet.

Abb. 3–9
Die zentrale Rolle von
IT-Zielen

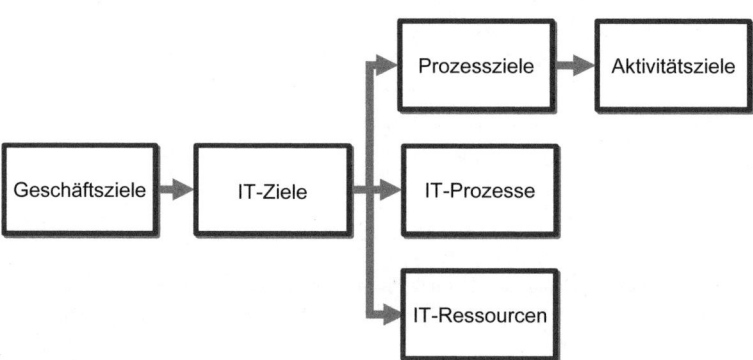

3.3.7.2   Geschäftsziele

In COBIT werden die verschiedenen Zielarten mit unterschiedlicher Tiefe diskutiert. So werden Geschäftsziele nur exemplarisch aufgeführt, da sie als unternehmensindividuell und geschäftsspezifisch angesehen werden. COBIT bietet auch keine methodische Unterstützung für die Ableitung von IT-Zielen aus Geschäftszielen.

Geschäftsziele   Eine Übersicht möglicher Geschäftsziele, die beispielhaft in COBIT genannt werden, gibt Tabelle 3–15 wieder.

Geschäftsziele	
Perspektive	**Beschreibung**
Finanzen	Marktanteil erhöhen
	Umsatz steigern
	Kapitalrendite (RoI) steigern
	Kapitalnutzung optimieren
	Geschäftsrisiken managen
Kunden	Kundenorientierung und -services verbessern
	Wettbewerbsfähige Produkte und Services anbieten
	Serviceverfügbarkeit sicherstellen
	Auf Marktveränderungen reagieren (Time-to-Market)
	Kostenoptimierte Services
Intern	Die Wertschöpfungskette automatisieren und integrieren
	Geschäftsprozesse in Funktionalität und Betrieb verbessern
	Prozesskosten senken
	Einhaltung rechtlicher Erfordernisse (Compliance) sicherstellen
	Transparenz herstellen
	Interne Regeln (Corporate Governance Compliance) einhalten
	Betriebs- und Personalproduktivität verbessern
Entwicklung und Wachstum	Innovation bei Produkten und in der Geschäftstätigkeit
	Zuverlässige und nützliche Informationen zur Unterstützung strategischer Entscheidungen bereitstellen
	Ausgebildetes und motiviertes Personal gewinnen

Tab. 3–15
Beispielhafte Geschäftsziele in COBIT (geordnet nach den Standarddimensionen einer Balanced-Scorecard)

3.3.7.3 IT-Ziele

IT-Ziele beschreiben notwendige Eigenschaften der IT, wenn diese ihren Beitrag zur Erfüllung der Geschäftsziele und Geschäftsstrategien leisten soll. Es handelt sich also um solche Ziele, die von der IT-Organisation zur Erfüllung von Geschäftsanforderungen und Geschäftsstrategie umzusetzen sind.

IT-Ziele werden aus Geschäftszielen abgeleitet

COBIT nennt 28 IT-Ziele, die von der Forderung nach Alignment von Geschäfts- und IT-Strategie über IT-Agilität bis zur Befolgung von Gesetzen (Compliance) reichen (vgl. Tab. 3–16).

IT-Ziele	
1	Reagiere auf Geschäftsanforderungen in Übereinstimmung mit der Unternehmensstrategie
2	Reagiere auf Anforderungen der Governance entsprechend der Vorgaben der Geschäftsführung
3	Stelle die Zufriedenheit der Nutzer mit den Serviceangeboten und Service Levels sicher
4	Optimiere die Verwendung von Information →

Tab. 3–16
In COBIT aufgeführte IT-Ziele

IT-Ziele	
5	Erzeuge IT-Agilität
6	Definiere, wie Geschäfts- und Steuerungsanforderungen in effektive und effiziente Applikationen überführt werden
7	Erstelle und unterhalte integrierte und standardisierte Anwendungssysteme
8	Erstelle und warte eine integrierte und standardisierte IT-Infrastruktur
9	Erstelle und erhalte IT-Skills, die der IT-Strategie entsprechen
10	Stelle wechselseitig zufriedenstellende Beziehungen zu Dritten her
11	Integriere die Anwendungen und Technologielösungen nahtlos in Geschäftsprozesse
12	Stelle Transparenz und Verständnis von IT-Kosten, Nutzen, Strategie, Richtlinien und Service Levels sicher
13	Stelle die angemessene Verwendung und Leistungsfähigkeit der Anwendungen und technischen Lösungen sicher
14	Übernehme die Verantwortung und den Schutz für alle IT-Anlagen und IT-Vermögenswerte
15	Optimiere IT-Infrastruktur, den Ressourceneinsatz und IT-Fähigkeiten
16	Reduziere Mängel und Nacharbeit bei Lösungen und bei der Servicebereitstellung
17	Schütze die Erreichung der IT-Ziele
18	Schaffe Klarheit über die Geschäftsauswirkungen der Risiken von IT-Zielen und -Ressourcen
19	Stelle den Schutz von kritischen und vertraulichen Informationen vor unberechtigtem Zugriff sicher
20	Stelle sicher, dass automatischen Transaktionen und dem Informationsaustausch vertraut werden kann
21	Stelle sicher, dass IT-Services und Infrastruktur Ausfällen aufgrund von Fehlern, bewussten Angriffen oder Katastrophen standhalten können und ihre Wiederherstellung gewährleistet ist
22	Stelle sicher, dass der Einfluss einer IT-Service-Störung oder -Änderung auf das Geschäft minimiert ist
23	Stelle die Verfügbarkeit der IT-Services gemäß den Anforderungen sicher
24	Verbessere die Kosteneffizienz der IT und ihren Beitrag zum Unternehmenserfolg
25	Setze Projekte pünktlich und im Budgetrahmen und unter Einhaltung der Qualitätsstandards um
26	Erhalte die Integrität von Informationen und die sie verarbeitende Infrastruktur
27	Stelle IT-Compliance mit Gesetzen und Vorschriften sicher
28	Stelle sicher, dass die IT eine kosteneffiziente Servicequalität, kontinuierliche Verbesserung und Bereitschaft für zukünftige Veränderung zeigt

Verknüpfung von IT-Zielen mit Geschäftszielen

In COBIT findet sich eine Zuordnung von IT-Zielen zu den beispielhaft aufgeführten Geschäftszielen. Sie soll verdeutlichen, welche IT-Ziele direkt mit geschäftlichen Zielen im Zusammenhang stehen und somit die geschäftliche Zielerreichung unterstützen oder aber auch behindern können (vgl. Tab. 3–17).

	Geschäftsziele	Ziele (siehe Tab. 3–16)								Informationskriterien						
Perspektive	Beschreibung									Effektivität	Effizienz	Vertraulichkeit	Integrität	Verfügbarkeit	Compliance	Zuverlässigkeit
Finanzen	Marktanteil erhöhen	25	28							✓	✓					
	Umsatz steigern	25	28							✓	✓					
	Kapitalrendite (RoI) steigern	24									✓					
	Kapitalnutzung optimieren	14								✓	✓					
	Geschäftsrisiken managen	2	14	17	18	19	20	21	22			✓	✓	✓		
Kunden	Kundenorientierung und -service verbessern	3	23							✓						
	Wettbewerbsfähige Produkte und Services anbieten	5	24							✓	✓					
	Serviceverfügbarkeit sicherstellen	10	16	22	23					✓				✓		
	Auf Marktveränderungen reagieren (Time-to-Market)	1	5	25						✓	✓					
	Kostenoptimierte Services	7	8	10	24						✓					
Intern	Die Wertschöpfungskette automatisieren und integrieren	6	7	8	11					✓	✓					
	Geschäftsprozesse in Funktionalität und Betrieb verbessern	6	7	11						✓	✓					
	Prozesskosten senken	7	8	13	15	24					✓					
	Einhaltung rechtlicher Erfordernisse (Compliance) sicherstellen	2	19	20	21	22	26	27					✓		✓	
	Transparenz herstellen	2	18													✓
	Interne Regeln (Corporate Governance Compliance) einhalten	2	13										✓		✓	
	Betriebs- und Personalproduktivität verbessern	7	8	11	13					✓	✓					
Entwicklung und Wachstum	Innovation bei Produkten und in der Geschäftstätigkeit	5	25	28						✓	✓					
	Zuverlässige und nützliche Informationen zur Unterstützung strategischer Entscheidungen bereitstellen	2	4	12	20	26				✓			✓			✓
	Ausgebildetes und motiviertes Personal gewinnen	9								✓	✓					

Tab. 3–17   *Zuordnung von IT-Zielen zu Geschäftszielen*

Die Zuordnung macht beispielsweise deutlich, dass die IT zur Unterstützung der geschäftlichen Ziele »Marktanteil erhöhen« und »Umsatz steigern« Projekte im Zeit- und Kostenrahmen fertigstellen (IT-Ziel Nr. 25) sowie kosteneffiziente Services und eine kontinuierliche Verbesserung und Anpassung an Veränderungen sicherstellen muss (IT-Ziel Nr. 28).

Geschäftsziele und Informationskriterien

Die Zuordnung der Geschäftsziele zu den Informationskriterien hat eine Brückenfunktion. Sie zeigt, welche Informationskriterien für geschäftliche Anforderungen besondere Relevanz besitzen. Über die aufgeführten IT-Ziele wird die Verbindung zu den IT-Prozessen herstellbar (vgl. folgenden Abschnitt), in denen die Erfüllung der Informationskriterien gemessen wird.

3.3.7.4 IT-Ziele und IT-Prozesse

Bei der Zuordnung von IT-Prozessen zu IT-Zielen handelt es sich analog zur Zuordnung von Geschäfts- zu IT-Zielen um eine n:m-Beziehung, da IT-Prozesse mehrere IT-Ziele unterstützen und die Erfüllung eines IT-Ziels auf mehreren IT-Prozessen beruht (siehe Tab. 3–18).

Aus Tabelle 3–21 geht z.B. hervor, dass mithilfe einer Geschäftsarchitektur (dem Ergebnis von PO2 *Definiere die Informationsarchitektur*) folgende Ziele verfolgt werden:

- Die Reaktionsmöglichkeiten auf veränderte Geschäftsanforderungen werden verbessert.
- Die Verwendung von Informationen wird optimiert.
- IT-Agilität wird hergestellt.
- Die Zufriedenheit der Nutzer wird sichergestellt (nicht mehr in Tab. 3–21 enthalten).

Gemessen wird die Zielerreichung durch Kennzahlen, sogenannte *IT Key Goal Indicators* (Abschnitt 3.3.7.5); im Falle des IT-Prozesses PO2 u.a. durch den Prozentsatz zufriedener Benutzer.

IT-Prozess	Kontrollbereich: Planung und Organisation (PO, Plan and Organize) — Beschreibung	Reagiere auf Geschäftsanforderungen in Übereinstimmung mit der Unternehmensstrategie	Reagiere auf Anforderungen der Governance entsprechend der Vorgaben der Geschäftsführung	Stelle die Zufriedenheit der Nutzer mit den Serviceangeboten und Service Levels sicher	Optimiere die Verwendung von Information	Erzeuge IT-Agilität	Definiere, wie Geschäfts- und Steuerungsanforderungen in effektive und effiziente Applikationen überführt werden	...
		1	2	3	4	5	6	7
PO1	Definition eines strategischen Plans für die IT	✓	✓					
PO2	Definition der Informationsarchitektur	✓			✓	✓		
PO3	Bestimmung der technologischen Richtung							
PO4	Definition der IT-Prozesse, der IT-Organisation und Beziehungen (Rollen, Verantwortungen)	✓	✓					
PO5	Management der IT-Investitionen							
PO6	Kommunikation von Zielsetzungen und Richtung des Managements							
PO7	Personalmanagement					✓		
PO8	Qualitätsmanagement			✓				
PO9	Beurteilung und Management von IT-Risiken							
PO10	Projektmanagement	✓	✓					

Tab. 3–18 Zuordnung von IT-Prozessen zu IT-Zielen (Ausschnitt)

3.3.7.5 IT-Ziele, Prozess- und Aktivitätsziele

Darüber hinaus werden auf der Grundlage der IT-Ziele Prozess- und Aktivitätsziele definiert.

Ableitung von Prozess- und Aktivitätszielen

▪ Prozessziele definieren Zwischenziele, die der Erfüllung von IT-Zielen dienen.
▪ Aktivitätsziele hingegen beschreiben zu erreichende Zustände auf einer noch feineren Ebene. Diese sind z.T. bereits so detailliert, dass sie den Charakter von Handlungsanweisungen haben und ihre Leistung direkt gemessen werden kann.

Für die Ableitung von Aktivitäts- aus Prozesszielen und von Prozess-
aus IT-Zielen stellt COBIT dem Anwender keine weiteren Hilfsmittel
(z.B. zur Plausibilitäts- und Vollständigkeitsprüfung) zur Verfügung.

Zusammenhänge   Hierarchie aufwärts führt die Erfüllung der Aktivitätsziele über
zwischen Zielen   Prozess- und IT-Ziele zur Erreichung der Geschäftsziele. Die sinnvolle
Hierarchie der Ziele schafft erst die Voraussetzung, eine Wirkungs-
kette zur Leistungssteigerung herbeizuführen.

Messbarkeit der Ziele   Der Umsetzungsgrad von Zielen ist nur mithilfe konkreter Metri-
(Operationalisierung)   ken (Kennzahlen) zu beurteilen. Ziele und zugehörige Metriken sind
im COBIT-Referenzmodell für jeden IT-Prozess aufgeführt. Dabei wird
so argumentiert, dass Metriken bzw. ihre Anwendung als »Leistungs-
treiber« auf der jeweils nächsthöheren Stufe wirken.

KPI & KGI: Metriken   Unterschieden werden »Key Performance Indicators« (KPI) und
»Key Goal Indicators« (KGI). KGIs einer niedrigeren Ebene werden zu
KPIs der nächsthöheren Ebene. Erstere können als Zielerreichungsin-
dikatoren bezeichnet werden, da sie – als Managementinformation –
Aufschluss darüber geben sollen, ob ein IT-Prozess die geschäftlichen
Anforderungen erfüllt hat. Dagegen haben KPIs eher den Charakter
von Leistungsindikatoren, da sie über Messungen angeben, ob ein Pro-
zess die für ihn definierten Ziele erreicht hat.

Kaskadierende Struktur   Abbildung 3–10 zeigt die sich so ergebende »kaskadierende«
Struktur, in die – anders als in der Beschreibung der IT-Prozesse zu
finden – auch Geschäftsziele und ihre Metriken aufgenommen sind.
Da Geschäftsziele nur unternehmensspezifisch definiert werden können, werden sie in der Beschreibung der IT-Prozesse nicht aufgeführt.

Jeder IT-Prozess wird also unter verschiedenen Zielsetzungen (IT-
Ziele, Prozessziele, Aktivitätsziele) ausgeführt und durch Metriken
bewertet. Dazu kommen als weitere Beurteilungshilfsmittel die Informationskriterien (vgl. Abschnitt 3.3.4) und eine Bewertung des Reifegrades eines jeden Prozesses (vgl. Abschnitt 3.3.9).

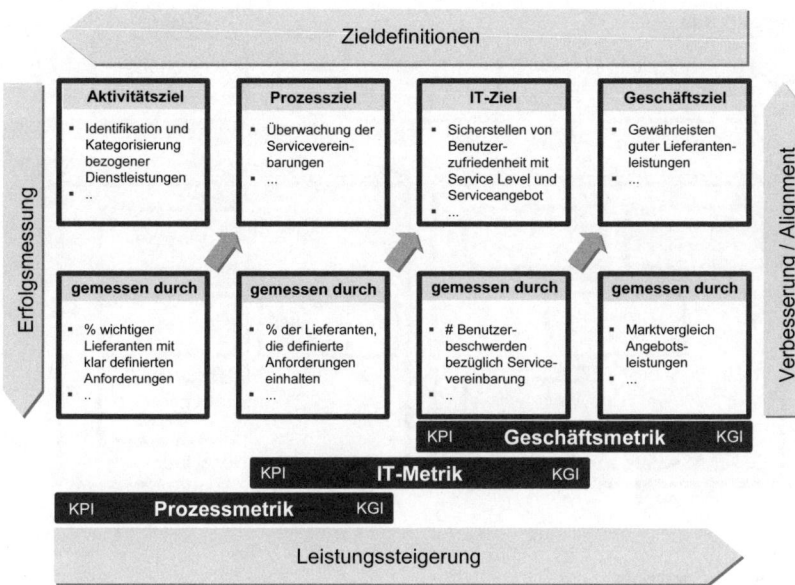

Abb. 3–10
Ziele (Goals) und Metriken von IT-Prozess DS2 (Management der Leistungen von Dritten)

3.3.7.6 IT-Ziele und IT-Geschäftsarchitektur

Die zentrale Rolle der IT-Ziele im COBIT-Referenzmodell wird durch die beschriebene Zielhierarchie Geschäfts- → IT- → Prozess- → Aktivitätsziele und die Zuordnung von IT-Zielen zu IT-Prozessen deutlich. Darauf aufbauend machen IT-Ziele indirekt auch Vorgaben für die IT-Geschäftsarchitektur (vgl. Abb. 3–7, Seite 58).

Bedeutung von IT-Zielen

Abbildung 3–11 verdeutlicht, dass in der COBIT-Modellvorstellung die Geschäfts- und Unternehmensstrategie zunächst in IT-Ziele übersetzt wird. Diese wiederum definieren die notwendige IT-Geschäftsarchitektur und damit neben den IT-Prozessen auch die IT-Ressourcen, d.h. die einzusetzenden Applikationen, die Informationen und ihre Struktur sowie die benötigte Infrastruktur und das notwendige Personal mit entsprechenden Fähigkeiten und Stärken.

IT-Ziele und Geschäftsarchitektur

Die IT-Prozesse mit Applikationen, Informationen, Infrastruktur und Personal bzw. Organisation stehen über eine Geschäftsarchitektur im Zusammenhang. Die Geschäftsarchitektur wird durch die IT-Ziele bestimmt und ist in ihren Komponenten so aufgebaut, dass ihre Funktion messbar ist. So kann z.B. über einen Balanced-Scorecard-Ansatz die Umsetzungsgüte der Geschäftsstrategie im Hinblick auf den Beitrag der IT gemessen werden.

Abb. 3–11

*Der Zusammenhang
zwischen Geschäfts-
strategie, Geschäftszielen,
IT-Zielen und
IT-Geschäftsarchitektur*

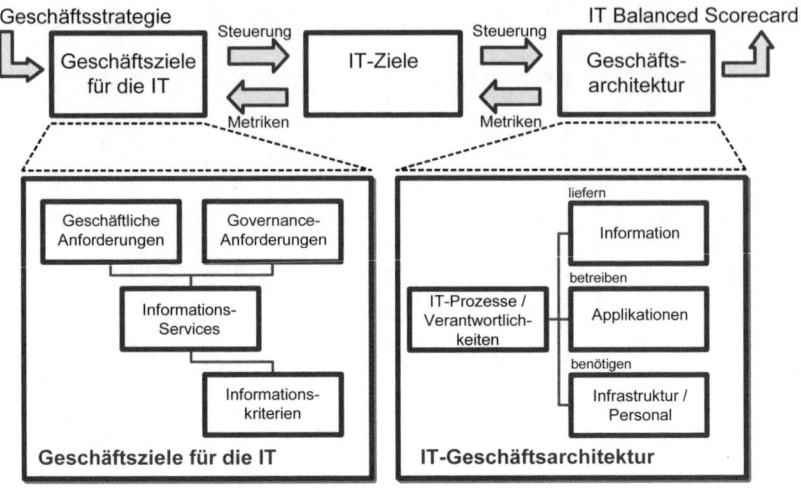

3.3.8   Controls

Unternehmesweite interne Kontrollsysteme (*Internal Control Systems*)
haben sich in größeren Unternehmen etabliert und werden auch vom
COBIT-Referenzmodell vorausgesetzt. Die IT beeinflussen diese Sys-
teme auf drei Ebenen (vgl. Abschnitt 3.2.4, insbesondere Seite 52).
Wie in Abbildung 3–12 veranschaulicht und in den folgenden
Abschnitten beschrieben, wird ein solches Kontrollsystem durch drei
Control-Arten realisiert.

Abb. 3–12

*Geschäftsorientierte,
anwendungsorientierte
und informations-
technologieorientierte
Controls*

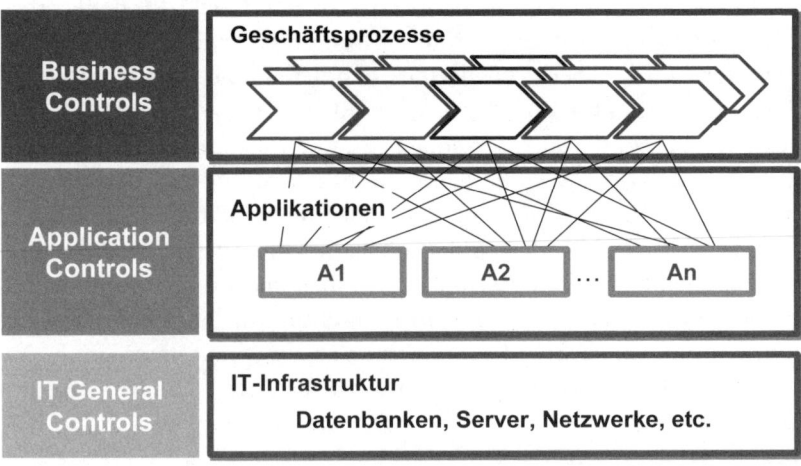

3.3.8.1 Controls der Geschäftsseite

Geschäftsorientierte Controls (*Business Controls*) werden in COBIT im Wesentlichen der Vollständigkeit halber genannt und nur sehr kurz thematisiert. Sie entstammen der Managementebene, die für Applikationen und Informationstechnologie Vorgaben macht (siehe Abschnitt 3.2.4).

Geringer Stellenwert der Business Controls in COBIT

In den IT-Prozessen von COBIT kommen diese Controls als Vorgaben für die Kontrollziele vor, bspw. in AI2.3, wo sichergestellt werden soll, dass Business Controls adäquat in Application Controls transformiert werden.

3.3.8.2 Controls für Applikationen

Anwendungsorientierte Controls (*Application Controls)* werden von den IT-Prozessen nicht gezielt abgedeckt, da »die Verantwortung hierfür beim Eigentümer des Geschäftsprozesses liegt und diese Controls ... in die Geschäftsprozesse integriert sind« [ITGI 2006e, S. 19]. Obwohl Application Controls nicht Bestandteil der IT-Prozesse sind, bilden sie eine nützliche und in der Praxis bedarfsweise einzusetzende Ergänzung zur Erhebung der Qualität im Umgang mit Daten und Informationen und werden daher im Folgenden aufgeführt und kommentiert.

Kontrollanforderungen für Anwendungssysteme (Application Controls)

Wie den Tabellen 3–19 bis 3–21 zu entnehmen ist, decken die Application Controls wesentliche Aspekte des Umgangs mit Daten und Informationen in Anwendungssystemen ab. Sie betreffen Qualitätsaspekte wie Vollständigkeit, Richtigkeit und Korrektheit von Transaktionen, Daten und Informationen. Sie sollen fehlerhafte oder unbefugte Transaktionen einer Applikation verhindern oder aufdecken und sind insofern fachlich orientiert.

Fachliche Orientierung der Application Controls

Application Controls für Datenentstehung und -genehmigung		
AC1	Datenaufbereitung	Verfahren zur Aufbereitung von Daten sind vorhanden und werden durch Fachabteilungen angewandt. ... Während der Datenerstellung stellen Verfahren zur Fehlerbehandlung ausreichend sicher, dass Fehler und Unregelmäßigkeiten aufgedeckt, kommuniziert und korrigiert werden.
AC2	Genehmigung von Quelldokumenten	Die Funktionen für Erstellung und Freigabe von Quelldokumenten sind angemessen getrennt.
AC3	Sammlung von Quelldokumenten	Verfahren stellen sicher, dass alle freigegebenen Quelldokumente vollständig und richtig sind, festgehalten und rechtzeitig zur Datenerfassung weitergeleitet werden. →

Tab. 3–19

Application Controls für Datenentstehung und -genehmigung

Application Controls für Datenentstehung und -genehmigung		
AC4	Fehlerbehandlung für Quelldokumente	Verfahren zur Fehlerbehandlung stellen bei der Entstehung der Daten ausreichend sicher, dass Fehler und Unregelmäßigkeiten erkannt, kommuniziert und korrigiert werden.
AC5	Aufbewahrung von Quelldokumenten	Verfahren stellen sicher, dass Originaldokumente eine angemessene Zeit aufbewahrt werden.

Einsatzbereiche

Beispiele für Application Controls wären z.B. Funktionalitäten, die gewährleisten, dass ein Kunde, der seine Kreditlinie überschritten hat, keine Ware mehr geliefert bekommt, oder ein Datenbanktrigger, der sicherstellt, dass Buchungen im Hauptbuch ebenfalls ins Journal geschrieben werden.

Tab. 3–20
Application Controls für
Eingabe und Verarbeitung
von Daten

Application Controls für Dateneingabe		
AC6	Genehmigung von Eingaben	Verfahren stellen sicher, dass nur autorisierte Personen Daten erfassen.
AC7	Prüfung von Richtigkeit, Vollständigkeit und Gültigkeit	Transaktionsdaten (durch Personen erzeugt, durch Systeme generiert oder über Interfaces eingegeben) werden auf Genauigkeit, Vollständigkeit und Gültigkeit geprüft. Verfahren stellen sicher, dass Daten so nah (prozessual) wie möglich an ihrem Entstehungsort validiert und bearbeitet werden.
AC8	Fehlerbehandlung bei der Eingabe	Verfahren für die Korrektur oder neuerliche Übertragung von Daten, die fehlerhaft erfasst wurden, sind vorhanden und werden befolgt.
Application Controls für die Verarbeitung von Daten		
AC9	Integrität der Verarbeitung	Verfahren für die Verarbeitung von Daten stellen sicher, dass eine Aufgabentrennung gewahrt ist und durchgeführte Arbeiten routinemäßig überprüft werden.
AC10	Validierung der Verarbeitung	Verfahren stellen sicher, dass die Validierung, Authentifikation und Bearbeitung so nahe wie möglich am Entstehungsort der Informationen erfolgt. Wichtige, durch Systeme herbeigeführte Entscheidungen werden durch Personen genehmigt.
AC11	Fehlerbehandlung in der Verarbeitung	Die Identifikation von fehlerhaften Transaktionen wird vor ihrer Verarbeitung erkannt und führt nicht zur Störung anderer, gültiger Transaktionen.

Application Controls für die Datenausgabe		
AC12	Handhabung und Aufbewahrung von Output	Handhabung und Aufbewahrung von Output von IT-Anwendungen entsprechen den festgelegten Verfahren und berücksichtigen Anforderungen des Datenschutzes und der Sicherheit.
AC13	Verteilung von Output	Verfahren für die Verteilung von IT-Output sind festgelegt, kommuniziert und werden befolgt.
AC14	Abstimmung ausgegebener Informationen	Ausgegebene Informationen werden routinemäßig mit den relevanten Prüfsummen abgestimmt. Prüfspuren unterstützen die Nachverfolgung von Verarbeitungen und die Abstimmung beschädigter Informationen.
AC15	Überprüfung und Fehlerbehandlung von Output	Verfahren stellen sicher, dass der Bereitsteller der Daten und die verantwortlichen Anwender die Richtigkeit des Outputs überprüfen. Verfahren für die Identifikation und Behandlung von Fehlern sind etabliert.
AC16	Sicherheits-vorkehrungen	Verfahren zur Einhaltung der Sicherheit von Output-Berichten sowohl vor als auch nach der Verteilung an die Benutzer sind vorhanden.
Application Controls für angrenzende Bereiche der Unternehmens-IT		
AC17	Authentizität und Integrität	Die Authentizität und Integrität von Informationen, die von außerhalb der Organisation stammen, werden unabhängig davon, ob sie durch Telefon, Voice-Mail, Papier, Fax oder E-Mail empfangen wurden, angemessen geprüft, bevor potenziell kritische Aktivitäten unternommen werden.
AC18	Schutz sensitiver Informationen bei der Übertragung	Angemessener Schutz vor unberechtigtem Zugriff, Veränderung oder Falschadressierung von sensitiven Informationen wird während deren Übertragung und Transport sichergestellt.

Tab. 3–21
Application Controls für Datenausgabe und angrenzende Bereiche der Unternehmens-IT

Im Gegensatz zur Vorgängerversion COBIT 3rd Edition sind Application Controls nicht mehr als detaillierte Kontrollziele der IT-Prozesse vorgesehen. Insofern ist die Rolle der Application Controls und ihre Verankerung im COBIT-Referenzmodell nicht eindeutig nachzuvollziehen. Sie spielen jedoch in der Veröffentlichung »IT Control Objectives for Sarbanes-Oxley« eine wichtige Rolle (siehe auch Abschnitt 3.6). Daher liegt die Vermutung nahe, dass sie vor allem aufgrund der früher stärkeren Auditorientierung von COBIT enthalten sind.

Unterschied zur Vorgängerversion CobiT 3rd Edition

3.3.8.3 Controls für die IT-Infrastruktur

Die in die IT-Infrastruktur integrierten *IT General Controls* beziehen sich auf alle Aspekte der IT, die nicht direkt die Fachlichkeit betreffen. Dies sind bspw. die Prozesse Strategieentwicklung, Systementwicklung, Installation, Anforderungs-, Release- und Change-Management, Wartung, Pflege sowie Sicherheitsmanagement und IT-Betrieb.

Aspekte der IT, die nicht direkt die Fachlichkeit betreffen

Verantwortungsbereiche
der IT

IT General Controls sind Bestandteil der COBIT-IT-Prozesse. Im Gegensatz zu den Application Controls liegt die Verantwortung für die IT General Controls bei der IT und nicht bei den Verantwortlichen für die Geschäftsprozesse. Außerdem sind die IT General Controls oftmals wenig automatisiert bzw. automatisierbar. So bleibt beispielsweise das Change-Mangement mit einem hohen Anteil an Mensch-zu-Mensch-Kommunikation verbunden. Im Bereich der Sicherheit sind auch viele Sicherheitsanforderungen nur manuell umzusetzen, wie z.B. die Signatur in einem Logbuch.

3.3.8.4   Controls für IT-Prozesse

Kontrollanforderungen
(Process Controls, PC)

In COBIT werden zusätzlich zu den genannten Controls generische und der Tendenz nach formale Kontrollanforderungen definiert, die als *Generic Control Requirements* [ITGI 2005a, S. 14] oder *Process Controls* (PC) bezeichnet werden. Sie sollen durch jeden IT-Prozess erfüllt werden. Sie bilden also kein Steuerungselement für Applikationen und Infrastruktur, sondern dienen der Steuerung von Aktivitäten und Prozessen der IT und geben der IT-Abteilung Richtlinien vor.

Das COBIT-Referenzmodell führt sechs Process Controls auf und empfiehlt ihre Berücksichtigung bei der Bewertung der detaillierten Kontrollziele. Jedoch werden sie im Zusammenhang mit den IT-Prozessen bzw. Kontrollzielen nicht weiter operationalisiert, und die COBIT-Autoren belassen es bei eher allgemein gehaltenen Erläuterungen[11]. Tabelle 3–22 zeigt die für alle IT-Prozesse vorgegebenen generischen Kontrollanforderungen.

Tab. 3–22
COBIT-Process-Controls

PC1	Prozesseigner	IT-Prozesse sollen einem Prozessverantwortlichen zugeordnet werden.
PC2	Wiederholbarkeit	IT-Prozesse sollen wiederholbar sein.
PC3	Ziele und Vorgaben	IT-Prozesse sollen – damit sie mit hoher Effektivität ausgeführt werden können – mit klaren Zielen und Vorgaben versehen sein.
PC4	Rollen und Verantwortlichkeiten	IT-Prozesse sollen mit eindeutigen Rollen und den damit verbundenen Aktivitäten und Verantwortlichkeiten ausgestattet sein.
PC5	Leistung und Zielerreichung	Leistungsfähigkeit und Zielerreichung sollen gemessen werden.
PC6	Richtlinien, Pläne und Verfahren	Alle Richtlinien, Pläne und Verfahren, die einen IT-Prozess treiben, sollen dokumentiert, überprüft, aktualisiert, abgezeichnet und an alle im Unternehmen beteiligten Gruppen kommuniziert werden.

---

11. »They should be considered together with the detailed process control objectives to have a complete view of control requirements« [ITGI 2005a].

3.3.9 Das CobiT-Reifegradmodell

Das CobiT-Reifegrad- bzw. Maturitätsmodell ist vom Reifegradmodell CMMI (Capability Maturity Model Integration) des Software Engineering Institute (siehe Abschnitt 5.4 sowie [SEI 2007; Kneuper 2006]) abgeleitet und erlaubt eine deutliche, nicht jedoch notwendigerweise präzise Einschätzung der Fähigkeiten eines Unternehmens, um folgenden Zielsetzungen gerecht zu werden: *Ziele des Reifegradmodells*

- Analyse und Einschätzung der eigenen Fähigkeiten im Sinne einer Statusanalyse
- Vergleich der eigenen Fähigkeiten mit denen der Wettbewerber in der betreffenden Branche
- Bestimmung einer angestrebten Sollgröße auf der Grundlage der aktuellen Fähigkeiten und denen der Wettbewerber

CobiT ermöglicht die systematische Evaluierung des Reifegrades aller 34 IT-Prozesse, indem es für jeden Prozess folgende sechs Maturitätsstufen vorgibt: *Generische Maturitätsstufen*

0. *Nicht existent (non-existent):*
   Die von dem Prozess adressierten Probleme sind nicht entdeckt, und demnach existiert ein IT-Prozess nicht einmal ansatzweise. Die Organisation hat nicht erkannt, dass an dieser Stelle überhaupt Handlungsbedarf besteht.

1. *Initial/Ad hoc vorhanden (Initial/Ad hoc):*
   Es ist erkennbar, dass der Organisation die adressierten Probleme bekannt sind und dass diese gelöst werden müssen. Es existiert jedoch kein strukturierter und standardisierter Prozess. Vielmehr wird ad hoc individuell oder fallbasiert reagiert. Ein strukturierter Managementansatz existiert nicht.

2. *Wiederholbar jedoch nur intuitiv (Repeatable but Intuitive):*
   IT-Prozesse sind insoweit aufgesetzt, als dass unterschiedliche Personen ähnliche Vorgehensweisen verfolgen. Es gibt jedoch keine Schulung und kein standardisiertes Kommunikationsmuster. Gute Qualität ist vom Wissen und Können Einzelner abhängig. Die Verantwortung liegt in individuellen Händen. Die Fehlerhäufigkeit ist hoch.

3. *Definiert (Defined):*
   Es existieren standardisierte und dokumentierte Vorgehensweisen, die durch Schulung vermittelt werden. Es bleibt jedoch der Entscheidung Einzelner überlassen, diesen zu folgen. Abweichungen sind daher schwer aufzudecken. Die Verfahren selbst sind direkte formalisierte Ableitungen der existierenden Praxis, nicht jedoch Weiterentwicklungen davon.

4. *Gemanagt und messbar (Managed and Measurable)*:
   Der Grad erreichter Übereinstimmung mit definierten Vorgehensweisen kann überwacht und gemessen werden. Diese werden kontinuierlich verbessert, jedoch sind sie noch nicht automatisiert bzw.
   der Tool-Einsatz erfolgt in begrenzter und fragmentierter Weise.

5. *Optimiert (Optimized)*:
   Die Vorgehensweisen und Prozeduren sind zu Best-Practice-Ni-
   veau entwickelt. Vergleichsmittel sind kontinuierliche Verbesse-
   rungen und Einschätzungen des erreichten Reifegrades mit einem
   Maturitätsmodell. IT wird hochintegriert eingesetzt, und die
   Workflows sind automatisiert. Die IT bietet damit dem Unterneh-
   men ein Werkzeug, mit dem bei hoher Ausführungsqualität und
   Effektivität schnell und adaptiv agiert werden kann.

Maturitätsstufen für jeden Auf Grundlage dieses sechsstufigen Maturitätsmodells liefert COBIT
IT-Prozess für jeden IT-Prozess eine Spezialisierung. In Abbildung 3–13 sind
Maturitätsstufen für den Prozess PO2 beispielhaft dargestellt.

PO2 **Plan and Organise**
Define the Information Architecture
(Definiere die Informationsarchitektur)

MATURITY MODEL

PO2 Define the Information Architecture *(Definiere die Informationsarchitektur)*

Die Reife des Management des Prozesses *Define the Information Architecture (Definiere die Informationsarchitektur)*, der die
Geschäftsanforderungen an die IT erfüllt, rasch auf Anforderungen reagieren zu können, verlässliche und konsistente
Informationen zu liefern und Anwendungen lückenlos in die Geschäftsprozesse zu integrieren, ist:

0 Non-existent (nicht existent):
Es existiert kein Bewusstsein für die Bedeutung der Informationsarchitektur für die Organisation. Das für die Entwicklung dieser
Architektur nötige Wissen, die Fachkenntnisse sowie die Aufgaben sind im Unternehmen nicht vorhanden.

1 Initial (initial):
Das Management erkennt die Notwendigkeit einer Informationsarchitektur. Die Entwicklung von einzelnen Komponenten der
Informationsarchitektur geschieht ad hoc. Die Festlegungen beziehen sich eher auf Daten als auf Informationen und werden
durch Angebote von Softwareanbietenden vorgegeben. Über die Notwendigkeit einer Informationsarchitektur wird fallweise und
inkonsistent kommuniziert.

2 Repeatable but Intuitive (wiederholbar aber intuitiv):
Ein Informationsarchitektur-Prozess entwickelt sich und ähnliche, wenn auch informelle und intuitive Verfahren werden von
verschiedenen Personen im Untenehmen befolgt. Die Fertigkeiten zur Erstellung der Informationsarchitektur werden durch
tägliche Erfahrung und wiederholte Anwendung von Techniken erworben. Taktische Anforderungen bringen die Entwicklung
von Komponenten der Informationsarchitektur durch Einzelpersonen voran.

Abb. 3–13 *Die Maturitätsstufen des IT-Prozesses PO2 (verkürzt auf Stufen 0-2)*

Das Maturitätsmodell sollte nicht so interpretiert werden, dass zwingend ein höherer oder gar der höchste Reifegrad anzustreben ist. Vielmehr ist die Wahl der anzustrebenden Maturitätsstufe ein Entscheidungsproblem, das durch eine Reihe von Faktoren beeinflusst wird, beispielsweise durch die eigenen Geschäftsziele, die Güte der gegenwärtigen Geschäftsarchitektur und die relative Position im Wettbewerb. Die Maturität hängt somit von den Geschäfts- und IT-Zielen, dem Grad ihrer Übereinstimmung und der Lieferfähigkeit der IT ab. Abbildung 3–14 stellt die Zuordnung zu einer Stufe bzw. die Wahl einer Stufe als Entscheidungsproblem dar.

Unternehmensspezifische Maturitätsstufe

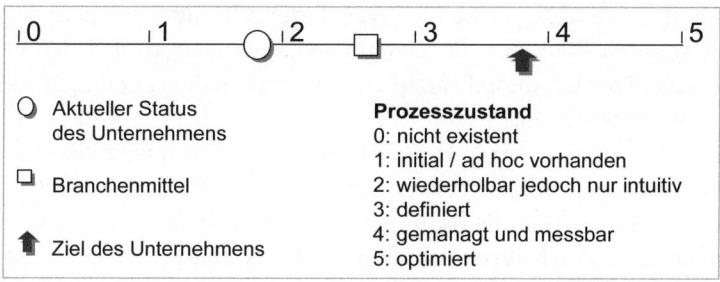

Abb. 3–14
Wahl der Reifegradstufen

Die Autoren des CobiT-Referenzmodells verweisen auf die Nützlichkeit der recht groben Bewertung, die dieses Modell erlaubt, und argumentieren, dass eine feinere Granularität eine Genauigkeit vortäusche, die in der täglichen Praxis nicht zu erreichen und angesichts des Hauptzwecks, Verbesserungspotenziale und -notwendigkeiten zu identifizieren und Prioritäten für ihre Umsetzung zu bestimmen, weder möglich noch erforderlich sei.

Identifikation von Verbesserungspotenzialen und -notwendigkeiten

Zudem wird darauf hingewiesen, dass die verwendeten Messkriterien einfach zu verstehen und pragmatisch anzuwenden sind. Das Maturitätsmodell sei geeignet, die Aufmerksamkeit auf die wichtigen Punkte zu lenken, Konsens zu fördern und damit Verbesserungsschritte zu motivieren.

3.4   Das CoBiT-Gesamtmodell

Der Einstieg in CoBiT und das Verständnis der Zusammenhänge wird durch zwei Faktoren erschwert. Zum einen werden an verschiedenen Stellen Begriffe nicht ganz konsequent verwendet, und es werden Komponenten genannt, die in der aktuellen CoBiT-Version keine wesentliche Rolle mehr spielen (z.B. Process Controls, Application Controls).

Zum anderen stehen die Komponenten von CoBiT eigentlich in einer vernetzten Struktur. Gleichwohl gibt es in den CoBiT-Dokumenten eine große Anzahl von Prinzipdarstellungen der Zusammenhänge zwischen Komponenten (z.B. der CoBiT-Informationsraum, vgl. Abschnitt 3.3.1), die nicht als Netz dargestellt sind, sondern jeweils einen anderen Blick auf die Zusammenhänge werfen. Auf den ersten Blick scheinen sich diese Prinzipdarstellungen daher in einigen Aspekten zu widersprechen.

Im Folgenden wird zum besseren Verständnis zwischen der Makro- und der Mikrostruktur unterschieden. Erstere betrachtet die Kontrollbereiche und die darin enthaltenen IT-Prozesse im Gesamtzusammenhang. Als Mikrostruktur wird der Aufbau eines einzelnen IT-Prozesses bezeichnet.

3.4.1   Makrostruktur:
Prozessorientierte Anordnung der Kontrollbereiche

Gemäß der Prozessorientierung von CoBiT (vgl. Abschnitt 3.2.3) werden die relevanten Aufgaben der IT durch 34 IT-Prozesse beschrieben, die vier Kontrollbereichen zugeordnet werden. Diese IT-Prozesse bzw. die Kontrollbereiche sind wiederum selbst prozessorientiert angeordnet und bilden so die Phasen des üblichen IT-Lebenszyklus ab. Abbildung 3–15 zeigt eine Gesamtansicht dazu.

Gleichzeitig wird deutlich, dass IT-Ressourcen (vgl. Abschnitt 3.3.3) und Informationskriterien (vgl. Abschnitt 3.3.4) zentrale Komponenten des Gesamtmodells und der Prozesse sind.

Diese viel zitierte Darstellung bringt angesichts der obigen Vorstellung der CoBiT-Komponenten keine grundsätzlich neuen Aspekte mehr ins Spiel. Sie bietet jedoch eine zusammenfassende Sicht auf das CoBiT-Referenzmodell, verdeutlicht die diskutierten Komponenten und ihr Zusammenspiel und erleichtert so dem Leser die Einordnung.

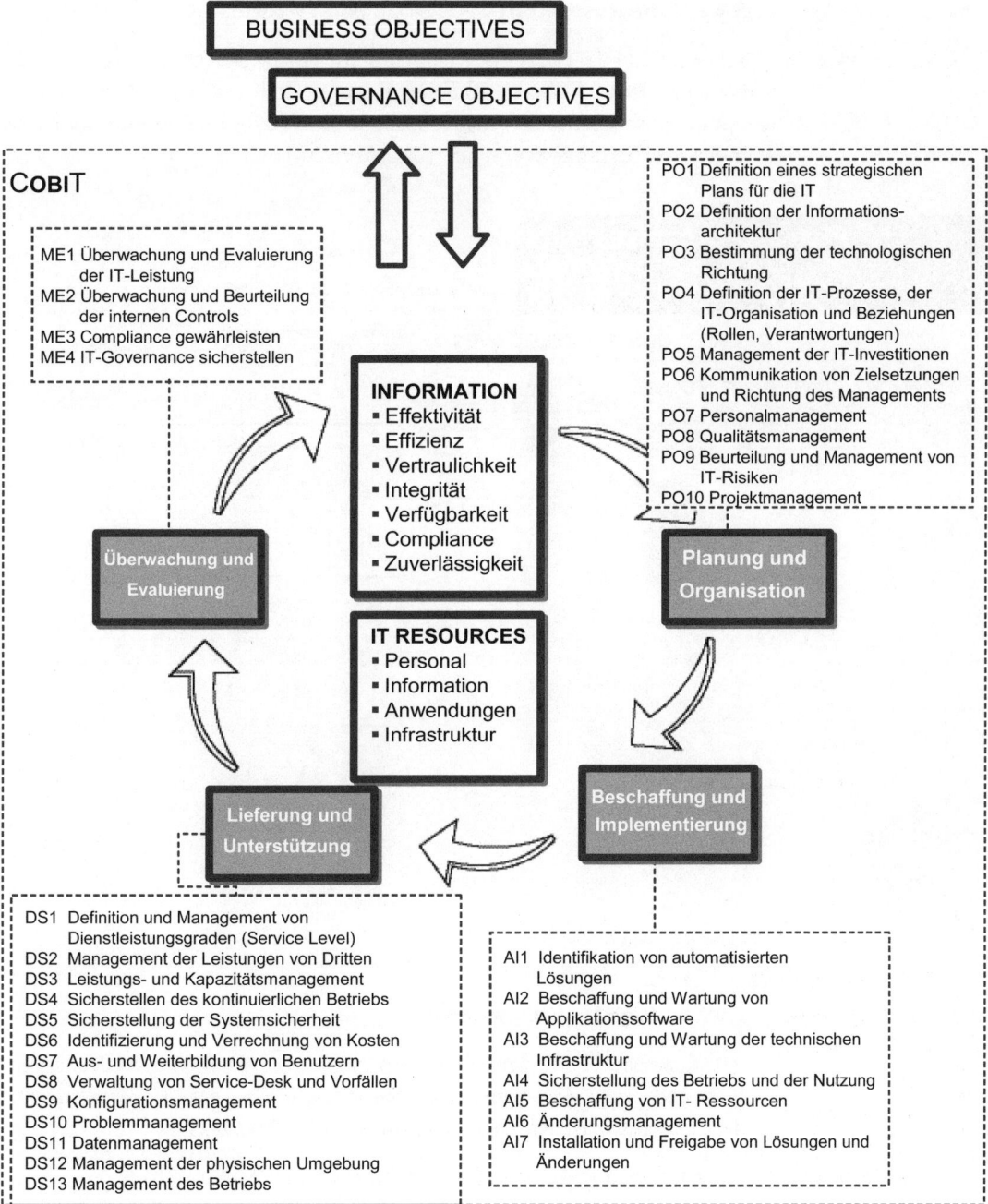

Abb. 3–15   *Prozessorientierte Anordnung der IT-Prozesse:*
Das COBIT-Referenzmodell als Gesamtsicht

3.4.2 Mikrostruktur: Der Aufbau der IT-Prozesse

Struktur der IT-Prozesse

Jeder der 34 IT-Prozesse weist dieselbe Struktur auf, d.h., es werden für jeden Prozess dieselben Komponenten definiert. Jeder Prozess wird in vier Abschnitten beschrieben, die jeweils dasselbe Layout haben und meist vier Seiten entsprechen (vgl. Abb. 3–16).

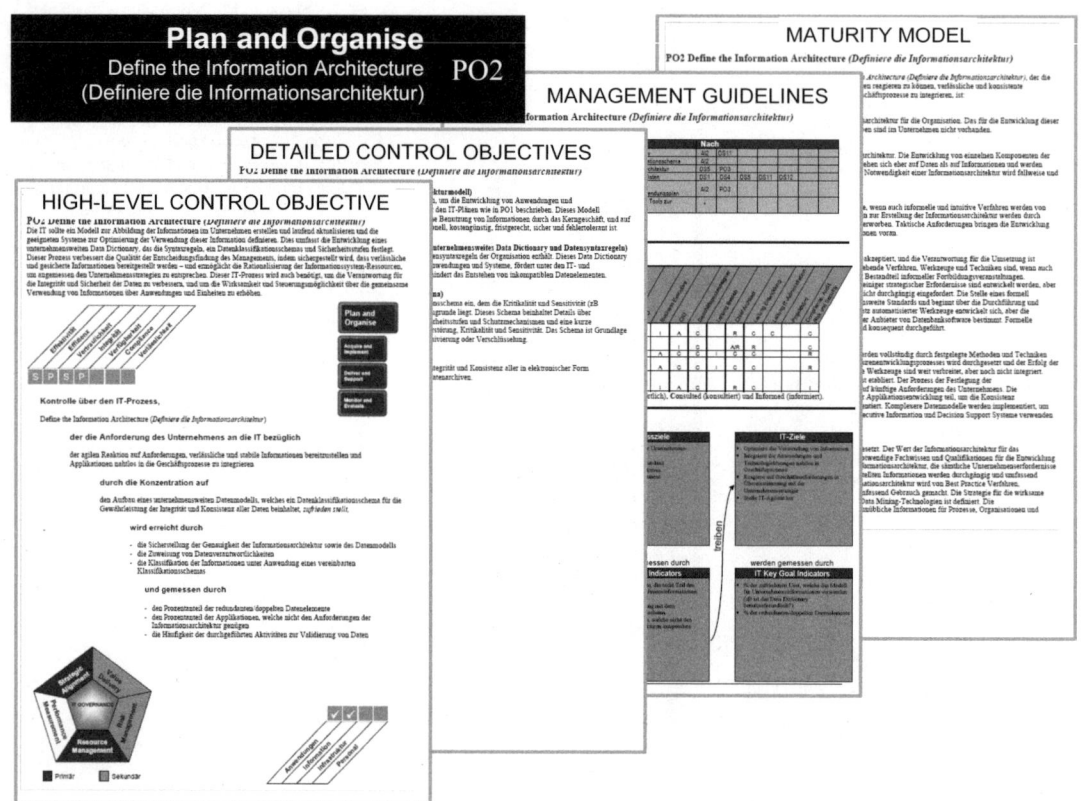

Abb. 3–16

Struktur der Beschreibung der IT-Prozesse im COBIT-Dokument (vier Abschnitte: High-level Control Objective, Detailed Control Objectives, Management Guidelines und Maturity Model)

3.4.2.1 High-Level-Kontrollziel

Auf der ersten Seite der Prozessbeschreibung ist neben dem Prozessnamen und einer eindeutigen Nummer das *High-Level-Kontrollziel* mit den folgenden Bausteinen aufgeführt (vgl. Abb. 3–17):

1. Eine mehrzeilige *Prozessbeschreibung* als Fließtext.
2. Die Angabe des *Kontrollbereichs* mithilfe eines Navigationssymbols (vgl. Abschnitt)
3. Die Zuordnung der durch den IT-Prozess primär oder sekundär betroffenen *Informationskriterien* (vgl. Abschnitt 3.3.4)
4. Die Zuordnung zu den *IT-Governance-Kernbereichen* (vgl. Abb. 3–1) nach primärer und sekundärer Relevanz

5. Die Zuordnung der in Anspruch genommenen *IT-Ressourcen* (vgl. Abschnitt 3.3.3)

6. Eine *strukturierte Prozessbeschreibung*, die die folgenden Punkte umfasst:

   a) Durch den IT-Prozess adressierte *Geschäftsziele* für die IT (Busines Requirements for IT, vgl. Abschnitt 3.3.7.1 und insbesondere 3.3.7.2)

   b) Aus Geschäftszielen abgeleitete *IT-Ziele* (IT-Goals, vgl. Abschnitt 3.3.7)

   c) Bedeutende *Steuerungs- und Kontrollelemente* (Key Controls)

   d) *Metriken* (Key Metrics)

Diese Bausteine finden sich – mit gleicher Nummerierung – in Abbildung 3–17 wieder. Im Folgenden werden die genannten Komponenten und ihre Bedeutung bei der Prozessbeschreibung erläutert.

Ad 3:

Durch die Angabe von Informationskriterien wird beschrieben, welche Qualitätskriterien im Sinne von generischen Geschäftsanforderungen der IT-Prozess mit besonderer Dringlichkeit (primär) bzw. mit geringerer Priorität (sekundär) erfüllen muss. Der Prozess PO2 *Definition der Informationsarchitektur* hat bspw. für die Informationskriterien Effizienz und Integrität primäre und für die Kriterien Effektivität und Vertraulichkeit sekundäre Bedeutung.

Zuordnung von Informationskriterien

Ad 4:

Mithilfe einer farblichen Kennzeichnung an dem Diamanten (weiß, grau und dunkelgrau), der die IT-Governance-Kernbereiche darstellt, wird angegeben, welche Aufgaben der IT-Governance von dem jeweiligen IT-Prozess schwerpunktmäßig oder mit geringerer Bedeutung adressiert werden. So ist z.B. der Prozess PO2 primär den Disziplinen »Strategic Alignment« sowie »Resource Management« (Ressourcenmanagement) und sekundär den Disziplinen »Value Delivery« (Wertbeitrag) und »Risk Management« (Risikomanagement) zugeordnet. PO2 unterstützt dagegen das »Performance Management« gar nicht oder kaum.

Zuordnung von IT-Governance-Kernbereichen

Ad 5:

Es erfolgt auch eine Einschätzung des IT-Prozesses hinsichtlich seiner Relevanz für die IT-Ressourcen. Unterschieden wird dabei jedoch nur danach, ob »Relevanz vorhanden« oder »Relevanz nicht vorhanden« ist. Beispielsweise ist PO2 relevant für die IT-Ressourcen »Informationen« und »Applikationen« und nicht relevant für »Infrastruktur« und »Personal«.

Zuordnung von IT-Ressourcen

Plan and Organise
Define the Information Architecture PO2

HIGH-LEVEL CONTROL OBJECTIVE

PO2 Define the Information Architecture
The information systems function should create and regularly update a business information model and define the appropriate systems to optimise the use of this information. This encompasses the development of a corporate data dictionary with the organisation's data syntax rules, data classification scheme and security levels. This process improves the quality of management decision making by making sure that reliable and secure information is provided, and it enables rationalising information systems resources to appropriately match business strategies. This IT process is also needed to increase accountability for the integrity and security of data and to enhance the effectiveness and control of sharing information across applications and entities.

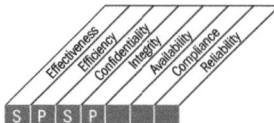

Control over the IT process of

Define the information architecture

that satisfies the business requirement for IT

to be agile in responding to requirements, to provide reliable and consistent information and to seamlessly integrate applications into business processes

 a

by focusing on

the establishment of an enterprise data model that incorporates a data classification scheme to ensure integrity and consistency of all data

 b

is achieved by

Assuring the accuracy of the information architecture and data model
Assigning data ownership
Classifying information using an agreed classification scheme

c

and is measured by

Percent of redundant/duplicate data elements
Percent of applications not complying with the information architecture
Frequency of data validation activities

d

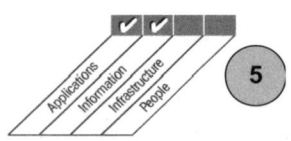

Abb. 3–17   *Exemplarisches High-Level-Kontrollziel (Seite 1 der Prozessbeschreibung zu IT-Prozess PO2)*

■ **Ad. 6 (a bis d):**

In der strukturierten Prozessbeschreibung werden Geschäftsziele *Strukturierte*
(a), IT-Ziele (b), Steuerungs- und Kontrollelemente (Controls) (c) *Prozessbeschreibung*
sowie Metriken (d) genannt. Hieraus ergibt sich das in Abbildung
3–18 dargestellte Schema (links) sowie die konkrete Ausprägung
für PO2 in dem grau hinterlegten Feld. Es zeigt sich, dass an dieser
Stelle ein enger Zusammenhang zwischen den oben beschriebenen
Komponenten hergestellt wird.

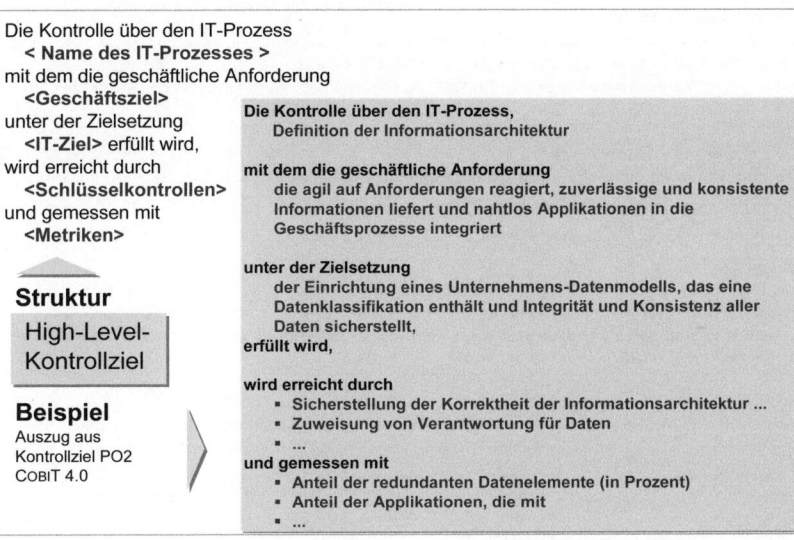

Abb. 3–18
High-Level-Kontrollziel:
Strukturierte
Prozessbeschreibung

3.4.2.2 Detaillierte Kontrollziele

Seite 2 der Beschreibung eines IT-Prozesses führt detaillierte Kontroll- *Nennung und*
ziele (*Detailed Control Objectives*) auf. Diese konkretisieren die auf *Beschreibung von*
Seite 1 genannten Ziele. Hierbei ist nicht festgelegt, wie viele Kontroll- *detaillierten Kontrollzielen*
ziele für einen Prozess angegeben werden. Somit variiert deren Anzahl
beträchtlich. Der hier angeführte Prozess PO2 bspw. hat nur vier
detaillierte Kontrollziele (vgl. Abb. 3–19).

Das vierte detaillierte Kontrollziel PO2.4 bspw. betrifft das Integri-
tätsmanagement und fordert die Definition und Implementierung von
Verfahren (procedures) zur Sicherstellung von Integrität und Konsistenz aller in elektronischer Form gespeicherten Daten (Datenbanken,
Data Warehouses und Archivsysteme).

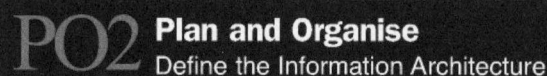

DETAILED CONTROL OBJECTIVES

PO2 Define the Information Architecture

PO2.1 Enterprise Information Architecture Model
Establish and maintain an enterprise information model to enable applications development and decision-supporting activities, consistent with IT plans as described in PO1. The model facilitates the optimal creation, use and sharing of information by the business and in a way that maintains integrity and is flexible, functional, cost-effective, timely, secure and resilient to failure.

PO2.2 Enterprise Data Dictionary and Data Syntax Rules
Maintain an enterprise data dictionary that incorporates the organisation's data syntax rules. This dictionary enables the sharing of data elements amongst applications and systems, promotes a common understanding of data amongst IT and business users, and prevents incompatible data elements from being created.

PO2.3 Data Classification Scheme
Establish a classification scheme that applies throughout the enterprise, based on the criticality and sensitivity (e.g., public, confidential, top secret) of enterprise data. This scheme includes details about data ownership, definition of appropriate security levels and protection controls, and a brief description of data retention and destruction requirements, criticality and sensitivity. It is used as the basis for applying controls such as access controls, archiving or encryption.

PO2.4 Integrity Management
Define and implement procedures to ensure integrity and consistency of all data stored in electronic form, such as databases, data warehouses and data archives.

Abb. 3–19

Detaillierte Kontrollziele (Seite 2 des IT-Prozesses PO2)

3.4.2.3   Management-Richtlinien

Die dritte Seite eines IT-Prozesses ist mit »Management Guidelines« überschrieben. Diese Richtlinien bestehen aus drei Elementen:

1. Input-/Output-Zuordnung
2. Aktivitäten und Verantwortlichkeiten (RACI-Tabelle)
3. Prozesskontrolle, Ziele und Metriken

Input-/Output-Zuordnung

Die Input-/Output-Zuordnung stellt Verknüpfungen her zwischen IT-Prozessen und den mit ihnen erzielten Ergebnissen bzw. erzeugten Informationen. Die Inputs geben an, auf welche Ergebnisse anderer Prozesse der vorliegende Prozess angewiesen ist. Outputs geben an, welche Ergebnisse des vorliegenden Prozesses in welche anderen Prozesse eingehen. So werden bspw. im Prozess PO2 Architekturmodelle (Information Architecture) und Data Dictionaries erstellt, die in anderen IT-Prozessen Verwendung finden. PO2 wiederum ist angewiesen auf eingehende Ergebnisse und Informationen, bspw. IT-Pläne aus dem Prozess PO1 und eine Machbarkeitsstudie (Feasibility Study) zu den geschäftlichen Anforderungen aus dem Prozess AI1 (vgl. Abb. 3–20).

Plan and Organise
Define the Information Architecture **PO2**

MANAGEMENT GUIDELINES

PO2 Define the Information Architecture

From	Inputs
PO1	Strategic and tactical IT plans
AI1	Business requirements feasibility study
AI7	Post-implementation review
DS3	Performance and capacity information
ME1	Performance input to IT planning

Outputs	To				
Data classification scheme	AI2				
Optimised business systems plan	PO3	AI2			
Data dictionary	AI2	DS11			
Information architecture	PO3	DS5			
Assigned data classifications	DS1	DS4	DS5	DS11	DS12
Classification procedures and tools	*				

* Outputs to outside COBIT

RACI Chart — Functions

Activities	CEO	CFO	Business Executive	CIO	Business Process Owner	Head Operations	Chief Architect	Head Development	Head IT Administration	PMO	Compliance, Audit, Risk and Security
Create and maintain corporate/enterprise information model.		C	I	A	C		R	C	C		C
Create and maintain corporate data dictionary(ies).					I	C	A/R	R			C
Establish and maintain data classification scheme.	I	C	A	C	C	I	C	C			R
Provide data owners with procedures and tools for classifying information systems.	I	C	A	C	C	I	C	C			R
Utilise the information model, data dictionary and classification scheme to plan optimised business systems.	C	C	I	A	C		R	C			I

A **RACI** chart identifies who is Responsible, Accountable, Consulted and/or Informed.

Goals and Metrics

Activity Goals	Process Goals	IT Goals
• Assuring the accuracy of the information architecture and data model • Assigning data ownership • Classifying information using an agreed classification scheme • Ensuring consistency amongst IT infrastructure components (information architecture, data dictionaries, applications, data syntax, classification schemes and security levels) • Maintaining data integrity	• Establish an enterprise data model. • Reduce data redundancy. • Support effective information management.	• Optimise use of information. • Ensure seamless integration of applications into business processes. • Respond to business requirements in alignment with the business strategy. • Create IT agility.

Drive →

are measured by	are measured by	are measured by
Key Performance Indicators	**Process Key Goal Indicators**	**IT Key Goal Indicators**
• Frequency of updates to data enterprise model • % of data elements that do not have an owner • Frequency of data validation activities • Level of participation of user community	• % of data elements that are not part of enteprise data model • % of non-compliance with data classification scheme • % of applications not complying with the information architectures	• % of satisfaction of users of information model (e.g., is the data dictionary user-friendly?) • % of redundant/duplicate data elements

Abb. 3–20 *Management Guidelines (Seite 3 des IT-Prozesses PO 2)*

RACI-Tabelle Im sogenannten RACI-Chart erfolgt die Zuordnung der in einem IT-Prozess stattfindenden Aktivitäten zu verschiedenen Rollen im Unternehmen (CEO, CIO, Architekt usw.) sowie die Angabe der Verpflichtungen, die mit den Rollen jeweils verbunden sind. Das Akronym RACI steht für die Anfangsbuchstaben der Verpflichtungen »Verantwortlich« (Responsible), »Rechenschaftspflichtig« (Accountable), »Beratend« (Consulted) und »Zu informieren« (Informed).

COBIT 4.0 nennt in diesem Zusammenhang die folgenden Rollen, denen Aktivitäten zugeordnet werden:

- Vorstandssprecher (Chief Executive Officer, CEO)
- Finanzvorstand (Chief Financial Officer, CFO)
- Management der Geschäftsbereiche (Business Executives)
- IT-Vorstand bzw. Leiter IT (Chief Information Officer, CIO)
- Geschäftsprozessverantwortlicher (Business Process Owner)
- Leiter IT-Betrieb (Head Operations)
- IT-Chefarchitekt (Chief Architect)
- IT-Entwicklungsleiter (Head Development)
- Leiter IT-Organisation, in größeren Unternehmen die Verantwortlichen für Personal, Budget, internes Berichtswesen (Head IT Administration)
- Projektmanagement (Project Management Office, PMO)
- Compliance, Audit, Risiko und Sicherheit (Aufgaben mit Kontroll- und Berichtsverantwortung, aber ohne operative Verantwortung)

Im IT-Prozess PO2 ist z.B. für die Aktivität *Anlegen und Warten eines Unternehmens-Informationsmodells* der IT-Chefarchitekt verantwortlich. Der CFO sowie die Leiter der Entwicklung und IT-Administration sollen neben anderen beratend hinzugezogen werden. Prozessverantwortliche werden lediglich informiert. Letztlich rechenschaftspflichtig ist der CIO des Unternehmens (vgl. Tab. 3–23).

Ziele und Metriken Im dritten Abschnitt der Management Guidelines werden Ziele (Goals) und Metriken dargestellt. Das Zusammenspiel von beiden ergibt die »kaskadierende« Struktur, die in Abschnitt 3.3.7.5 erläutert wurde. Dabei wird eine stufenweise Ableitung der verschiedenen hierarchisch verbundenen Zielsetzungen vorgenommen. Jeder Stufe werden Metriken, kritische Erfolgsfaktoren (Key Performance Indicator, KPI) und Schlüssel-Zielindikatoren (Key Goal Indicator, KGI) zugeordnet.

Dieses Vorgehen erlaubt es, vier Zielsetzungen gleichzeitig anzugehen:

- Zusammenhängende Top-down-Zieldefinition
- Messung der Zielerreichung
- Unterstützung eines Prozesses zur Leistungssteigerung
- Verbesserung des strategischen Abgleichs

RACI-Tabelle / Aktivitäten	Planung und Organisation PO2 / Responsible – Verantwortlich / Accountable – Rechenschaftspflichtig / Consulted – Beratend / Informed – Informierend	Rollen									
		Vorstandssprecher	Finanzvorstand	Management der Geschäftsbereiche	IT-Vorstand bzw. Leiter IT	Geschäftsprozessverantwortlicher	Leiter IT-Betrieb	IT-Chefarchitekt	IT-Entwicklungsleiter	Leiter IT-Organisation	Project Management Office	Compliance, Audit, Risiko, Sicherheit
Anlegen und Warten eines Unternehmens-informationsmodells			C	I	A	C		R	C	C		C
Anlegen und Warten eines Data Dictionary					I	C		A/R	R			C
Einsetzen und Warten eines Daten-klassifikationsschemas		I	C	A	C	C	I	C	C			R
Bereitstellen von Klassifikationswerkzeugen an Datenverantwortliche		I	C	A	C	C	I	C	C			R
Nutzung des Unternehmens-Informationsmodells, Data Dictionary und Klassifikationsschemas zur Planung optimierter Geschäftssysteme		C	C	I	A	C		R	C			I

Tab. 3–23 *RACI-Tabelle – exemplarisch für den IT-Prozess PO2*

3.4.2.4 Maturitätsmodell

Auf der 4. Seite der Prozessbeschreibung findet sich das für jeden IT-Prozess vorgegebene Modell zur Maturitätsbewertung. Wie bereits oben beschrieben, bietet COBIT dafür ein Bewertungsschema (vgl. Abschnitt 3.3.7.5) mit Kriterien und einer Klassifizierung in sechs Reifegrade.

Bewertung der Reife der IT-Prozesse

In diesem Teil der Prozessbeschreibung werden diese sechs Stufen jeweils beschrieben, und es werden Merkmale genannt, die eine Einordnung des Unternehmens erlauben. Beispielsweise ist für PO2 *Definition der Informationsarchitektur* der Reifegrad »Wiederholbar jedoch nur intuitiv« wie folgt beschrieben: »Ein entsprechender Prozess existiert, und ein ähnliches Vorgehen wird in der Organisation in informaler und intuitiver Weise von verschiedenen Personen verfolgt. Mitarbeiter erwerben ihre Fertigkeiten in der Definition und der Wartung einer Informationsarchitektur durch Hands-on-Erfahrungen und deren wiederholte Anwendung. Taktische Anforderungen bestimmen Art und Richtung der Entwicklung von Komponenten der Informationsarchitektur.«

Nutzen und Anwendung des Maturitätsmodells wurden in Abschnitt 3.3.7.5 ausführlich beschrieben.

3.4.3   Funktionalität der IT-Prozesse

Jeder COBIT-IT-Prozess hat Input-/Output-Beziehungen zu anderen Prozessen. Die Inputs und Outputs eines Prozesses sind Ergebnisse, die dieser Prozess verwendet bzw. erzeugt. Abbildung 3–21 zeigt, dass der Prozess PO2 Ergebnisse von PO1 als Input verwendet und an PO3 Ergebnisse als Output weitergibt.

Abb. 3–21
Input- und Output-
Beziehungen am Beispiel
des IT-Prozesses PO2

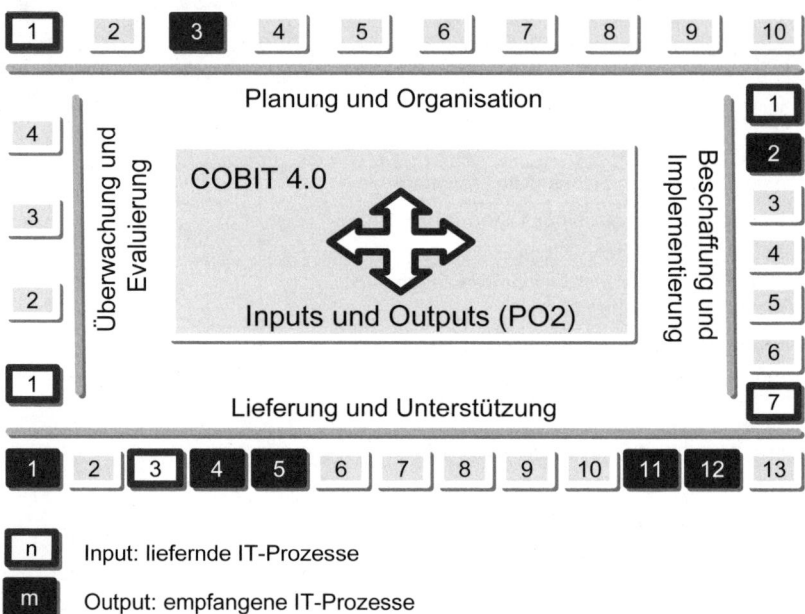

So wird deutlich, dass die IT-Prozesse nicht isoliert voneinander behandelt werden können, sondern in einem Beziehungsnetz stehen, das bei einer COBIT-Umsetzung auch zu implementieren ist.

Die spezifischen Quellen für die Informationen und die Art der Informationen, die vorliegen müssen, damit der IT-Prozess den an ihn gestellten Anforderungen gerecht werden kann (vgl. Tab. 3–24), werden in den Management-Richtlinien ebenso benannt wie die Informationen, die an andere IT-Prozesse oder »außerhalb« weitergegeben werden (vgl. Tab. 3–25). Letzteres bezieht sich bspw. auf Informationen zu Verfahren und Tools zur Klassifikation von Daten im IT-Prozess PO2.

Von	Inputs
PO1	Strategische und taktische IT-Pläne
PO1	Taktischer IT-Plan
AI1	Machbarkeitsstudie bezüglich Unternehmenserfordernissen
AI7	Post-Implementation-Review
DS3	Performance- und Kapazitätsinformation
ME1	Performance Inputs für die IT-Planung

Tab. 3–24
Bereitgestellte IT-Prozesse und empfangene Informationen im IT-Prozess PO2

Outputs	Nach				
Data Dictionary	AI2	DS11			
Datenklassifikationsschema	AI2				
Informationsarchitektur	DS5	PO3			
Klassifizierte Daten	DS1	DS5	DS4	DS11	DS12
Optimierter Geschäftsanwendungsplan	AI2	PO3			
Verfahren und Tools zur Klassifikation	*				

Tab. 3–25
Bereitgestellte Informationen und informationsempfangende IT-Prozesse im IT-Prozess PO2

Somit stellt sich der COBIT-IT-Prozess als informationsverarbeitender Prozess dar, dessen Bestandteile (Informationskriterien, IT-Ressourcen, RACI-Chart, Ziele und Metriken sowie das Reifegradmodell) instanziiert werden, indem die zu erfüllenden Anforderungen den produzierten Ergebnissen gegenübergestellt werden (vgl. Abb. 3–22).

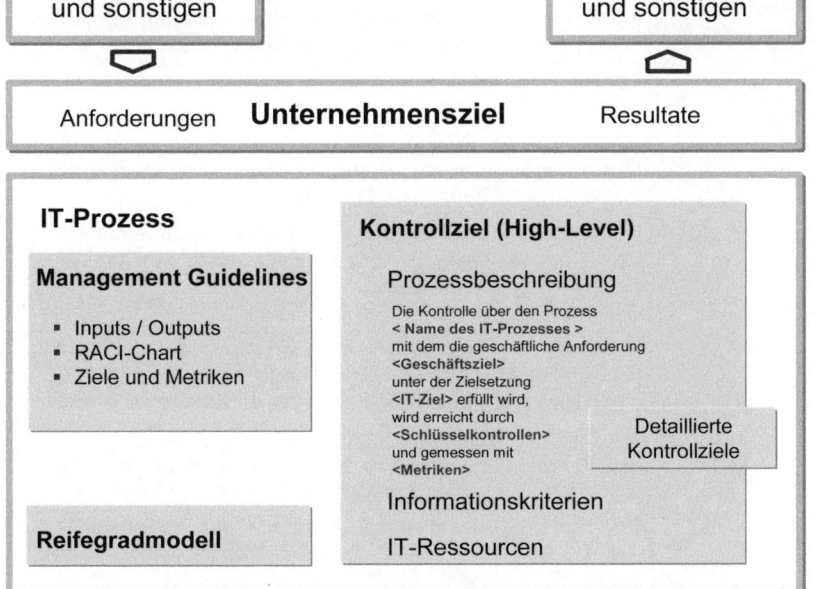

Abb. 3–22
Der IT-Prozess als informationsverarbeitende Funktion

3.5   COBIT-Produkte

3.5.1   Überblick

Um den unterschiedlichen Ansprüchen verschiedener Ziel- und Nutzergruppen (siehe Abschnitt 3.1.2) gerecht zu werden, wurden mehrere Produkte um das COBIT-Referenzmodell herum geschaffen. Diese helfen, die Einsatzmöglichkeiten von COBIT im eigenen Unternehmen einzuschätzen, die Implementierung durchzuführen, das Management zu unterstützen, die Umsetzung zu steuern und Ergebnisse zu messen (vgl. Tab. 3–26).

Tab. 3–26
Übersicht über die
COBIT-Produkte und ihre
Zielsetzung

Zielgruppe	Produkt	Zielsetzung
Vorstand/ Aufsichtsrat/ Senior Management	Board Briefing on IT-Governance 2nd Edition	Eine Darstellung, warum IT-Governance wichtig ist, welche Problemstellungen behandelt werden und worin die Verantwortung dieser Gruppe beim Management von IT-Governance liegt.
Geschäftsbereichsmanagement/ IT-Management	Management Guidelines	Unterstützung bei der Zuordnung von Verantwortung, bei der Leistungsmessung und der Bewertung von diagnostizierten Fähigkeitslücken. Diskussion des vorzusehenden Kontrollumfangs in Bezug zu den damit verbundenen Kosten. Vergleich des eigenen Kontrollansatzes mit anderen Unternehmen.
Experten der Bereiche Governance, Kontrolle, Sicherheit, Überprüfung	Framework	Erklärung zum COBIT-Arbeitsansatz und Zusammenhang zwischen IT-Governance-Zielen, Best Practices, Kontrollbereichen, IT-Prozessen und Kontrollzielen mit Geschäftszielen
	Kontrollziele	Generische Best-Practice-Managementziele für wesentliche Bereiche des IT-Managements
	Control Practices	Begründung für das Vorgehen, Kontrollen zu implementieren, und Hinweise für die Implementierung
	IT-Assurance Guide	Generischer Audit-Ansatz und Anleitungen für Audits aller COBIT-IT-Prozesse
	IT-Control Objectives for Sarbanes Oxley	Unterstützung beim Herstellen von Sarbanes-Oxley-Compliance unter Einsatz der COBIT-Kontrollziele
	IT-Governance Implementation Guide	Generisches Vorgehen bei der Implementierung von IT-Governance unter Nutzung von COBIT-Ressourcen und einem Toolkit
	COBIT Quickstart	Bereitstellung einer Basiskontrolle für kleinere und einer Einstiegshilfe für größere Unternehmen
	COBIT Security Baseline	Grundlegende Schritte bei der Implementierung von Sicherheitsmaßnahmen in einem Unternehmen

Im Sprachgebrauch des ITGI enthalten die COBIT-Dokumente Produkte, die sich mit der Motivation der IT-Governance, dem COBIT-Referenzmodell selbst, der Implementierung und der Unterstützung seiner Anwendung befassen. Darüber hinaus ist ein Tool zur Anwendungsunterstützung – COBIT-Online – verfügbar.

Einige der aufgeführten COBIT-Produkte (Implementation Guide, COBIT-Quickstart und COBIT-Online) werden im Folgenden näher betrachtet.

3.5.2 Implementation Guide

Als Implementierungsunterstützung wird vom ITGI das Dokument *COBIT Implementation Guide* [ITGI 2003b] angeboten. Zielsetzung ist die Bereitstellung einer Methode zur Implementierung von IT-Governance mit COBIT.

Unterstützung der Implementierung

Im Kern bietet das Dokument ein Vorgehensmodell, das den Implementierungsprozess in eine Reihe von Aktivitäten zerlegt (vgl. Abb. 3–23). Daneben wird auf potenzielle Stakeholder eingegangen und die Verbindung von COBIT und IT-Governance aufgezeigt.

Phasenmodell

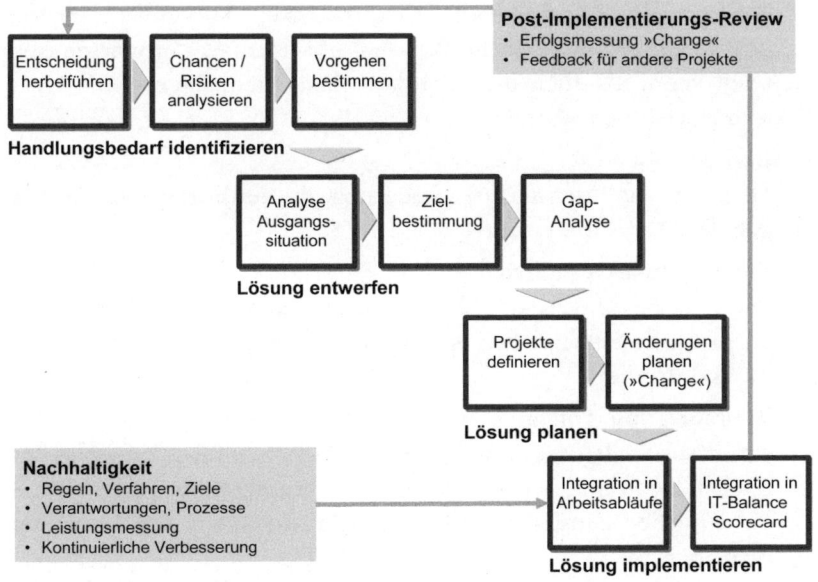

Abb. 3–23
Die COBIT
»Implementation
Roadmap«

Ein bereits im Jahre 2000 erschienenes »Implementation Toolset« [ITGI 2000] unterstützt ebenfalls die Einführung von COBIT durch die Bereitstellung von Materialien zum Vorgehen, zum Change-Management und zur systematischen Erfassung der Governance-Praxis in einem Unternehmen. Formulare und Fragebögen zur Risikoanalyse

Implementation Toolset

und zur Bewertung der Beachtung, die das Management der Governance-Thematik entgegenbringt, gehören gleichfalls zu den bereitgestellten Hilfsmitteln. Hier wäre eine Aktualisierung vor dem Hintergrund der neuen CoBIT-Version wünschenswert.

3.5.3   CoBIT-Quickstart

CoBIT-Quickstart als Vorauswahl und zur Selbstbewertung

Basierend auf ausgewählten Kontrollzielen zusammen mit den wichtigsten kritischen Erfolgsfaktoren bietet CoBIT-Quickstart einen aufwandsarmen Einstieg für Klein- und mittelständische Unternehmen (KMUs), da in diesen die IT häufig einen deutlich geringeren Stellenwert als in Großunternehmen einnimmt. Quickstart soll eine effiziente und effektive Methode zur Selbstbewertung bieten.

Start mit einer Teilmenge

Quickstart umfasst eine Auswahl von Kontrollzielen (62 von 318), die für diese Unternehmensgröße typischerweise relevant sind. Damit finden nur 30 der insgesamt 34 IT-Prozesse Berücksichtigung.

Selbstbewertung

Die Selbstbewertung konzentriert sich auf die folgenden Bereiche:

- **Kommunikationswege**
  Überprüft wird, ob die Beziehung zwischen Vorgesetzten und Nachgeordneten genügend eng ist, sodass ein Vorgesetzter sowohl das für IT verantwortliche Personal in seinem Verantwortungsbereich kennt als auch die Verantwortlichkeiten, die den Mitarbeitern zugewiesen wurde.

- **Berichtsspanne**
  Hier wird die Intensität der Steuerung, die ein Vorgesetzter in Fragen der IT ausübt, ermittelt.

- **Entscheidungsverhalten**
  Die Entscheidungen, der Grad an formalen Verfahren und in welchem Maße Entscheidungen überprüft werden, werden analysiert und kontrolliert.

- **Trennung von Aufgaben**
  An dieser Stelle wird kontrolliert, ob Überwachungsaufgaben hinreichend von anderen Aufgabenstellungen getrennt sind, wie z.B. betrieblichen Aufgaben und Tätigkeiten in operativen Geschäftsprozessen.

- **IT-Aufwendungen**
  Die Belastung des Unternehmens durch IT-Aufwendungen wird in Relation zu dessen Einnahmen oder Erträgen gestellt und mit anderen Unternehmen ähnlicher Struktur (sog. Peers) verglichen.

Quickstart erleichtert Unternehmen den Einstieg in die IT-Governance mit COBIT. Sie können sich zunächst auf die grundlegenden Aspekte der Implementierung konzentrieren. Mit diesem ersten Schritt werden erste Erfahrungen gesammelt und weitere Schritte vorbereitet.

Reduktion der Gesamtkomplexität

Seitens ISACA wird Quickstart dann empfohlen, wenn eine – im Vergleich zu Großunternehmen – geringere Komplexität der IT vorliegt, d.h. wenn komplexe IT-Prozesse und -Applikationen per Outsourcing von Dritten erbracht bzw. betrieben werden oder der Grad an fremdbeschaffter Software (in Relation zu Eigenentwicklungen) hoch ist.

Quickstart kann auch als Erstdiagnose angewendet werden, mit der die Entscheidung, ob COBIT implementiert werden soll, vorbereitet wird. Einen Auszug aus dem Dokument mit einem Vorschlag zur Visualisierung der Ergebnisse zeigt Abbildung 3–24.

Abb. 3–24
COBIT-Quickstart (Auszug für IT-Prozesse PO1 – PO3)

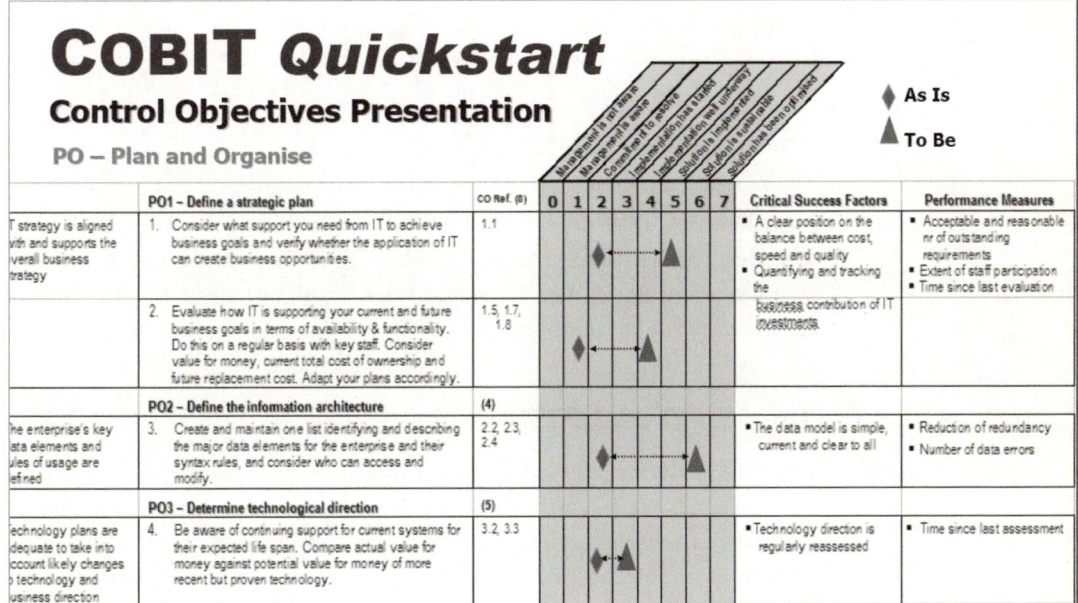

3.5.4 COBIT-Online

Mit COBIT-Online wird Anwendern ein Werkzeug geboten, um in den COBIT-Inhalten zu navigieren. Darüber hinaus können in COBIT-Online eigene Daten (bspw. Metriken und ermittelte Reifegradstufen) entsprechend den COBIT-Strukturen erfasst, verdichtet und visualisiert werden (vgl. Abb. 3–25).

Tool

Abb. 3–25

Ergebnisdarstellung

über COBIT-Online

[www.itgi.de]

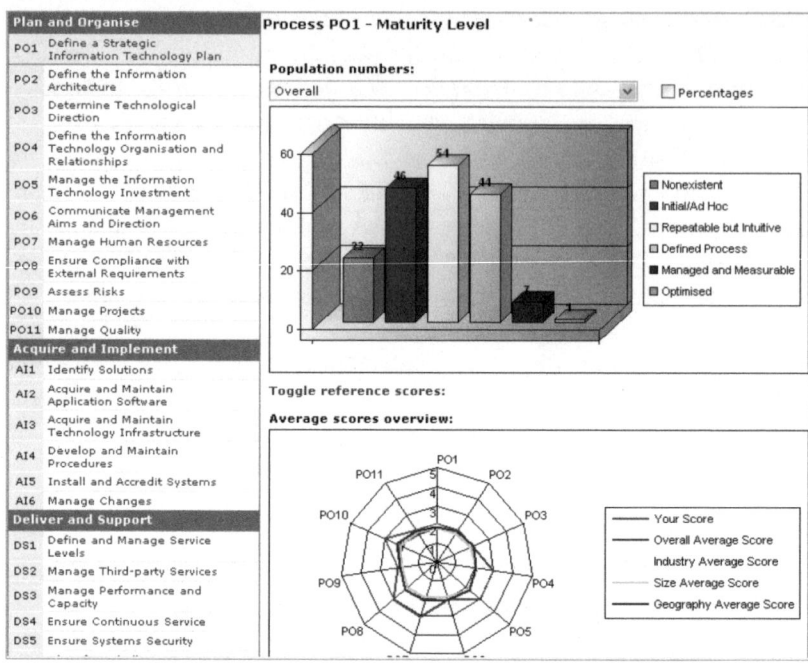

Des Weiteren sind über COBIT-Online Funktionen zur Durchführung von Benchmark-Bewertungen nutzbar. Eine Bewertung der Erfüllung (Compliance) der Kontrollziele und der Befolgung der Kontrollmethoden ist gleichfalls möglich.

3.6 COBIT und COSO

Zielsetzung und Nutzen von COSO

Das COSO-Referenzmodell (Committee of Sponsoring Organizations of the Treadway Commission) [COSO 2004] bietet dem Management eines Unternehmens oder einer Organisation Empfehlungen zur Evaluierung, zum Berichtswesen und zum Erreichen von Verbesserungen im eigenen Kontrollsystem.

Aufbau von COSO

In einem sechsstufigen Modell wird der Umfang eines Kontrollsystems (Control Framework) aufgezeigt, und es werden Hinweise zur Umsetzung gegeben. Letztere erstrecken sich auf die Kontrollumgebung (Control Environment), die Risikobewertung (Risk Assessment), die Kontrollaktivitäten (Control Activities), Informations- und Kommunikationsaufgaben (Information and Communication) sowie auf die Überwachung (Monitoring) (s. Abb. 3–26).

Wie auch COBIT bietet COSO ein Klassifikationsschema (Taxonomie) für seine jeweiligen Kontrollbereiche und operationale Anforderungen, denen Prüfern sinnvollerweise Beachtung schenken sollten.

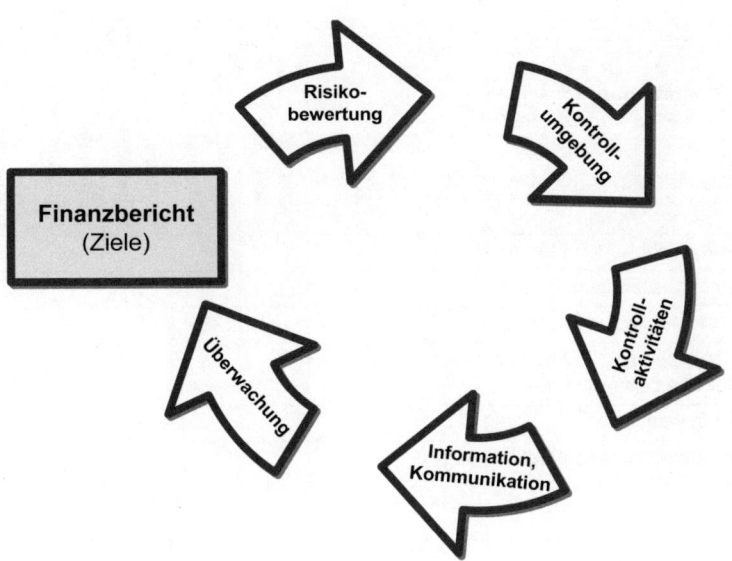

Abb. 3–26
Der COSO-Kontrollprozess

Das COSO-Modell ist jedoch nicht für die spezifischen Fragestellungen der Informationstechnologie ausgelegt. Daher ist in unserem Zusammenhang seine eigentliche Aufgabe darin zu sehen, die geschäftlichen Anforderungen an ein Control Framework ableitbar zu machen, oder anders ausgedrückt einem Referenzmodell als geschäftliche Referenz zur Implementierung von Controls zu dienen.

COSO ist nicht IT-spezifisch

Die Tabellen 3–27 bis 3–30 zeigen den Zusammenhang zwischen den COBIT-Kontrollzielen und den COSO-Komponenten [ITGI 2005a]. Starke Zusammenhänge sind mit »Primär« und schwächere Zusammenhänge mit »Sekundär« gekennzeichnet.

Verbindung zu COBIT

Im Zusammenhang mit der Umsetzung des Sarbanes-Oxley Acts (vgl. folgenden Abschnitt) und daraus resultierenden IT-Fragen rückte zur Herbeiführung von Compliance das COBIT-Referenzmodell in den Vordergrund des Interesses. Dies liegt nicht zuletzt an COSO als dem bisher einzigen Referenzmodell zur Herstellung von Compliance [SEC 2003].

Beide Referenzmodelle sind nicht Teil des Sarbanes-Oxley Acts und werden nicht von dessen Ausführungsvorschriften gefordert. Sie bieten jedoch einen Rahmen, der es erlaubt, entsprechende Audits sowohl für Firmen als auch für Auditoren effizienter zu gestalten.

Kontrollbereich: Planung und Organisation (PO, Plan and Organize)		COSO				
IT-Prozess	Beschreibung	Kontroll-umgebung	Risiko-bewertung	Kontroll-aktivitäten	Information/Kommunikation	Überwachung
PO1	Definition eines strategischen Plans für die IT		P		S	S
PO2	Definition der Informationsarchitektur			P	P	
PO3	Bestimmung der technologischen Richtung		S	P	S	
PO4	Definition der IT-Prozesse, der IT-Organisation und Beziehungen (Rollen, Verantwortungen)	P			S	S
PO5	Management der IT-Investitionen		S	P		
PO6	Kommunikation von Zielsetzungen und Richtung des Managements	P			P	
PO7	Personalmanagement	P			S	
PO8	Qualitätsmanagement	P		P	S	P
PO9	Beurteilung und Management von IT-Risiken		P			
PO10	Projektmanagement	S	S	P		S
					P: primär, S: sekundär	

Tab. 3–27 Zusammenhang zwischen den IT-Prozessen des CoBiT-Kontrollbereichs PO und den COSO-Komponenten

Kontrollbereich: Beschaffung und Implementierung (AI, Acquire and Implement)		COSO				
IT-Prozess	Beschreibung	Kontroll-umgebung	Risiko-bewertung	Kontroll-aktivitäten	Information/Kommunikation	Überwachung
AI1	Identifikation von automatisierten Lösungen			P		
AI2	Beschaffung und Wartung von Applikationssoftware			P		
AI3	Beschaffung und Wartung der technischen Infrastruktur			P		
AI4	Sicherstellung des Betriebs und der Nutzung			P	S	
AI5	Beschaffung von IT-Ressourcen			P		
AI6	Änderungsmanagement	S		P		S
AI7	Installation und Freigabe von Lösungen und Änderungen			P	S	S
					P: primär, S: sekundär	

Tab. 3–28 Zusammenhang zwischen den IT-Prozessen des Kontrollbereichs Beschaffung und Implementierung und den COSO-Komponenten

Kontrollbereich: Lieferung und Unterstützung (DS, Deliver and Support)		COSO				
		Kontroll-umgebung	Risiko-bewertung	Kontroll-aktivitäten	Information/ Kommunikation	Überwachung
IT-Prozess	Beschreibung					
DS1	Definition und Management von Dienstleistungsgraden (Service Level)	S		P	S	S
DS2	Management der Leistungen von Dritten	P	S	P		S
DS3	Leistungs- und Kapazitätsmanagement			P		S
DS4	Sicherstellen des kontinuierlichen Betriebs	S		P	S	
DS5	Sicherstellung der Systemsicherheit			P	S	S
DS6	Identifizierung und Verrechnung von Kosten			P		
DS7	Aus- und Weiterbildung von Benutzern	P			S	
DS8	Verwaltung von Service-Desk und Vorfällen	S			P	P
DS9	Konfigurationsmanagement			P		
DS10	Problemmanagement			P	S	S
DS11	Datenmanagement			P		
DS12	Management der physischen Umgebung		S	P		
DS13	Management des Betriebs			P	S	
					P: primär, S: sekundär	

Tab. 3–29   *Zusammenhang zwischen den IT-Prozessen des CoBiT- Kontrollbereichs DS und den COSO-Komponenten*

Kontrollbereich: Überwachung und Evaluierung (ME, Monitor and Evaluate)		COSO				
		Kontroll-umgebung	Risiko-bewertung	Kontroll-aktivitäten	Information/ Kommunikation	Überwachung
IT-Prozess	Beschreibung					
ME1	Überwachung und Evaluierung der IT-Leistung				S	P
ME2	Überwachung und Beurteilung der internen Controls					P
ME3	Compliance gewährleisten			P	S	S
ME4	IT-Governance sicherstellen	P	S		S	P
					P: primär, S: sekundär	

Tab. 3–30   *Zusammenhang zwischen den IT-Prozessen des CoBiT-Kontrollbereichs ME und den COSO-Komponenten*

3.7 Anwendungsbeispiel Sarbanes-Oxley Act

Control Framework COBIT definiert für jeden IT-Prozess spezifische Kontrollziele (High-Level und detailliert). Damit wird ein engmaschiges Steuerungs- und Kontrollmodell für das IT-Management geschaffen (*Control Framework*). Darüber hinaus sieht COBIT die Implementierung von Steuerungs- und Kontrollelementen (*Controls*) vor. Sie konkretisieren die Kontrollziele durch Maßnahmen zur Überprüfung der Zielerreichung. Controls spielen eine Schlüsselrolle bei der Herstellung von Compliance, also der Ordnungsmäßigkeit und Sicherheit von Geschäftstätigkeiten und der dazu benutzten IT-Systeme bzw. der mit ihnen betriebenen Berichtsverfahren (vgl. Abschnitt 2.2.3).

Regulierungen wie z.B. dem Sarbanes-Oxley Act (SOX) (vgl. Abschnitt 2.2.3) kann nur mit hinreichender Effizienz entsprochen werden, wenn ein angemessenes Steuerungs- und Kontrollmodell implementiert ist. Nicht zuletzt wegen der Eignung des COSO-Referenzmodells (Committee of Sponsoring Organizations of the Treadway Commission) für SOX und seines relativ hohen Verbreitungsgrades kann es als guter Ausgangspunkt für diesen Schritt gelten.

Im Folgenden wird ein Control Framework unter Berücksichtigung von SOX, COSO und COBIT exemplarisch dargestellt. Dabei beziehen wir uns auf den ITGI-Report zu IT-Kontrollzielen für Sarbanes-Oxley-Compliance »IT Control Objectives for Sarbanes-Oxley« [ITGI 2006f], der die Rolle der IT bei dem Entwurf und der Implementierung von Kontrollelementen im Finanzberichtswesen beleuchtet.

3.7.1 Der Sarbanes-Oxley Act (SOX)

Am Beispiel des Sarbanes-Oxley Acts (vgl. auch Abschnitt 2.2.3) lassen sich die Auswirkungen der Regulierung auf das Management der IT besonders deutlich zeigen.

Ziele von SOX Das Gesetz soll drei wesentliche Ziele erreichen:

a) Wiederherstellung des Vertrauens der Anleger und der Öffentlichkeit in das Management von Unternehmen. Das bedeutet für die Unternehmen in erster Linie detaillierte und zuverlässig einzuhaltende Publizitätspflichten zur Rechnungslegung und Finanzberichterstattung.

b) Verhinderung betrügerischer bzw. intransparenter Bilanzierungspraktiken

c) Verbesserung der Corporate-Governance-Praktiken amerikanischer Unternehmen[12]

Der Sarbanes-Oxley Act fordert die Einrichtung einer Aufsichts-behörde für Wirtschaftsprüfer. Diese Behörde, das Public Company Accounting Oversight Board (PCAOB)[13], hat die Aufgabe, die unab-hängigen Prüfer zu beaufsichtigen. Sie selbst wird von der Securities and Exchange Commission (SEC) überwacht.

Aufsichts- und Überwachungsbehörden

SOX stellt erweiterte Anforderungen an die Finanz- und Control-lingbereiche (Enhanced Financial Disclosures). Neben der Veröffentli-chung von Geschäftstätigkeiten wird die Implementierung eines inter-nen Kontrollsystems verlangt, dessen Effizienz vom Management bewertet und vom Abschlussprüfer attestiert werden muss (Manage-ment Assessments of Internal Controls). Interne Controls werden als Prozesse definiert, die unter der Verantwortung des Vorstandes stehen. Mit ihnen soll die Verlässlichkeit der Finanzberichterstattung und die Einhaltung von Rechnungslegungsvorschriften bei der Erstellung der Abschlüsse gewährleistet werden [Dietrich & Schirra 2004].

Internes Kontrollsystem

Für die Effektivität des internen Kontrollsystems wird die Geschäftsführung direkt verantwortlich gemacht, und demzufolge muss sie diese auch explizit als eigenes Prüfungsresultat bestätigen.

Der Zusammenhang zwischen den im Sarbanes-Oxley Act gefor-derten Maßnahmen und der IT in den betroffenen Unternehmen wird an ausgewählten Abschnitten des Gesetzes deutlich, insbesondere in den Abschnitten 302, 404 und 409:

- Abschnitt 302 (Testierung der Finanzberichte) fordert vom Management die vierteljährliche Testierung der Finanzberichte. Die angewandten Controls sind zu veröffentlichen. Strafrechtliche Konsequenzen sollen den leichtfertigen Umgang mit dieser Ver-pflichtung ausschließen. In der Verantwortung stehen hier CEO und CFO eines Unternehmens.

  Abschnitt 302 (Testierung der Finanzberichte)

- Abschnitt 404 (Testierung der internen Controls) regelt die Kor-rektheit, Nachvollziehbarkeit und Sicherheit der Berichtsprozesse. Hierbei sind die Implementierung und Einhaltung der Controls vom Management schriftlich zu bestätigen und von unabhängigen Prüfern zu testieren. Dazu kommen vierteljährliche Veränderungs-überprüfungen, zu denen jeweils auch ein Bericht zu erstatten ist. Verantwortlich für die Umsetzung dieser Forderung sind oberes Management und unabhängige Prüfer.

  Abschnitt 404 (Testierung der internen Controls)

---

12. Angemerkt sei hier, dass in jüngster Zeit vermehrt von negativen Auswirkungen auf die Börsen, insbesondere der USA, berichtet wird. So stellt die Zeitschrift »The Economist« im Dezember 2006 einen Zusammenhang zwischen der Umsetzung des Sarbanes-Oxley Acts und abnehmender Geschäftstätigkeit an der Wall Street her.
13. *www.pcaobus.org.*

In nahezu jedem Unternehmen werden Finanzflüsse und Finanzinformationen elektronisch abgewickelt bzw. vorgehalten. Dies gilt für eine einfache Überweisung genauso wie für eine Bilanzkonsolidierung in einem ERP-System. Damit wird deutlich, dass sich die Kontrollelemente auch auf alle IT-Systeme, die in die Erstellung der Finanzberichte einbezogen sind, auswirken bzw. in diesen implementiert werden müssen.

Abschnitt 409 (Berichtspflicht über Veränderungen des Bestands)
▪ Abschnitt 409 (Berichtspflicht über Veränderungen des Bestands) soll die Anteilseigner vor verspäteter Offenlegung von Bestands- und Lagervorräten und damit vor drohenden Verlusten schützen. Zu dieser Überwachung operationaler Risiken gehört auch die Berichtspflicht zu gravierenden Vorgängen wie Lieferantenausfällen und IT-Fehlern bzw. Systemausfällen. Verantwortlich für die Umsetzung dieser Forderung sind auch hier oberes Management und unabhängige Prüfer.

3.7.2   Herstellung von SOX-Compliance

Fehlende Hinweise für Maßnahmen
Regulierungen wie SOX liefern im Allgemeinen keine spezifischen Hinweise oder gar Maßnahmen, wie die mit ihnen verbundenen Anforderungen im Unternehmen umgesetzt bzw. ihre Umsetzung nachhaltig überprüft werden können. Zudem beinhalten Referenzmodelle, wie z.B. COSO, in der Regel keine direkten Anforderungen bzw. Implementierungshinweise für die IT.

Grundsätzlich lassen sich Controls – ob automatisierte oder manuelle – auf verschiedenen Ebenen unterbringen, bspw. ist es sinnvoll, auf die Ebenen und Controls, die bereits in Abschnitt 3.3.8 vorgestellt wurden, zurückzugreifen. In Anlehnung an die dortige Ebeneneinteilung soll hier zwischen den Ebenen Unternehmens-Management (*Entity-Level Controls*), Geschäftsprozess-/Applikationsmanagement (*Application Controls*) und IT-Infrastruktur (*IT General Controls*) unterschieden werden (vgl. Abb. 3–27).

Abb. 3–27 Ebenen der Unternehmens-Geschäftsarchitektur mit Control-Typen

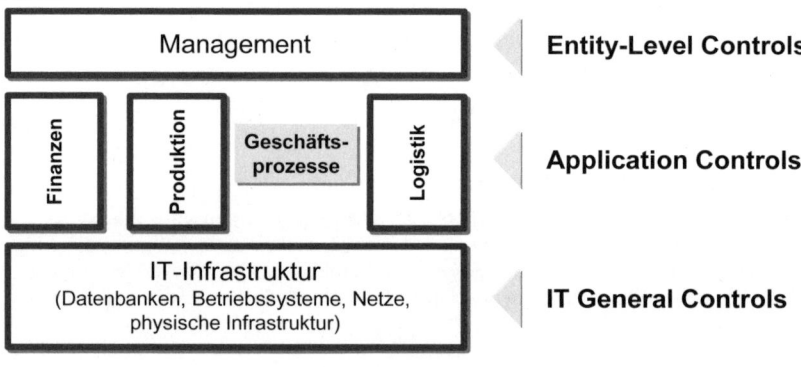

3.7.2.1 Vorgehensweise

Auf die Identifizierung und Implementierung der oben eingeführten Kontrollelemente (Controls) sind Unternehmen – so [ITGI 2006f] – häufig nur unzureichend vorbereitet. Insbesondere trifft dies auf Unternehmen zu, deren Risikomanagement-Verfahren nicht auf die Anforderungen eines Audits, wie er z.B. bei der Überprüfung der Sarbanes-Oxley-Compliance durchgeführt werden muss, vorbereitet sind.

In [ITGI 2006f] werden sechs Vorgehensschritte für die Implementierung von Kontrollelementen für SOX-Compliance empfohlen. In Abbildung 3–28 sind diese Schritte schematisch darstellt. Wie zu erkennen ist, geht das ITGI davon aus, dass eine Steigerung der SOX-Compliance an sich einen positiven Wertbeitrag mit sich bringt. Diese Annahme scheint plausibel, wenn man unterstellt, dass das mit SOX verbundene Risikomanagement zu einer Kostenreduktion bzw. Ertragssteigerung führt. Ebenfalls könnte die Herstellung von SOX-Compliance positive Effekte bei der externen Wahrnehmung eines Unternehmens mit sich bringen, was sich bspw. in niedrigeren Finanzierungskosten ausdrückt.

Sechs Vorgehensschritte

In den folgenden Unterabschnitten werden die Schritte 1-4 wegen ihrer Bedeutung für Entwurf und Implementierung von Kontrollelementen unter Bezug auf [ITGI 2006f] skizziert. Die Schritte 5 und 6 mit eher unternehmensspezifischem und betrieblichem Charakter werden nicht weiter betrachtet; eine ausführliche Darstellung ist in [ITGI 2006f] zu finden.

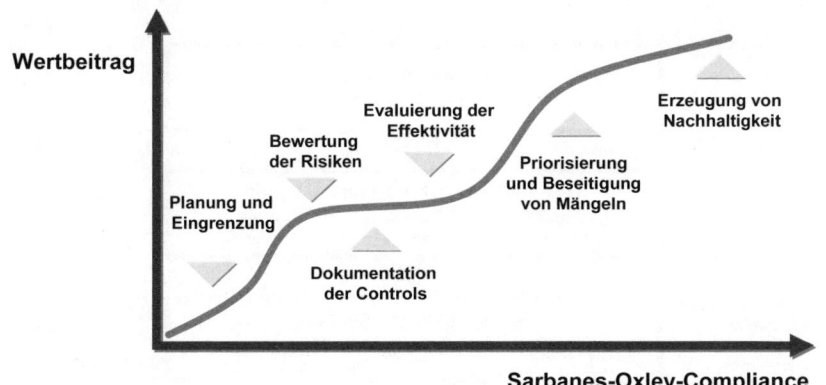

Abb. 3–28

Entwicklungsplan für IT-SOX-Compliance

3.7.2.2 Planung und Eingrenzung der IT-Controls

Die Implementierung der IT-Controls setzt eine sorgfältige Planung voraus. Abhängig von der Einschätzung zu erwartender Risiken sind die zu berücksichtigenden Systeme auszuwählen und die darin zu integrierenden IT-Controls zu spezifizieren.

Damit einher geht eine Eingrenzung der Aufwände hinsichtlich einzusetzender Ressourcen und die Planung des Zeitablaufs der Implementierung.

Dieser erste Schritt zerfällt in die folgenden Unteraktivitäten:

▪ **Zuordnung von Verantwortung und Rechenschaftspflichten**
Sofern eine hinreichende Unternehmensgröße gegeben ist, sollte nach den Vorstellungen in [ITGI 2006f] eine organisatorische Einheit (Sub Committee) geschaffen werden, die an die – als vorhanden vorausgesetzte – SOX-Lenkungsgruppe (Steering Committee) berichtet.

▪ **Identifizierung relevanter Applikationen und Systeme**
In einem nächsten Teilschritt sind die Systeme, die für die künftige Integration der Controls relevant sind, zu inventarisieren. Hierbei handelt es sich z.B. um Systeme zur Online-Autorisierung, zur Verwaltung von innerbetrieblichen (Verrechnungs-)Konten, insbesondere in der Finanzbuchhaltung (vgl. Abb. 3–29).

Mit diesem Schritt wird auch das Verständnis des IT-Personals für die Struktur und den Aufbau der Finanzberichterstattung vertieft.

Abb. 3–29

Typische Bereiche zur Integration von Kontrollelementen zur Herstellung von Sarbanes-Oxley-Compliance

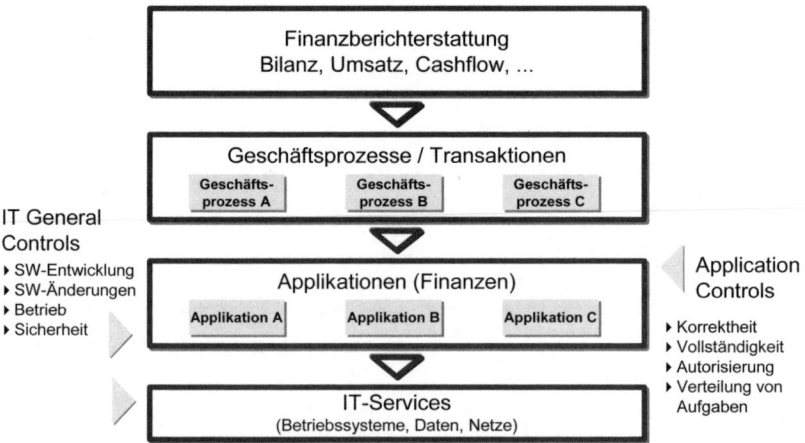

Die Ergebnisse dieser ersten beiden Aktivitäten dienen als Grundlage für die Planung der Controls, für die Risikobewertung und für die Planung der erforderlichen Tests. Dazu sind die folgenden Aktivitäten vorzusehen:

■ **Bewertung der Dokumentation zu den Prozessen des Finanzberichtswesens**
Bereits implementierte Controls beziehen u.U. die Applikationen nicht genügend ein bzw. es ist nicht dokumentiert, ob und in welcher Weise sie von IT-Systemen abhängig sind. Die Festlegung, welche IT-abhängigen Controls zum Nachweis von SOX-Compliance hinreichend sind, schränkt den Umfang der Systeme, in die Controls zu integrieren sind, auf das notwendige Maß ein.

■ **Entwicklung eines vorläufigen Projektplans**
Unter Kenntnis der betroffenen Systeme und des Finanzberichtswesens kann ein vorläufiger Umsetzungsplan erarbeitet und das betroffene IT-Personal bzw. das Management davon in Kenntnis gesetzt werden. Dieser Plan dient auch zur Genehmigung durch alle dafür Verantwortlichen im Unternehmen.

■ **Festlegung der Verantwortung für die Application Controls (Anwendungskontrollen)**
Die Definition und Zuordnung der Verantwortung für die Application Controls sind häufig schwierig. Damit redundante Entwicklungs- und Testarbeiten vermieden werden können, schlägt das Dokument vor, dass die Verantwortlichen für die Geschäftsprozesse auch die Verantwortung für die Controls der zugehörigen Applikationen tragen. Die Zuständigen der IT übernehmen unterstützende Aufgaben, z.B. bei der Integration der Controls und für die Planung und Durchführung ihrer Tests. Zudem tragen sie die Verantwortung für übergreifende Controls wie Zugangskontrolle, Veränderungskontrollen (Change Controls), Backup Recovery usw.

■ **Berücksichtigung multipler Lokationen**
Die Planung und Integration von Controls in Unternehmen an mehreren Lokationen erhöhen die Komplexität der Aufgabenstellung. Daraus ergeben sich Konsequenzen hinsichtlich der Zuordnung von Verantwortung, der Integrationsleistung und der durchzuführenden Tests der Kontrollen.

■ **Berücksichtigung von Abhängigkeiten zu Dritten**
IT-Leistungen, die von Dritten bezogen werden, können dazu führen, dass sich die Compliance-Nachweispflicht und damit die Implementierung von Controls auf das leistungserbringende Unternehmen ausdehnen. Derartige Abhängigkeiten müssen in der Planung berücksichtigt werden.

3.7.2.3 Bewertung der Risiken

Im zweiten Schritt des Vorgehensmodells zur Herstellung von IT-SOX-Compliance werden die Risiken, die durch IT-Systeme (Betriebssysteme, Netze, Datenbanken, physische Umgebung usw.) verursacht werden, eingeschätzt und bewertet. Dies dient als Entscheidungsgrundlage für den Entwurf der Controls hinsichtlich Art und Umfang.

Auswirkungen

Dabei sollen die Eintrittswahrscheinlichkeit eines Risikos und die damit verbundenen Auswirkungen berücksichtigt werden. Zum Beispiel würde eine fehlende Zugangskontrolle zum Transaktionssystem eines Unternehmens die Tür für die Manipulation der Finanzdaten öffnen. Demnach wäre hier die Eintrittswahrscheinlichkeit relativ hoch, und die Auswirkungen wären potenziell sehr groß.

Gemäß der Risikoeinschätzung erfolgt die Entscheidung, zu welchem Grade Systeme und Applikationen bei der Integration von IT-Controls zu berücksichtigen sind. Eine beispielhafte Darstellung von Risikofaktoren sowie möglichen Ursachen, die zu einem hohen bzw. geringen Risiko führen, enthält Tabelle 3–31.

Tab. 3–31
Allgemein zu berücksichtigende Risikofaktoren

Risikofaktor	Gründe für hohes Risiko	Gründe für geringes Risiko
Technologie, IT-Infrastruktur	komplex, nicht standardisiert, modifiziert, in-house entwickelt	einfach, im Markt weit verbreitet, nicht modifiziert, off-the-shelf
Personal	unerfahren, mangelndes Training, zu geringe Anzahl, hoher Umsatzbeitrag	erfahren, trainiert und spezialisiert, ausreichende Anzahl, geringer Umsatzbeitrag
Prozesse	dezentralisiert, viele Lokationen, ad hoc	zentralisiert, formalisiert, konsistent
Erfahrungen	problembehaftet und Prozessfehler, Systemausfälle, Datenzerstörung	keine relevante Problemhistorie in hinreichend junger Vergangenheit
Bedeutung der Finanzberichterstattung	Direkt – Initiierung und Erfassung von Beträgen und Aufnahme in den Finanzbericht	Indirekt – Daten werden für analytische Zwecke verwendet ohne direkten Eintrag in den Finanzbericht

Für die Bewertung der Risiken, die mit IT-Systemen verbunden sind, bietet sich ein Vorgehen an, das an den typischen Architekturkomponenten orientiert ist (vgl. Tab. 3–32).

Risikofaktor	Technologieebenen				
	Applikationen	Datenbanken	Betriebssysteme	Netzwerk	Physische Infrastruktur
Technologie	H/M/N	H/M/N	H/M/N	H/M/N	H/M/N
Personal	H/M/N	H/M/N	H/M/N	H/M/N	H/M/N
Prozesse	H/M/N	H/M/N	H/M/N		
Erfahrungen	H/M/N	H/M/N			
Bedeutung der Finanzbericht-erstattung	H/M/N	H/M/N	H/M/N: Hoch/Mittel/Niedrig		

Tab. 3–32
Risikofaktoren nach Technologieebenen

Die Matrix in Tabelle 3–33 skizziert eine Zuordnungssystematik (hier von der PCAOB im Rahmen von SOX-Compliance vorgegeben), in der IT-Controls typischen Technologieebenen in Abhängigkeit von Risikofaktoren (bzw. den Bereichen ihrer Entstehung) zugeordnet werden. Dem liegt die Annahme zugrunde, dass Applikationen und Systeme, die eine funktionale Nähe zur Finanzberichterstattung aufweisen, mit höheren Risiken für diese behaftet und daher auch vorrangig mit IT-Controls zu versehen sind.

PCAOB-Titel (Public Company Accounting Oversight Board)	IT-Controls für Sarbanes-Oxley (Risikobereiche)	Technologieebenen				
		Ap	Db	Bs	Nw	Ph
Programm-entwicklungen/-änderungen	Beschaffung und Entwicklung von Applikationssoftware	E	E	EE	EE	EE
	Beschaffung von Technologie-Infrastruktur	EE	EE	EE	EE	EE
	Entwicklung und Wartung von Grundsätzen und Verfahren	E	E	E	E	E
	Entwicklung und Test von Applikationssoftware und Technologie-Infrastruktur	E	E	EE	EE	EE
	Change-Management	E	E	E	EE	EE
Zugriff zu Programmen, Daten und IT-Betrieb	Definition und Management von Service Levels	EE	EE	EE	EE	EE
	Management von Dienstleistungen Dritter	E	E	E	EE	EE
	Sicherstellung der Systemsicherheit	E	E	E	E	EE
	Konfigurationsmanagement	E	E	E	EE	EE
	Management von Problemen und Vorfällen	E	E	E	E	EE
	Datenmanagement	E	E	EE	EE	EE
	Betriebsmanagement	E	E	EE	EE	EE
Ap: Applikationen, Db: Datenbanken, Bs: Betriebssysteme, Nw: Netzwerke, Ph: Physikalische Ebene, E: Empfohlen, EE: im eigenen Ermessen						

Tab. 3–33
Priorisierung der Integration von IT-Controls in Abhängigkeit von Risikobereichen (IT-Controls für Sarbanes-Oxleyx) und Technologieebenen

Bei allen Maßnahmen ist zu berücksichtigen, dass es in der Regel um die Reduzierung der Risiken auf ein »vernünftiges« Maß geht, nicht um die Eliminierung der Risiken als solche.

3.7.2.4 Dokumentation der Controls

Die Dokumentation der Controls dient in erster Linie der Information des Managements über Art und Umfang der Risiken und wie mit diesen umgegangen wird. Aufgrund dieser Information ist eine begründete Entscheidung über den Umgang mit den verbliebenen Risiken möglich.

■ **Identifizierung von Controls auf der Ebene von Unternehmenssteuerung und Management**
Controls auf der Ebene von Unternehmenssteuerung und Management (Entity-Level Controls) beziehen sich auf die Grundlagen bzw. den Stil der Unternehmenssteuerung. Dazu gehören Regeln und Verfahren von grundlegender Bedeutung ebenso wie eine zuverlässige Umgebung für den Betrieb der IT; d.h., notwendige Verfahren, wie z.B. die Zugangskontrollen, führen zu konsistenten Ergebnissen. Das COSO-Referenzmodell verwendet typischerweise Entity-Level Controls.

Tabelle 3–34 illustriert eine von ITGI vorgeschlagene Herangehensweise an die Identifizierung und den Test von Controls auf Entity-Level. Entlang der von COSO vorgegebenen Struktur »Kontrollumgebung«, »Information und Kommunikation«, »Risikobewertung« und »Überwachung« werden Kontrollfragen (»Points to Consider«) aufgeführt. Dabei wird die Verknüpfung zu den CobiT-Kontrollzielen hergestellt, indem sie den Kontrollfragen zugeordnet werden (vgl. Tab. 3–34). Diese Zuordnung ist für den kombinierten Einsatz beider Referenzmodelle in Audits von hoher Bedeutung.

Tab. 3–34
Zuordnung von COSOs
»Points to Consider« zu
CobiT-Kontrollzielen

Zu berücksichtigende Kontrollfragen		CobiT 4.0-Kontrollziel	Ergebnis
1.	**Kontrollumgebung (Control Environment)**		
1.1	Strategische IT-Planung		
1.1.1	Existiert ein strategischer IT-Plan mit hohem IT-Alignment	PO 1.4	
1.1.2	...		
1.2	IT Prozesse und Organisation		
1.2.1	Sind Rollen und Verantwortungen definiert?	PO 4.6	
1.2.2	...		→

Zu berücksichtigende Kontrollfragen		COBIT 4.0- Kontrollziel	Ergebnis
2.	**Information und Kommunikation (Information and Communication)**		
2.1	Vermittlung von Managementzielen und Ausrichtung		
2.1.1	Werden Regeln, Verfahren und Standards regelmäßig überprüft ?	PO 6.3	
2.2.2	Werden die Verpflichtungen hinsichtlich SOX seitens des Managements verstanden?	ME 3.1 ME 3.2	
...	...		
3.	**Risikobewertung (Risk Assessment)**		
3.1	Analyse und Management der Risiken		
3.1.1	Werden ...	...	
...	...	...	
4.	**Überwachung (Monitoring)**		
4.1	Qualitätsmanagement		
4.1.1	Sind ..	...	
...	...	...	

Identifizierung von Application Controls

Die Identifizierung von Application Controls (z.B. für das im Sarbanes-Oxley Act geforderte Reporting) bildet einen kritischen Schritt beim Aufbau eines Control Frameworks. Auf dieser Grundlage lassen sich dann übergreifende Controls (General Controls) identifizieren, von denen andere IT-Controls abhängig sind.

Application Controls werden unterteilt in automatisierte Application Controls, die Teil einer Anwendung sind, in hybride Controls, die manuell, aber mit IT-Unterstützung ausgeführt werden, und in manuell auszuführende Controls. Sowohl der Aufwand für Dokumentation als auch der für das Testen [ITGI 2006f, S. 84] der manuellen oder hybriden Controls ist nach einer Auswertung des ITGI deutlich höher zu veranschlagen als der für automatisierte Application Controls (vgl. Abb. 3–30).

Beispiele für automatisierte Application Controls sind in Tabelle 3–35 aufgeführt. Der dort wiedergegebene Ausschnitt aus einer Liste von Controls eines Geschäftsprozesses »Vertrieb« zeigt für verschiedene Unterprozesse die damit verbundene Zusicherung im Finanzbericht. So muss z.B. der Orderbetrag mit der Kreditlinie des Kunden verglichen werden, und es müssen Genehmigungen existieren (erstes und zweites Kontrollziel in Tab. 3–35).

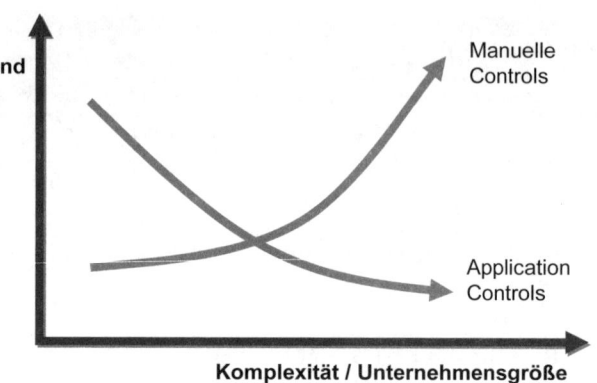

Applikations-Kontrollziele im Bereich Vertrieb	
Exemplarische Kontrollziele	**Zusicherungen im Finanzbericht**
Bestellungen werden nur innerhalb des Kunden-Kredit-rahmens verarbeitet	Bewertung
Bestellungen werden vom Management unter Berücksichtigung von Preisen und Geschäftsbedingungen genehmigt	Existenz
Bestellungen (und ihre Stornierung) werden korrekt verarbeitet	Bewertung
Bestellungsdaten werden vollständig und korrekt zur Auslieferung und Rechnungsstellung übertragen	Bewertung Vollständigkeit
Alle Kundenbestellungen werden erfasst und verarbeitet	Existenz
Rechnungen werden unter Heranziehung der vereinbarten Bedingungen und Preise erstellt	Bewertung
...	

◼ **Identifizierung übergreifender Controls**

Übergreifende Controls sind solche, die zur zuverlässigen Ausführung der Application Controls unerlässlich sind. Es sind z.B. übergreifende Sicherheitsmaßnahmen zu ergreifen, damit Datenbanksysteme vor unberechtigtem Zugriff geschützt sind und die Ordnungsmäßigkeit der Finanzberichterstattung (an dieser Stelle) nicht gefährdet werden kann. Der übergreifende Charakter dieser Controls schafft im Fall der fehlerhaften oder unzureichenden Implementierung das Potenzial für das vielfältige Versagen von Application Controls.

◼ **Klassifizierung der Controls**

Der Identifikation von Controls sollte deren Klassifikation in relevante und weniger relevante Controls folgen. Die Einschätzung der Relevanz kann nur das Unternehmen selbst treffen. Relevant sind solche, von denen die Ordnungsmäßigkeit der Finanzberichterstat-

tung abhängt und mit denen die größten Risiken verbunden sind,
wenn sie nicht oder unzureichend implementiert sind.

■ **Berücksichtigung von Controls zur Betrugsvermeidung**
Nicht zuletzt weil diese Regulierungsinitiative durch betrügerisches
Verhalten in diversen Unternehmungen ausgelöst wurde, legt der
Sarbanes-Oxley Act besonderen Wert auf Controls, die Betrug ver-
hindern (*Antifraud Controls*).

Ein Beispiel dafür ist die Durchsetzung von Aufgabenteilungen
durch die erzwungene, personenbezogenene Autorisierung von
Transaktionen oder Zugangsbeschränkungen zu Systemen und/oder
Räumen.

■ **Dokumentation der Controls**
Weder fordert der PCAOB eine bestimmte Form der Dokumentation, noch spezifiziert er den Umfang, der als unternehmensabhän-
gig angenommen wird. Vielmehr beruft er sich auf den Grundsatz,
dass die Dokumentation geeignet sein sollte, dem externen Auditor
hinreichend Informationen bereitzustellen, um den Entwurf zu
begutachten und die Wirksamkeit der IT-Controls zu testen.

3.7.2.5   Evaluierung der Effektivität der Controls

Der Überprüfung, ob implementierte Controls ihren Zweck erfüllen,
sollte die Überprüfung ihres Entwurfs bzw. der ihm zugrundeliegenden
Annahmen vorangehen. Dieser Schritt zwingt das Management eines
Unternehmens, die Attribute der IT-Controls – als verhindernd, aufde-
ckend, automatisiert, manuell usw. – zu hinterfragen.

Beispielsweise kann in einem Change-Management-Prozess die Integration einer unautorisierten Applikationskomponente in den operativen Betrieb durch die Integration eines Controls unterbunden werden.

Der Entwurfsprozess ist auch deshalb von hoher Bedeutung, weil   *Entwurf*
die IT-Controls einen Teil der gesamten Architektur der Steuerungs-
und Kontrollelemente eines Unternehmens darstellen.

Zur Bewertung des Reifegrades dieser Architektur schlägt ITGI ein
Modell vor (vgl. Abb. 3–31). Die Einordnung eines Unternehmens
(bzw. eines Unternehmensbereiches) auf einer der sechs Maturitätsstufen ist ein Indikator für das Risiko, inwieweit den Regulierungsanforderungen nicht entsprochen wird – im vorliegenden Fall denen des Sarbanes-Oxley Acts (vgl. Tab. 3–36).

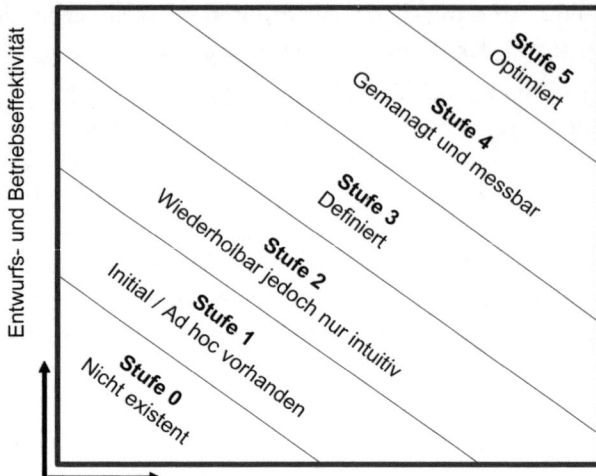

Abb. 3–31

*Reifegrade von
IT-Control-Umgebungen*

Stufe 0 Nicht existent	Stufe 1 Initial/Ad hoc vorhanden	Stufe 2 Wiederholbar jedoch nur intuitiv	Stufe 3 Definiert	Stufe 4 Gemanagt und messbar	Stufe 5 Optimiert
Charakteristik Ein erkennbarer Kontrollprozess oder Kontroll-prozeduren existieren nicht. Die Organisation hat auch den Bedarf dafür nicht erkannt. ...	Es existieren Hinweise, dass die Organisation die Notwendig-keit für Controls und die dazu-gehörigen Prozeduren anerkennt. Die Prozeduren und Verfahren sind jedoch nicht implementiert.	Controls und zugehörige Verfahrens-anweisungen sind etabliert, jedoch nicht vollständig dokumentiert. ... Mitarbeiter sind z.T. nicht über ihre Verant-wortungen hin-sichtlich der Controls informiert. ...	Controls and zugehörige Verfahrens-anweisungen sind etabliert und hinreichend vollständig dokumentiert. ... Mitarbeiter sind über ihre Verant-wortungen hinsichtlich der Controls informiert. ...	... Ein Prozess zur Behandlung von Ereignissen und zur Information darüber existiert, ist hinreichend dokumentiert und überwacht, jedoch fehlt eine kontinuierliche Re-Evaluierung zur Berücksichti-gung organisato-rischer Verände-rungen.	... Ein unter-nehmensweites Kontroll- und Risikomanage-mentprogramm zur Dokumen-tation und Re-Evaluierung der Controls existiert. ...
Sarbanes-Oxley-Implikationen Die Organisation ist in keiner Weise fähig, Compliance nachzuweisen. ...	Unzureichende Controls, Verfahren und Dokumentation erlauben keine Untermauerung von Manage-mentzusiche-rungen. ...	Obwohl Controls und zugehörige Verfahrens-anweisungen etabliert sind, erlaubt die unvollständige Dokumentation keine Manage-mentzusiche-rungen. ...	... Der Aufwand zum Testen der Controls ist signifikant hoch. ...	... Der Aufwand zum Testen der Controls ist geringer als in Stufe 3. ...	... Verbesserte Entscheidungs-findung aufgrund hochqualitativer und zeitnaher Information. Ressourcen werden effektiv und effizient eingesetzt.

Tab. 3–36 *Reifegradmodell zur Bestimmung der Qualität implementierter Kontrollen und
Auswirkungen auf SOX-Compliance*

IT-Controls müssen auf Funktion und Effektivität getestet werden. Das Ergebnis der Tests – inwieweit die Controls ihren Zweck erfüllen – ist vom Management im Rahmen eines SOX-Compliance-Auditing schriftlich zu bestätigen.

3.8   Zertifizierung und Qualifizierung

COBIT kennt keinen Zertifizierungsprozess, wie er z.B. im Qualitätsmanagement (ISO 9001) praktiziert wird. Ein Unternehmen kann jedoch eine Bestätigung der konformen COBIT-Umsetzung erlangen. Sie betrifft die Sicherheit, Qualität und Ordnungsmäßigkeit beim Einsatz der Informationstechnologie.

Unternehmens-zertifizierung nicht vorgesehen

Auditoren mit dem Recht zur Ausstellung einer Konformitätsbestätigung müssen, je nach Aufgabenstellung, über die Abschlüsse CISA (Certified Information Systems Auditor) und CISM (Certified Information Security Manager) verfügen. Beide Abschlüsse werden von ISACA vergeben.

Darüber hinaus werden vermehrt Möglichkeiten geschaffen, dass Personen mit Zertifikaten ihre Kenntnisse und Fähigkeiten nachweisen können. So bietet bspw. die deutsche Vertretung der ISACA (ISACA Germany Chapter) Zertifikate für einen »COBIT-Basic Practitioner« bzw. einen »COBIT-Practitioner« an. Eine Ausweitung des Angebots sowohl an Zertifikaten als auch an Kursen zu deren erfolgreicher Erlangung ist zu erwarten.

Persönliche Zertifizierung

3.9   Einordnung und Bewertung

Die Matrixdarstellung von Abbildung 3–32 zeigt die Einordnung des COBIT-Referenzmodells in eine Matrix mit den Dimensionen Zielkategorien der IT-Nutzung (Effizienz, Effektivität und strategischer Beitrag, vgl. Abschnitt 2.2.1) sowie (in Anlehnung an [Baurschmidt 2005]) die interne bzw. externe Orientierung. Diese Orientierung unterscheidet danach, ob ein Referenzmodell bzw. Standard nach innen, d.h. auf das Management und die Steuerung der IT selbst, oder nach außen gerichtet ist und damit direkter die Anforderungen vom Markt aufnimmt. Die Matrixdarstellung von Abbildung 3–32 verwenden wir hier und im Folgenden zur Einordnung und Klassifizierung des jeweils vorgestellten Referenzmodells bzw. Standards.

Matrixdarstellung

Aufgrund der oben diskutierten Geschäftsorientierung von COBIT wird es als im hohen Maße extern orientiert eingestuft. Gleichzeitig zielt COBIT auf eher taktische Effektivitätsverbesserungen ab und adressiert mit den IT-Governance-Kernbereichen und den geschäfts-

Einordnung von COBIT

orientierten Controls deutlicher als andere Modelle auch geschäftliche Fragen, aus denen IT-Ziele abgeleitet werden. Grundsätzliche Veränderungen wie z.B. die Etablierung eines neuen Geschäftsmodells liegen außerhalb des Gegenstandsbereichs von COBIT im Bereich des »strategischen Beitrags«.

Abb. 3–32
Einordnung von COBIT

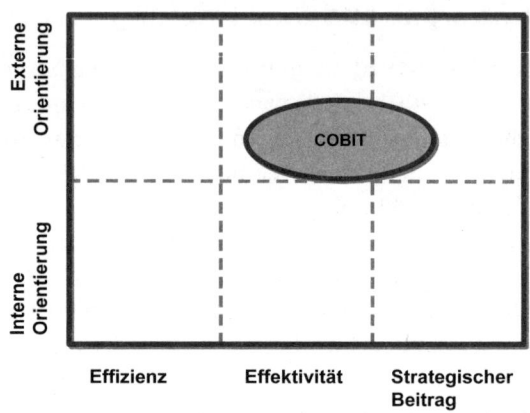

Durchgängige Systematik

Nach Einschätzung der Verfasser liegt COBIT eine in weiten Teilen sehr gut durchdachte Systematik zugrunde. Da sie, wie an verschiedenen Stellen ausführlich erläutert, an den Geschäftszielen ansetzt, ist sie geeignet, die Brücke zwischen dem Geschäftsbereich von Unternehmen und deren IT zu schlagen.

Inkonsistenzen und
Unstimmigkeiten in COBIT

Allerdings sind einige Inkonsistenzen festzustellen, die es schwierig machen, die Systematik grundlegend zu durchdringen:

- Die »IT-Goals« der ersten Seite der Prozessbeschreibung (»High-Level Control Objectives«, Abschnitt 3.4.2.1 und Abb. 3–17) sind inhaltlich nicht deckungsgleich oder erkennbar abgestimmt mit den in den Management Guidelines (vgl. Abb. 3–20) genannten »IT-Zielen«.
- In den »High-Level Control Objectives« (Abschnitt 3.4.2.1 und Abb. 3–17) operationalisieren die Metriken die IT-Controls (und nur mittelbar die IT-Goals); in den Management Guidelines dagegen werden die Metriken direkt auf die IT-Ziele bezogen und IT-Controls nicht aufgeführt.
- Die »Aktivitätsziele« der »Management Guidelines« sollen offenbar deckungsgleich mit den »Key Controls« des High-Level-Kontrollziels sein. Die ist meist der Fall, jedoch führen Ausnahmen von dieser Regel zur Irritation des Lesers (z.B. im IT-Prozess AI7).
- Innerhalb der »Management Guidelines« scheinen die »Aktivitäten« und die »Aktivitätsziele« nicht inhaltlich miteinander abgestimmt zu sein.

Einige der Begriffe und Konzepte sind also nicht wirklich klar definiert *Zweideutigkeiten* und voneinander abgegrenzt, und auch in den jeweils unter einem Konzept behandelten Inhalten gibt es wiederum Überschneidungen, die nicht unmittelbar verständlich sind. Infolgedessen ist auch die Zuordnung von Zielen, Aktivitäten etc. nicht immer eindeutig.

Ein weiterer Kritikpunkt ist, dass einige Komponenten keine *»Veraltete« Komponenten* aktive Rolle im Referenzmodell mehr zu spielen scheinen. Trotzdem sind sie im Dokument aufgeführt, dem Leser wird aber keine Hilfestellung zu Verständnis und Einordnung in das Gesamtbild gegeben.

Vor diesem Hintergrund sollten bei einer neuen Version von COBIT derartige Inkonsistenzen, Zweideutigkeiten und sprachliche Unschärfen vermieden werden, damit das Referenzmodell seine grundsätzliche Stärke auch im Detail realisieren kann.

Wünschenswert wäre es, wenn dem Anwender von COBIT 4.0 mehr methodische Unterstützung an die Hand gegeben würde. Beispielsweise findet sich keine Unterstützung für die Ableitung von IT-Zielen aus Geschäftszielen. Auch Fragen der Messung und Operationalisierung werden höchstens am Rande betrachtet, sodass ein ergänzender Methodeneinsatz und eine zusätzliche Werkzeugunterstützung für den produktiven Einsatz unverzichtbar sind.

3.10   Die inkrementell verbesserte Version COBIT 4.1

Eine Aktualisierung von COBIT 4.0 erschien während der Endredaktion dieses Buches als COBIT 4.1 [ITGI 2007b]. Die inkrementelle Überarbeitung hat die grundlegenden Strukturen des Referenzmodells unberührt gelassen.

Eine strukturell unbedeutende, inhaltlich jedoch wichtige Veränderung erfuhr der IT-Prozess ME 3. Er wurde von »Compliance gewährleisten« (Ensure regulatory compliance) zu »Compliance mit externen Anforderungen gewährleisten« (Ensure compliance with external requirements) umbenannt und um vertragsrechtliche Anforderungen erweitert. Damit werden u.a. auch neue Sourcing-Modelle stärker einbezogen.

Nachgeordnete Änderungen betreffen die Neugruppierung einiger detaillierter Kontrollziele:

- AI 5.5 und AI 5.6 wurden mit AI 5.4. verschmolzen,
- AI 7.9, AI 7.10 und AI 7.11 wurden mit AI 7.8 verschmolzen.

Weitere Modifikationen betreffen die Erweiterung des »Executive Overview« und Verbesserungen in den Darstellungen zu Zielen und Metriken. Die Liste der Application Controls wurde gekürzt.

Zudem wurde in der Definition eines Kontrollziels die Managementsicht stärker herausgestellt. Abweichend von der bisherigen Formulierung, dass Kontrollziele generische Best-Practice-Steuerungsvorgaben für alle IT-Aktivitäten umfassen, wird in COBIT 4.1 zum Ausdruck gebracht, dass sie *High-Level-Anforderungen* für eine *effektive* Kontrolle der IT-Prozesse repräsentieren.

4 Das Val-IT-Referenzmodell

Wie bereits verdeutlicht wurde, stehen Planung und Betrieb von IT-Systemen zunehmend unter der Anforderung, den durch IT-Systeme erzielbaren bzw. erzielten (Wert-)Beitrag zum Unternehmenserfolg zu begründen und zu beziffern (vgl. Abschnitt 2.2).

Realisierung eines Wertbeitrags durch IT

Um diesem Bedarf stärker Rechnung zu tragen, hat das ITGovernance Institute (ITGI), der Herausgeber von COBIT, mit einer Reihe internationaler Firmen und Institutionen die Initiative »Enterprise Value: Governance of IT Investments« kurz »Val-IT« [ITGI 2006a] ins Leben gerufen. Gegenstand ist die Verbesserung der systematischen Behandlung der mit der Realisierung eines angemessenen Wertbeitrags zusammenhängenden Fragestellungen unter Einbeziehung des COBIT-Referenzmodells.

Val-IT-Initiative

4.1 Einleitung und Übersicht

Val-IT ist als Referenzmodell konzipiert. Es basiert auf dem COBIT-Referenzmodell und bildet dessen Grundkonstrukte, die IT-Prozesse, in drei Anwendungsbereichen, den sogenannten Managementprozessen, ab. Auf diesen werden die Prinzipien zur Ermittlung des Wertbeitrages angewendet. Diese Managementprozesse sind »Werte-Governance«, »Portfoliomangement« und »Investitionsmanagement«. Das Ziel der Val-IT-Initiative ist also ein Referenzmodell zur Messung, Überwachung und Optimierung von geschäftlichen Wertbeiträgen durch IT-Investitionen.

Val-IT-Zielsetzungen

Zu dieser Initiative liegen seit 2006 drei Dokumente vor:

Val-IT-Dokumente

1. Enterprise Value: Governance of IT Investments – The Val IT Framework [ITGI 2006a]: Eine Beschreibung des Referenzmodells.[1]
2. Enterprise Value: Governance of IT Investments – Business Case [ITGI 2006b]: Eine Darstellung zur Entwicklung einer in die IT-Governance-Praxis integrierten geschäftlichen Planung.

3. Enterprise Value: Governance of IT Investments – The ING Case Study [ITGI 2006c]: Eine Fallstudie, die mit der ING Bank durchgeführt wurde (im Folgenden nicht betrachtet).

Finanzielle Wirkungs-
zusammenhänge der IT

Das Val-IT-Referenzmodell legt die Grundlage zur Analyse der finanziellen Wirkungszusammenhänge der IT-Governance. Drei zentrale Bereiche werden dazu betrachtet:

- Governance der Wertbeiträge der IT (Value Governance)
- Portfoliomanagement
- Investitionsmanagement

Zentrale Fragestellungen

Das Val-IT-Referenzmodell ist – analog zu COBIT – industrieunabhängig und bietet im jetzigen Stadium weniger ein geschlossenes Vorgehensmodell als vielmehr ein Grundgerüst mit nützlichen Hinweisen, die von Unternehmen und Organisationen zur Ergänzung eigener Methoden, insbesondere in den Bereichen Kosten-/Ertragsanalyse, Strategie-Alignment und Risikomanagement, aufgegriffen werden können. Ein Vergleich bzw. Benchmarking über Bereichs- oder Unternehmensgrenzen hinweg ist ähnlich wie für COBIT auch für Val-IT vorgesehen.

Während COBIT ein umfassendes Referenzmodell für IT-Governance bieten soll, beantwortet Val-IT spezifischere Fragestellungen im Zusammenhang mit IT-Investitionen. Konkret beziehen sich diese auf zwei Bereiche:

- **Investitionsentscheidungen**
  Werden die richtigen Maßnahmen ergriffen?

- **Ertragsrealisierung**
  Werden Erträge wie gewünscht erwirtschaftet?

In Verbindung mit den zentralen Problemstellungen der IT-Governance in COBIT ergibt sich eine Kette von vier zentralen Fragen, die die Grundlage für einen Steuerungsprozess der IT-Investitionen bilden. Diese bauen aufeinander auf und beziehen sich auf die Effektivität (Strategie zur Umsetzung geschäftlicher Ziele), die Effizienz (Alignment mit Investitionszielen und anderen Initiativen), die Lieferfähigkeit (Leistungsfähigigkeit der eingesetzten Ressourcen) und den Wertbeitrag der IT (Verantwortungen und Kompetenzen zur Erzielung gewünschter wirtschaftlicher Erträge) in einem Unternehmen (vgl. Abb. 4–1).

---

1. Das Referenzmodell befindet sich noch in einem recht frühen Entwicklungsstadium, sodass der Begriff »Referenzmodell« nicht mit zu hohen Erwartungen verbunden werden sollte.

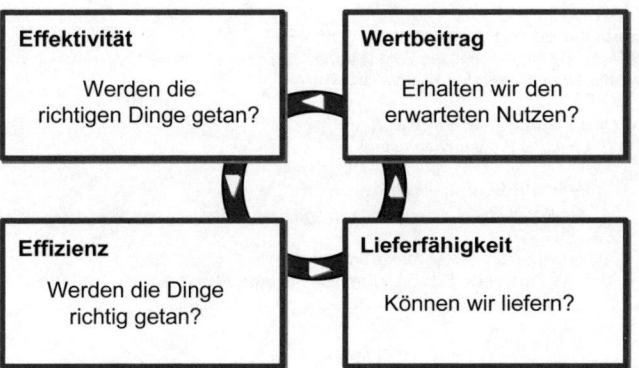

Abb. 4–1
Relevante Fragen in Bezug auf IT-Investitionen

Val-IT soll unter Bezugnahme auf das COBIT-Referenzmodell, dessen Kontrollziele sowie Controls das Management auf der Geschäfts- und der IT-Seite auf unterschiedlichen Ebenen und in verschiedenen Positionen (wie z.B. Vorstand, Leitung der Entwicklung, Einkauf, IT) dabei unterstützen, Wertbeiträge aus der IT zu erzielen und die Prozesse dazu messbar, steuerbar und optimierbar zu gestalten [ITGI 2006a]. *Ziele von Val-IT*

Der Wertbeitrag der IT beschränkt sich allerdings nicht auf die finanziell direkt messbaren Beiträge, obwohl diese in gewinnorientierten Unternehmen und Organisationen in der Regel im Vordergrund des Interesses stehen. Dort wird darunter die Gewinnzunahme infolge einer IT-Investition verstanden. In Non-Profit-Organisationen, wie z.B. im öffentlichen Dienst, wird der Wertbeitrag anhand verschiedener – oft nicht finanzieller – Kennzahlen und Indikatoren gemessen. *Wertbeitrag*

In jedem Fall sollte der Wertbeitrag anhand der Verbesserung eines Unternehmens in seiner Fähigkeit, gesetzte geschäftliche Ziele zu erreichen, messbar sein.

4.2 Aufbau des Val-IT-Referenzmodells

Die strukturbildenden Komponenten des Val-IT-Referenzmodells sind die Val-IT-Leitprinzipien (Guiding Principles) und die Val-IT-Prozesse, die sich wiederum in Schlüssel-Managementpraktiken untergliedern. Die Leitprinzipien dienen der Umsetzung geschäftlicher Ziele. Sie werden durch Managementpraktiken realisiert, und ihre Umsetzung wird durch Metriken überwacht und gesteuert. *Komponenten von Val-IT*

Die Anlehnung an COBIT und die Ähnlichkeit im Aufbau der Val-IT- und COBIT-IT-Prozesse macht Abbildung 4–2 deutlich.

Abb. 4–2
Zusammenhang
zwischen geschäftlichen
Zielsetzungen, Prinzipien
des Wertemanangements,
Schlüssel-Management-
praktiken und
COBIT-IT-Prozessen

Val-IT unterstützt das geschäftliche Ziel
der Realisierung eines optimalen Wertbeitrages durch geschäftliche IT-Investitionen
mit hinnehmbaren Kosten bei akzeptablen Risiken

und wird dabei geleitet durch
Prinzipien des Wertemanagements

die ermöglicht werden durch
Schlüssel-Managementpraktiken und dazu in Beziehung stehende COBIT-Prozesse

die gemessen werden durch
finanzielle Erträge, nicht monetär messbare Resultate und Leitungsmetriken

Die Val-IT-Leitprinzipien und die dazu konformen IT-Prozesse werden im Folgenden dargestellt.

4.2.1   Val-IT-Leitprinzipien

Prinzipien der
IT-Investitionen

Die Prinzipien dienen als A-priori-Annahmen, die für die erfolgreiche Umsetzung der Val-IT-Prozesse (bzw. Schlüssel-Managementpraktiken) erfüllt sein müssen. Sie umfassen das Einsatzfeld der IT-Investitionen und die Aufgaben des Managements:

Val-IT-Prinzipien

- IT-Investitionen werden als Portfolio verwaltet.
- IT-Investitionen umfassen alle notwendigen Aktivitäten, um die gewünschten geschäftlichen Resultate zu erzielen.

Mit diesen beiden Prinzipien wird die Grundlage für ein umfassendes Management der Investitionen gelegt. Diese werden in einem Portfolio geführt, und sie decken ab, was für die betrachteten Geschäftätigkeiten an IT-Ressourcen benötigt wird. Weitere Prinzipien sind:

- IT-Investitionen werden über ihren gesamten Lebenszyklus hinweg gemanagt.
- Das Management des Wertbeitrages berücksichtigt unterschiedliche Arten von Investitionen, die verschieden zu bewerten und zu managen sind.
- Definierte Schlüsselmetriken ermöglichen eine schnelle Reaktion auf Veränderungen oder Abweichungen von Zielgrößen.
- Mittelbar und unmittelbar Beteiligten (Stakeholdern) werden angemessene Verantwortung und Rechenschaftspflichten zugewiesen.
- Das Wertemanagement wird kontinuierlich überwacht, bewertet und verbessert.

4.2.2 Val-IT-Prozesse

Vor dem Hintergrund der Leitprinzipien wurden die folgenden drei »Val-IT-Prozesse« identifiziert. Sie bilden die »Kernprozesse« und sollen die Erwirtschaftung eines »Return on Investments« verbessern helfen:

■ Werte-Governance (Value Governance)
■ Portfoliomanagement
■ Investitionsmanagement

4.2.2.1 Werte-Governance

Mit diesem Val-IT-Prozess wird das Ziel verbunden, die IT-Investitionen in Unternehmen zu optimieren. Folgende Maßnahmen stehen dabei im Mittelpunkt:

Optimierung von IT-Investitionen

■ Einrichtung und Nutzung von Controls (*Control Framework*) zur Überwachung und Steuerung der IT
■ Definition einer Strategie bzw. hinreichende Klarheit über die strategische Richtung der IT-Investitionen
■ Definition der Eigenschaften des Investitionsportfolios

4.2.2.2 Portfoliomanagement

Das Portfoliomanagement zielt auf die Ausrichtung aller im Portfolio enthaltenen IT-Investitionen auf die strategischen Unternehmensziele und die Erwirtschaftung eines optimalen geschäftlichen Beitrages mit ihnen. Dies wird u.a. durch die folgenden Maßnahmen erreicht:

Aufgaben des Portfoliomanagements nach Val-IT

■ Aufbau und Management von Ressourcenprofilen
■ Definition von Investitions-Schwellenwerten
■ Bewertung, Priorisierung, Auswahl oder Ablehnung von Investitionen
■ Management des gesamten Portfolios als Einheit
■ Überwachung und Berichterstattung zur Leistung des Portfolios

Die Programme (Kombination von Projekten) eines Investitionsportfolios sind über ihren gesamten Lebenszyklus Gegenstand des Portfoliomanagements. Darin ist die optimale Allokation von Ressourcen ebenso enthalten wie das Risikomanagement.

Das Portfoliomanagement in Val-IT zielt grundsätzlich auf ein »balanciertes« Portfolio ab und berücksichtigt verschiedene Investitionskategorien mit unterschiedlicher inhärenter Qualität und Freiheitsgraden hinsichtlich der Zuordnung.

Portfolien sind aktiv zu managen, d.h., die in sie aufgenommenen Programme sind an geänderte geschäftliche Bedingungen anzupassen und abhängig von ihrer Leistungsfähigkeit zu modifizieren bzw. aus dem Portfolio zu entfernen.

4.2.2.3 Investitionsmanagement

Das Investitionsmanagement (Investment Management) dient der Erzielung größtmöglichen Nutzens aus den IT-Investitionen eines Unternehmens bei akzeptablen Kosten und bekannten bzw. akzeptierbaren Risiken. Die folgenden Maßnahmen sind charakteristisch für das Investitionsmanagement:

- Identifizierung von geschäftlichen Anforderungen
- Analyse der zur Verfügung stehenden Investitionsalternativen
- Entwicklung eines Geschäftsplans (Business Case)
- Zuordnung von Verantwortungen und Rechenschaftspflichten
- Management eines Programms (mehrere zusammengefasste Projekte) durch seinen gesamten Lebenszyklus
- Überwachung der und Berichterstattung zur Leistungsfähigkeit

Im Val-IT-Referenzmodell [ITGI 2006a] konstituiert sich das Investitionsmanagement aus drei wesentlichen Komponenten:

1. Dem Business Case zur Unterstützung der Auswahl von Investitionsmaßnahmen
2. Dem Programmmanagement zur Umsetzung der in Programmen gebündelten Projekte
3. Der Nutzenrealisierung zur aktiven Erwirtschaftung der projektierten Nutzenpotenziale

Business Case

Ziele eines Business Case

Geschäftspläne bzw. Business Cases dienen der Absicherung von Investitionsentscheidungen und der Prognose von Geschäftsresultaten. Dazu müssen sie umfassenden Einblick in das Vorhaben gewähren und vergleichbar zu anderen Vorhaben dargestellt sein. Darüber hinaus sollten die in ihnen getroffenen Annahmen und Hypothesen zur Erzeugung von Wertbeiträgen validiert sein.

Programmmanagement

Programm

Die IT selbst kann keine geschäftlichen Beiträge leisten, wenn sie nicht adäquat in die Organisation und die Prozesse eingebettet ist und wenn nicht Menschen mit der richtigen Zusammenstellung an Kenntnissen und Fähigkeiten in der IT arbeiten. Für die beim Einsatz von IT notwendigen Veränderungen können mehrere Projekte, die durchaus weitgehend unabhängig voneinander umgesetzt werden können, zu einem »Programm« zusammengefasst werden. Dazu müssen personelle und sonstige Ressourcen aus verschiedenen organisatorischen Einheiten mit den IT-Verantwortlichen zusammenarbeiten und ggf. neue organisatorische Einheiten geschaffen werden.

Nutzenrealisierung

Der Geschäftsplan oder »Business Case« legt bereits die Grundlage für Erfolg und Misserfolg einer Investition. Es wird angenommen, dass in der Unternehmenspraxis die Kompetenz zur Erstellung von umfassenden und vergleichbaren Business Cases noch wenig entwickelt ist [ITGI 2006a].

Business Cases sind wichtig, weil sie die Annahmen zur Erzielung eines Wertbeitrages einer Investition festhalten. Um die Wahrscheinlichkeit für die Erzielung eines Wertbeitrages zu erhöhen, sind diese Annahmen umfangreichen Überprüfungen zu unterziehen. Dazu sind qualitative und quantitative Indikatoren zu identifizieren. Ihre Anwendung erlaubt dann die Erstellung einer gut begründeten Entscheidungsgrundlage für Investitionen.

Kontinuierliches Management von Programmen

4.2.3 Schlüssel-Managementpraktiken

Val-IT-Prozesse bzw. Schlüssel-Managementpraktiken im Sinne des Val-IT-Referenzmodells sind Prozesse, deren Anwendung sich als Erfolg versprechend erwiesen hat. Für die drei bereits eingeführten Val-IT-Prozesse (vgl. Abb. 4–3) wurden sogenannte Schlüssel-Managementpraktiken definiert, die unerlässlich für das Wertemanagement einschließlich Investitionen und Portfolioverwaltung sind und in ihrer Gesamtheit einen ganzheitlichen methodischen Ansatz für das Wertemanagement ergeben sollen.

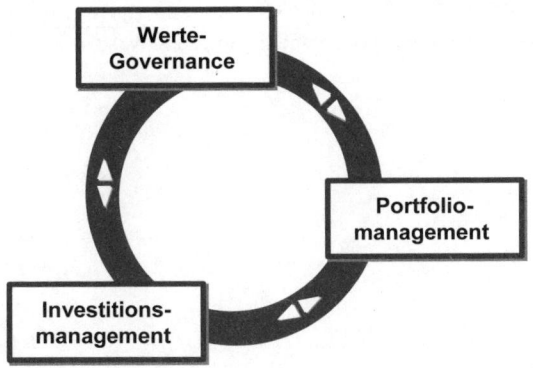

Abb. 4–3
Zentrale Prozesse des Val-IT-Referenzmodells

Im Folgenden werden die Schlüssel-Managementpraktiken der in Tabelle 4–1 dargestellten drei Val-IT-Prozesse aufgeführt:

Werte-Governance (Value Governance)	
VG 1	Sicherstellen einer informierten und sich verpflichtenden Leitung der IT
VG 2	Definition und Implementierung der IT-Prozesse
VG 3	Definition von Rollen und Verantwortungen
VG 4	Sicherstellen einer angemessenen und akzeptierten Rechenschaftspflicht
VG 5	Definition von Informationsanforderungen
VG 6	Etablieren eines Berichtswesens
VG 7	Etablieren organisatorischer Strukturen
VG 8	Festlegen der strategischen Richtung
VG 9	Definition von Investitionskategorien
VG 10	Festlegen eines Zielportfolios
VG 11	Festlegen von Bewertungskriterien je Kategorie

Portfoliomanagement	
PM 1	Pflegen eines Personalregisters
PM 2	Identifizieren von Ressourcenanforderungen
PM 3	Durchführen einer Lückenanalyse
PM 4	Entwickeln eines Ressourcenplans
PM 5	Überwachen der Ressourcenanforderungen und -nutzung
PM 6	Definition von Investitions-Schwellenwerten
PM 7	Bewerten des initialen Business Case für ein Investitionsprogramm
PM 8	Betrachten des Business-Case-Programms
PM 9	Erstellen eines Portfolioüberblicks
PM 10	Treffen und Kommunizieren von Investitionsentscheidungen
PM 11	Finanzielle Ausstattung individueller Programme
PM 12	Optimieren der Portfolioleistung
PM 13	Repriorisieren des Portfolios
PM 14	Überwachen und Berichterstattung zum Portfolio

Investitionsmanagement	
IM 1	High-Level-Definition der Investitionsoptionen
IM 2	Entwickeln eines initialen Business Case
IM 3	Entwicklung eines klaren Verständnisses des betrachteten Programms
IM 4	Analyse von Alternativen
IM 5	Programmplanung
IM 6	Ermittlung eines Nutzenplans
IM 7	Ermitteln der Lebenszykluskosten und -erträge
IM 8	Entwickeln eines Business Case für das Investitionsprogramm
IM 9	Zuordnung von Verantwortungen und Rechenschaftspflichten
IM 10	Planung und Initialisierung des Programms
IM 11	Management des Programms
IM 12	Management und Überwachung der Nutzen/Erträge
IM 13	Pflegen des Business Case
IM 14	Überwachen und Berichterstattung zur Leistung des Programms
IM 15	Beenden des Programms

Tab. 4–3
Die Schlüssel-Managementpraktiken des Val-IT-Prozesses Investitionsmanagement

Die mit diesen Praktiken verbundenen Detailaufgaben werden in Val-IT weiter verdeutlicht, wie sich unten zeigen wird. Allerdings geschieht dies bislang nicht in einer Tiefe, die eine schlüssige Umsetzung ohne erhebliches Zutun erlaubt.

4.3   Beziehung zwischen CoBiT und Val-IT

Da Val-IT CoBiT gewissermaßen um ein betriebswirtschaftliches Brennglas [ITGI 2006a] ergänzen soll, wird im Val-IT-Referenzmodell eine Beziehung zwischen den beschriebenen Val-IT-Prozessen und den CoBiT-Kontrollbereichen hergestellt (vgl. Abb. 4–4, zu den CoBiT-Kontrollbereichen Abschnitt).

Eine detaillierte Zuordnung ist im Val-IT-Dokument [ITGI 2006a] zu finden. Sie stellt die Beziehung zwischen den Managementpraktiken, den CoBiT-IT-Prozessen und einer RACI-Tabelle her, wobei Letztere die Verantwortlichkeiten für einen IT-Prozess beschreibt [ITGI 2005a].

Tabelle 4–4 enthält einen beispielhaften Ausschnitt der Mappingtabellen, die Val-IT-Managementpraktiken mit den genannten CoBiT-Komponenten in Beziehung setzen.

Detailliertere Zuordnung Val-IT zu CoBiT

Abb. 4–4

Beziehung zwischen
COBIT und Val-IT

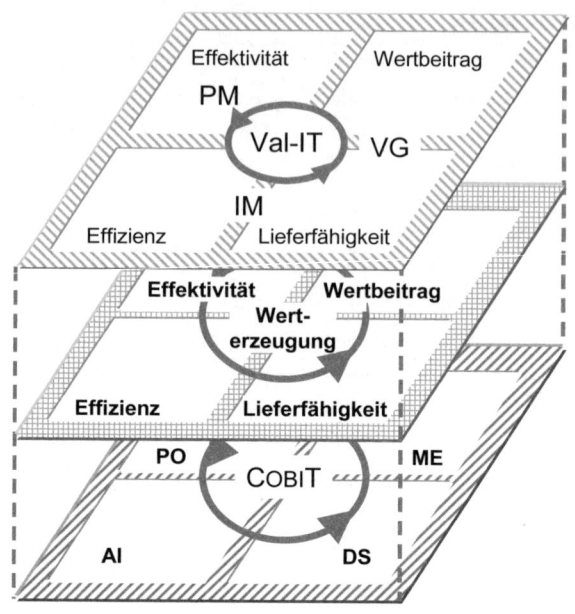

Process: Value Governance (VG)					
Process Description	**Key Management Practices**	**COBIT Cross-references**	**RACI Chart**		
			Exec	**Bus**	**IT**
Establish governance, monitoring and control framework. Establish strategic direction. Establish portfolio.	**VG1 Ensure informed and committed leadership.** The reporting line of the CIO should be commensurate with the importance of IT within the enterprise. All executives should have a sound understanding of strategic IT issues, such as dependence on IT, and technology insights and capabilities, so there is a common and agreed understanding between the business and the IT function regarding the potential impact of IT on the business strategy. The business and IT strategy should be integrated, clearly linking enterprise goals and IT goals, and should be broadly communicated.	Primary: PO1.2, PO1.4, PO4.4, ME4.1, ME4.2	A7R	C	C
	VG2 Define and implement processes. Define, implement and consistently follow processes that provide for clear and active linkage amongst the enterprise strategy, the portfolio of IT-enabled investment programmes that execute the strategy, the individual investment programmes, and the business and IT projects that make up the programmes. The processes should include planning and budgeting, prioritization of planned and current work within the overall budget, resource allocation consistent with the priorities, stage-gating of investment programmes, monitoring and communicating performance, taking appropriate remedial action, and benefits management so there is an optimal return on the portfolio and on all IT assets and services.	Primary: PO4.1, ME1.1, ME1.3, ME4.1 Secondary: PO5.2, PO5.3 PO5.4, PO5.5, PO10.2	A	R	C

Tab. 4–4   *Val-IT-Prozesse, Managementpraktiken und zugeordnete COBIT-Prozesse*

4.4 Der Business Case

Wegen des hohen Stellenwertes, den der Business Case im Val-IT-Referenzmodell und in der strategischen Steuerung des Wertbeitrages der IT einnimmt, werden seine Aufgabenstellung und das Vorgehen bei seiner Erstellung im Folgenden kurz dargestellt.

Dabei ist anzumerken, dass die Darstellungen zum Business Case in dem dafür vom IT Governance Institute herausgegebenen Dokument [ITGI 2006b] auch ohne das Val-IT-Referenzmodell Gültigkeit besitzen. Im gleichen Sinne – nämlich als Exkurs – sind die folgenden Ausführungen zu verstehen. *Gültig auch ohne Val-IT-Referenzmodell*

4.4.1 Ziele, Nutzen und Aufgaben

In einem Business Case werden die geschäftlichen Erwartungen zu geplanten IT-Investitionen und die realisierten Erträge zusammengefasst. Es handelt sich also nicht um ein statisches Dokument, sondern um ein Instrument zur Sicherstellung, dass eine Investition einen geplanten Wertbeitrag auch erzielen kann. *Zielsetzung*

Trotz seines hohen praktischen Nutzens wird der Business Case häufig als bürokratisches Hindernis gesehen, das möglichst schnell und mit geringem Aufwand zu bewältigen ist. *Nutzen*

Ein Business Case soll grundsätzlich über den Lebenszyklus einer Investition hinweg die folgenden vier Fragenkomplexe beantworten: *Aufgaben*

Effektivität

- Befinden sich die Investitionsziele in Übereinstimmung mit den langfristigen Geschäftszielen?
- Sind alle Teile konsistent mit den Geschäftsprinzipien?
- Tragen die Investitionen zu den strategischen Geschäftszielen bei?
- Wird ein optimaler Wertbeitrag bei akzeptablen Kosten und Risiken erzielt?

Effizienz

- Befinden sich die Investitionen in Übereinstimmung mit der gewählten Geschäfts- und IT-Architektur?
- Sind alle Teile konsistent mit den Architekturprinzipien?
- Entsprechen die Investitionen der Architekturplanung?
- Passen die Investitionen zu weiteren verfolgten Initiativen?

Lieferfähigkeit

- Gibt es effektive und diszipliniert ausgeführte Management-, Change- und Lieferprozesse?
- Sind die Ressourcen für diese Prozesse vorhanden?

   ▨ Sind die Ressourcen und Kompetenzen zu ihrer Ausführung vorhanden bzw. hinreichend entwickelt?

   ▨ Sind die organisatorischen Maßnahmen getroffen, um Ressourcen und Kompetenzen zielgerecht einzusetzen?

Wertbeitrag

   ▨ Gibt es ein klares und übereinstimmendes Verständnis zu dem erwarteten Investitionsnutzen?

   ▨ Gibt es eine unmissverständliche Aufgaben- und Verantwortungszuordnung?

   ▨ Existieren relevante Metriken?

   ▨ Ist ein Prozess zur Realisierung des Wertbeitrages etabliert?

Investitionsentscheidung   Business Cases dienen zunächst als Entscheidungsgrundlage, ob eine IT-Investition zu tätigen ist oder ob sie unterbleibt, weil die zu erwartenden Resultate gering ausfallen und/oder die Risiken zu hoch erscheinen.

4.4.2   Komponenten des Business Case

Nach Val-IT [ITGI 2006b] erfolgt die Entwicklung des Business Case top-down. Vorantreiben sollte sie idealerweise der »Sponsor« auf der Geschäftsseite. Alle, deren Interessen von einer Investition berührt werden (Stakeholder), sollten involviert sein und bei der Erstellung des Business Case ein möglichst klares Verständnis zu den Auswirkungen der Investitionen über deren gesamte Lebenszeit hinweg entwickeln. Dies bedeutet, dass die geschäftlichen, technischen und operativen Nutzen und Risiken verstanden und weitgehend in quantifizierbare bzw. messbare Größen übersetzt werden. Alle organisatorischen Maßnahmen zum Aufbau benötigter Kompetenzen (im Sinne personeller, operativer und technischer Kenntnisse und sonstiger umsetzungsrelevanter Potenziale) müssen berücksichtigt und mit bereits vorhandenen Kompetenzen abgeglichen werden.

Ressourcen   Der Business Case kann also nur sinnvoll unter Beachtung der bereitstehenden Ressourcen eines Unternehmens entwickelt werden. Weiter muss berücksichtigt werden, welche geschäftlichen Resultate erwartet werden und welche geschäftlichen, operativen und technischen Fähigkeiten (Kompetenzen) für seine Umsetzung vorhanden sind (vgl. Abb. 4–5).

Entscheidungsebenen   Die Investitionsentscheidung selbst kann durchaus auf mehreren Ebenen erfolgen. Während auf der geschäftlichen Ebene die Entscheidung nach der grundsätzlichen Wünschbarkeit getroffen wird, obliegt es dem Portfoliomanagement, die Investition an anderen Initiativen zu messen und einen Abgleich damit herbeizuführen. Dieser Prozess kann durch einen Ansatz unterstützt werden, der mit normalisierten Werten arbeitet, um Vergleichbarkeit herzustellen.

Nachdem eine Investition genehmigt wurde, sind die durch sie erzielten geschäftlichen, operativen und technischen Kompetenzen, Potenziale und Ergebnisse unter Berücksichtigung des Ressourceneinsatzes in allen Phasen des Lebenszyklus beständig zu messen und zu bewerten. Da der Business Case kein statisches Dokument, sondern ein operatives Werkzeug darstellt, ist er laufend an der u.U. veränderten Realität zu überprüfen und zur Unterstützung des Portfoliomanagements heranzuziehen (vgl. Abb. 4–5).

Business Case ist operatives Werkzeug

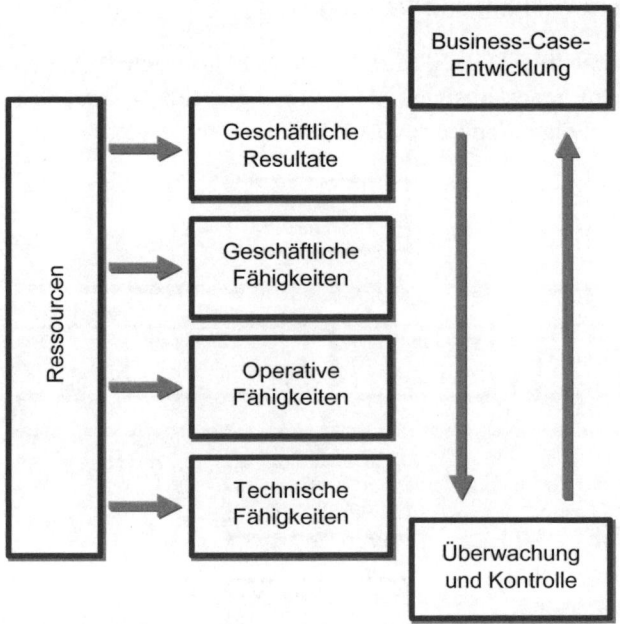

Abb. 4–5
Business Case:
Einflussgrößen und
Wechselwirkungen

Ein Business Case sollte zur Beschreibung der oben genannten Einflussgrößen die folgenden Komponenten in einem Analysemodell differenziert betrachten:

■ **Annahmen**
Hypothesen zu Randbedingungen, die zur Erzielung eines Ergebnisses aufgestellt werden und über die die Projekt- bzw. Programmsteuerung keine oder nur begrenzte Kontrolle hat. Insbesondere sind dies Risiken und Einschränkungen zu Kosten, strategischem Abgleich und Nutzenerwartungen.

▨ **Initiativen und Beiträge**
Initiativen sind alle Aspekte des Geschäfts, der Geschäftsprozesse, der Mitarbeiter, der Technologie und der Organisation, die zum gewünschten Ergebnis der Investition in deren Lebenszyklus beitragen. Initiativen liefern messbare Ergebnisbeiträge an andere Initiativen oder als Endresultat.

▨ **Resultate**
Klar formulierte, erwartete und messbare Resultate. Diese können in Zwischenresultate und Endresultate gegliedert und finanzieller oder nicht finanzieller Natur sein.

4.4.3   Entwicklung und Wartung

ITGI schlägt in [ITGI 2006b] ein Vorgehen in acht Schritten bei der Entwicklung eines Business Case vor (vgl. Abb. 4–6). Diese Schritte werden im Folgenden kurz vorgestellt.

Abb. 4–6

Acht Schritte zur Entwicklung und Wartung eines Business Case

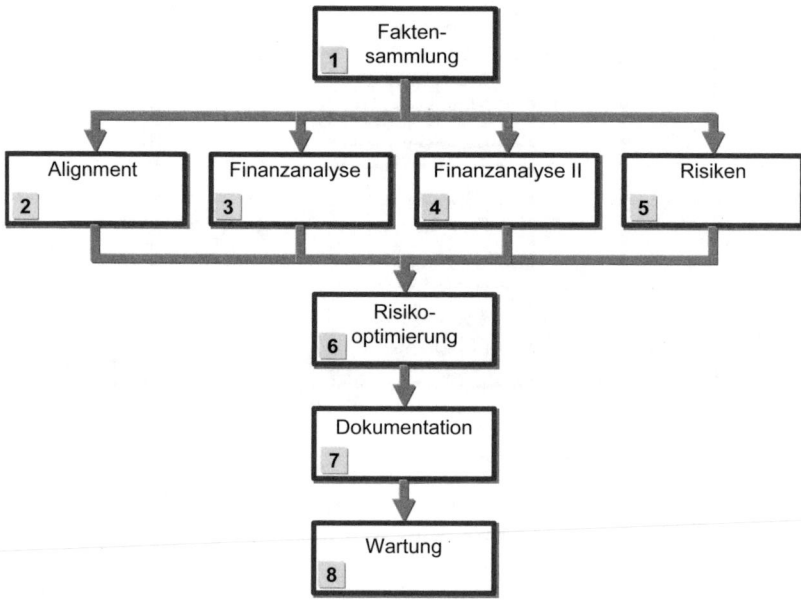

4.4.3.1   Schritt 1: Faktensammlung

Die Grundlage des Business Case wird durch die verfügbaren Fakten gebildet. Dazu gehören alle Daten:

▨ zur Analyse des strategischen Alignments, die erwartete finanziell messbare und finanziell nicht messbare Resultate repräsentieren und
▨ die die Risiken des betrachteten Investitionsprogramms wiedergeben.

Neben technischen Architekturkomponenten kommen »Best Case«- und »Worst Case«-Szenarien aus dem Systemlebenszyklus dazu, aus denen der günstigste bzw. ungünstigste Kostenverlauf für Entwicklung, Integration, Betrieb und Stilllegung abzulesen ist.

Nach hinreichender Validierung werden die Fakten tabellarisch zu einem »Fact Sheet« zusammengefasst. Dies erfolgt im Wesentlichen durch Plausibilitätsüberprüfungen, die z.B. auf Erfahrungswerten vorangegangener Projekte oder sonstigen Vergleichswerten beruhen.

Tab. 4–5
Business Case Fact Sheet

Lebenszyklus		Entwicklung		Integration		Betrieb		Stilllegung	
Fähigkeitsebene	Bewertungskriterien	BC	WC	BC	WC	BC	WC	BC	WC
Technische Fähigkeiten	Geschäftliche Zwischen- und Endresultate								
	Alignment								
	Monetär messbare Resultate								
	Monetär nicht messbare Resultate								
	Ressourcen und Aufwendungen								
	Risiken und Risikotreiber								
	Annahmen und Randbedingungen								
Operative Fähigkeiten	Geschäftliche Zwischen- und Endresultate								
	...								
Geschäftliche Fähigkeiten									
	...								

BC: Best Case
WC: Worst Case

Das Fact Sheet umfasst neben den quantifizierbaren Größen auch nichtquantifizierbare Resultaterwartungen sowie Risiken, Annahmen und Randbedingungen zu den zu entwickelnden Kompetenzen im technischen, operativen und geschäftlichen Sinne.

Kompetenzebenen

Die Bewertungen können auf den drei Kompetenzebenen (»Technische«, »Operative«, »Geschäftliche«) nach dem gleichen Raster vorgenommen werden. Im Folgenden sind einige beispielhafte Bewertungskriterien dafür aufgeführt:

Bewertungskriterium »Geschäftliche Zwischen- und Endresultate«

Bewertungskriterien

Bewertet werden die Resultate des Einsatzes von Ressourcen auf den Kompetenzebenen Technologie, Betrieb und Geschäft. Die Resultate können auf der technischen und operativen Ebene jeweils Zwischenresultate sein.

Bewertungskriterium »Alignment«

Zu welchem Grade ist die zu betrachtende Investition bzw. das Programm (sofern mehrere Projekte darin enthalten sind) mit regulatorischen Anforderungen, operativen Standards und Regeln und mit der Geschäftsstrategie abgeglichen.

- Für technische Kompetenzen steht die Bewertung des Abgleichs mit technischen Standards und Regeln im Mittelpunkt.
- Für operative Kompetenzen bedeutet dies die Bewertung hinsichtlich der operativen Ziele sowie der damit in Beziehung stehenden Standards und Regeln.
- Für geschäftliche Kompetenzen muss die Bewertung des Abgleichs mit den geschäftlichen Zielen erfolgen.

Bewertungskriterium »Monetär messbare Resultate«

Die finanziellen Auswirkungen werden auf den drei Fähigkeitsebenen quantifiziert:

- **Technische Kompetenzen** sollen die Reduzierung der Infrastrukturkosten sowie neue geschäftliche Optionen bewirken (»Enablement«).
- **Operative Kompetenzen** sollen vordringlich eine Reduzierung der Betriebskosten über Prozessinnovationen, die Verbesserung der Kapazitäts- und Ressourcennutzung sowie gleichfalls ein Enablement erlauben.
- **Geschäftlichen Kompetenzen** werden anhand gestiegener Umsätze, Mengen, Gewinnspannen und/oder Kostenreduktionen und Risikoverminderungen bewertet.

Für Ausführungen zu den weiteren Bewertungskriterien »Monetär nicht messbare Resultate«, »Ressourcen und Aufwendungen«, »Risiken und Risikotreiber« sowie »Annahmen und Randbedingungen« sei auf [ITGI 2006b] verwiesen.

4.4.3.2   Schritt 2: Alignment

Das Alignment muss zwei Zielsetzungen anstreben:

- **Ziel 1:** Sicherstellen, dass die IT-Investitionen die strategischen Ziele des Unternehmens unterstützen.

    Die Bewertung des Alignments ist u.U. schwierig durchzuführen, da sich einerseits keine allgemein akzeptierte Methode hierfür etabliert hat und andererseits eine hinreichend genaue Datenbasis nur schwer zu erstellen ist.

■ **Ziel 2:** Sicherstellen, dass die IT-Investitionen mit der Zielgeschäftsarchitektur des Unternehmens übereinstimmen.

Der Abgleich mit der Zielgeschäftsarchitektur eines Unternehmens bewertet im Wesentlichen die zu erwartenden Aufwände für
die erforderlichen Änderungen. Sie umfassen insbesondere die Aufwände für die Transformation der Prozesse, den Umbau der Organisation und die Aufwände für Schulung und Training. Dabei wird
vorausgesetzt, dass die Zielarchitektur den vorgesehenen Investi-
tionszweck hinsichtlich Umfang, Qualität und Stabilität unterstützt.

Für eine ausführlichere Darstellung zu strategischem IT-Alignment sei
auf Abschnitt 2.2.2 verwiesen.

4.4.3.3   Schritt 3: Finanzanalyse I

Die Beschreibung des Nutzens einer Investition in quantifizierbaren *Monetär messbare*
Aussagen ist ein Kernelement eines jeden Business Case und sollte so *Resultate*
weit wie möglich ausgeführt und präzisiert werden. Die Gewinnung
von Messwerten (Beträgen und Kennzahlen) kann durch Vergleichswerte, Marktstudien und Erfahrungen aus ähnlichen Vorhaben unterstützt werden.

Ein bevorzugtes Mittel der Darstellung ist der abgezinste Zah- *DCF*
lungsstrom (Discounted Cash Flow), der sich im Bereich der Finanzierung und der Wirtschaftsprüfung durchgesetzt hat. Das Ziel der Analyse besteht in der Feststellung, ob ein Projekt mehr Erträge erzeugt,
als Kosten verursacht. Solche Projekte weisen einen positiven Kapitalwert (Net Present Value, NPV) auf. Der Kapitalwert einer Investition
ist die Summe der Gegenwartswerte (Present Value) aller durch diese
Investition verursachten Zahlungen (Ein- und Auszahlungen bzw.
Kosten und Erträge). Diese zu beliebigen Zeitpunkten anfallenden
Zahlungen werden durch Abzinsung auf den Beginn der Investition
vergleichbar gemacht.

Die Höhe des NPV ergibt sich im Wesentlichen aus der (abgezins- *NPV*
ten) Addition von Jahresüberschuss, Steuern vom Ertrag und Einkom-
men, Abschreibungen sowie Veränderungen der langfristigen Rück-
stellungen (vgl. Tab. 4–6). Die Ermittlung des NPV erfolgt in vier
Schritten:

1. Schätzung der zukünftigen durch das das Programm/ Projekt verursachten Zahlungsströme
2. Abschätzung der zu erwartenden Risiken und ihrer Auswirkungen
   auf die Zahlungsströme
3. Berechnung des Kapitalwertes durch Abzinsung

4. Vergleich der Projektkosten mit dem Kapitalwert. Ergibt sich ein Überschuss, ist also der NPV positiv, spricht dies natürlich für die Umsetzung des Vorhabens.

Cashflow-Statement

In einem zusammenfassenden »Cashflow-Statement« wird die Entwicklung der Zahlungsströme über die Zeit dargestellt und der NPV hergeleitet. Dieses wird i.d.R. um weitere Kennziffern wie den internen Zinsfuß (derjenige Zinssatz, bei dem der Kapitalwert Null wird) oder die Payback-Periode (eine einfache Amortisationskennzahl ohne Kapitalwertbestimmung) o.Ä. ergänzt (vgl. Abb. 4–7).

Die Berechnung dieser Kenngrößen ist hilfreich, weil i.d.R. dieselben Kennzahlen bei der Bewertung von Unternehmen herangezogen werden. Daraus ergibt sich eine inhaltliche Nähe zur langfristigen Bewertung des Einflusses eines Programms auf den Wert der Aktie eines Unternehmens bzw. auf den Wert des Unternehmens für die Anteilseigner.

Tab. 4–6
Cashflow-Analyse

Life Cycle	Cashflow	Zeit (Jahr) 1	2	3	4
Entwicklung	Cashflow out				
	Cashflow in				
Integration	Cashflow out				
	Cashflow in				
Betrieb	Cashflow out				
	Cashflow in				
Stilllegung	Cashflow out				
	Cashflow in				
Bewertung					
Kapitalwert (NPV)					
Interner Zinsfuß (IRR)					
Payback-Periode					
Weitere Kennziffern					
Auswirkungen auf Aktienwert					

Zweckmäßigerweise verwendet man zur Berechnung der Kennziffern die inkrementellen Cashflows, d.h. diejenigen, die durch die umgesetzten Investitionsmaßnahmen verursacht werden. Amortisation und Abschreibungskosten sollten nicht in die Voraussagen zum Cashflow aufgenommen werden [ITGI 2006b].

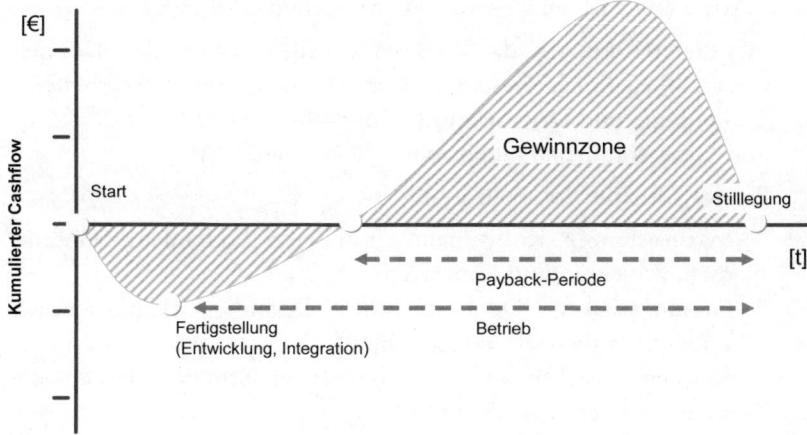

Abb. 4–7
*Projektphasen (Lebens-
zyklus der Architektur-
komponenten) und
kumulierter Cashflow*

4.4.3.4   Schritt 4: Finanzanalyse II

Ein Business Case soll eine umfassende Begründung für eine Investitionsentscheidung liefern. Diese beruht nur in Ausnahmefällen auf rein monetären bzw. unmittelbar quantifizierbaren Aspekten. In Organisationen des öffentlichen Sektors oder in Non-Profit-Organisationen tritt dieser Aspekt oftmals sogar in den Hintergrund.

Markenwahrnehmung, Wissenserwerb, Kunden-Lieferanten-Beziehungen u.Ä. sind Beispiele für wichtige, nichtmonetäre Aspekte des Wertzuwachses eines Unternehmens. Sie bilden häufig einen entscheidenden Faktor im Wettbewerb und können daher nicht vernachlässigt werden. Insofern ist es wichtig, auch aus diesen nicht unmittelbar quantifizierbaren Einflussfaktoren messbare Indikatoren abzuleiten.

*Monetär nicht messbare
Resultate*

4.4.3.5   Schritt 5: Risiken

Programme mit gleichem Grad an strategischem Alignment und gleichen finanziellen Erwartungen können auf der Risikoseite durchaus unterschiedlich sein. Risikomangement hat per se mit Unsicherheiten zukünftiger Entwicklungen zu tun. Und auch wenn die Risiken in der finanziellen Analyse berücksichtigt werden, sollte der Business Case Auskunft über die Natur der Risiken geben und darüber, wie sie behandelt werden können.

Dazu ist eine qualitative und quantitative Analyse vorzunehmen, die Eingang in den Business Case findet. Der Risikoanalyse sollte eine Bewertung der akzeptierbaren Risiken folgen.

Zwei Arten von Risiken stehen im Vordergrund des Interesses:

1. Das **Lieferrisiko,** also das Risiko, nicht die erforderlichen Kompetenzen hinsichtlich Geschäft, Geschäftsprozessen, Mitarbeitern, Technologie und Organisation (innerhalb eines vereinbarten Zeit- und Budgetrahmens) bereitstellen zu können.

   Beispiele für Lieferrisiken sind:

   - Inkonsistenzen, Kollisionen mit anderen (laufenden) Programmen, Projekten und Initiativen
   - Planungsrisiken (Qualität und Vollständigkeit) hinsichtlich Budget, Zeitbedarf und Zeitablauf
   - Klarheit hinsichtlich Umfang und abzuliefernder Teilergebnisse
   - Reifegrad der Technologie
   - Abstimmung mit vorhandener Technologie
   - Relativer Projektumfang im Vergleich mit bisher in der Zielorganisation abgewickelten Projekten
   - Grad der Einbindung des relevanten (oberen) Managements
   - Verfügbarkeit über Mitarbeiterressourcen
   - Erfahrungshintergrund der Projektmanager/des Projektteams
   - Abhängigkeit von Lieferanten
   - Abhängigkeiten zu Instanzen außerhalb des Projektteams
   - Qualität der Risikokontrolle
   - Fähigkeit, kontinuierliche Unterstützung bereitzustellen

2. Das **Nutzenrisiko,** also das Risiko mit der zu betrachtenden Investition nicht den projektierten Nutzen erreichen zu können.

   Beispiele für Nutzenrisiken sind:

   - Fehleinschätzung hinsichtlich der gewünschten geschäftlichen Resultate
   - Alignment mit relevanten wirtschaftlichen Regeln
   - Alignment mit technischen Standards
   - Übereinstimmung mit Sicherheitsanforderungen
   - Klarheit und Belastbarkeit der gewünschten geschäftlichen Resultate
   - Messbarkeit der Resultate
   - Ausmaß und Klarheit von organisatorischen Veränderungen (Change)
   - Qualität der »Change-Planung«
   - Grad der Unterstützung des Programms
   - Qualität und Maß der Managementunterstützung

Es kann nützlich sein, die Risikobewertung durch eine unabhängige, nicht zur Programmorganisation zugehörige Person durchführen zu lassen, um eine Beeinflussung zu vermeiden. Diese Maßnahme selbst ist als Teil des Risikomanagements zu betrachten.

Erwartete Risiken sollen Eingang in die finanzielle Analyse finden und sich auf die Berechnung des Kapitalwertes niederschlagen. Je nach Typ und Umfang der Risiken können sie diese Analyse erheblich beeinflussen.

4.4.3.6 Schritt 6: Risikooptimierung

Die Entscheidung, einer IT-Investitionsvorlage zu folgen, wird zunächst von den »Sponsoren« der Geschäftsseite getroffen. Wird der Business Case als hinreichend Erfolg versprechend eingeschätzt, wird er an die Portfolioverantwortlichen zur Priorisierung weitergegeben. Diese entscheiden nach Maßgabe der strategischen Passgenauigkeit (Strategic Fit), wie gut die Umsetzung dieses Investitionsvorhabens zu anderen aktiven und potenziellen Programmen (bzw. Projekten) passt. Dabei kann die wirtschaftliche Bewertung eines individuellen Programms wie folgt durchgeführt werden: Strategisches Alignment, finanzielle Ziele, monetär nicht messbare Resultate und das ermittelte Risiko werden kombiniert, um auf dieser Grundlage eine Entscheidung zu treffen.

Tab. 4–7
Entscheidungsmatrix
auf der Grundlage
der Business-Case-
Schritte 2-5

Risiko akzeptierbar?	Monetär nicht messbare Resultate erreicht?	Finanzielle Ziele erreicht?	Strategisches Alignment gegeben?	Entscheidung zum Investitionsvorhaben
Schritt 5	Schritt 4	Schritt 3	Schritt 2	
n	–	–	–	Ablehnen
j	–	j	j	Zustimmen bzw. an Portfoliopriorisierung weiterleiten
j	–	j	n	Ablehnen, es sei denn, die Nutzenrealisierung kann kurzfristig erfolgen, ohne dass Auswirkungen auf strategisch abgeglichenen Investitionen entstehen.
j	j	n	j	Zustimmen bzw. an Portfoliopriorisierung weiterleiten, wenn die monetär nicht messbaren Resultate wichtig genug sind, den Fehlbetrag zur Erreichung der finanziellen Ziele auszugleichen.
j	j	n	n	Ablehnen
j	n	n	j	Ablehnen

Die Entscheidungsmatrix in Tabelle 4–7 zeigt exemplarisch Fragestellungen zu den oben kommentierten Schritten und Ja/Nein-Antworten. In bestimmten Kombinationen wie bei der ersten und bei den beiden ganz unten aufgeführten Kombinationen ist eine Ablehnung zwingend. Die anderen Kombinationen lassen Handlungsspielräume offen.

4.4.3.7 Schritt 7: Dokumentation

Ein Business Case soll alle wichtigen Informationen, die zur Entscheidung eines Investitionsvorhabens relevant sind, aufnehmen und dokumentieren.

Die folgende Gliederung gibt eine typische Struktur für einen Business Case wieder:

1. **Basisinformationen**

    a) Programmname
    b) Sponsor (der Geschäftsseite)
    c) Programmmanager
    d) Überarbeitungshinweise
    e) Plausibilitätsprüfung (Abzeichnung)
    f) Genehmigung (Abzeichnung)

2. **Zusammenfassung (Executive Summary)**

    a) Kontextbeschreibung

        – Programmname
        – Sponsor (der Geschäftsseite)
        – Erfahrungshintergrund des Managementteams
        – Kategorisierung der Investition (z.B. Neu-, Ersatz-, Erweiterungsinvestition, ...)
        – Profilbeschreibung des Programms

    b) Zusammenfassende Bewertung des Business Case

        – Beitrag des Programms (geschäftlicher Wert des Programms)
        – Zeitablauf
        – Risiken, finanzielle Ziele, Bewertung des Alignments
        – Abhängigkeiten
        – Schlüsselrisiken

    c) Vergleichende Bewertung des Programmbeitrages

3. **Begründung des Investitionsvorhabens (Warum?)**

    a) Finanzielle Erträge über den gesamten Lebenszyklus der Investitionsmaßnahme (Best/Worst-Case und Betrachtung des wahrscheinlichsten Falles)

        – Qualitative und quantitative Beschreibung, Cashflow (in/out)
        – Kriterien der Erfolgsmessung
        – Annahmen und Sensitivitätsanalyse
        – Rechenschaftspflichten

b) Finanzielle Kosten (über den gesamten Lebenszyklus der Investitionsmaßnahme), Best/Worst-Case und Betrachtung des wahrscheinlichsten Falles)

   - Erforderliche Zusagen und Finanzmittel für die Schritte im Lebenszyklus
   - Annahmen
   - Rechenschaftspflichten

c) Monetär nicht messbare Erträge

   - Qualitative und quantitative Beschreibung
   - Kriterien der Erfolgsmessung
   - Annahmen und Sensitivitätsanalyse
   - Rechenschaftspflichten

d) Monetär nicht messbare Kosten

   - Beschreibung
   - Auswirkungen und Umgehungsstrategie

e) Risikoanalyse

   - Schlüsselrisiken
   - Umgehungsstrategie

f) Organisatorische Veränderungen und Auswirkung

   - Betroffene Stakeholder
   - Vorgehen im Change-Management
   - Kosten für Change-Management

g) Auswirkungen, wenn Investition abgelehnt wird

   - Opportunitätskosten

4. **Erläuterung des Vorgehens (Was und wie?)**

   a) Alternative Vorgehensweise
   b) Gewählter Ansatz
   c) High-Level-Analysemodell
   d) Meilensteine
   e) Kritische Erfolgsfaktoren
   f) Abhängigkeiten
   g) Abgleich mit vorhandener Geschäftsarchitektur (Technologie, Prozesse, Organisation)
   h) Abgleich mit Sicherheitsanforderungen
   i) Schlüsselrisiken

5. **Planung**

   a) Umsetzungsplan

      – Beschreibung/Definition von Einzelprojekten
      – Planungsannahmen
      – Auswirkungen auf die Technologie
      – Personalressourcen (Staffing) und Organisation während
        der Umsetzungszeit
      – Zeitplan und Kostenverlauf

   b) High-Level-Plan zur Nutzenrealisierung
   c) Risikomanagement
   d) Change-Management

      – Ziele
      – Methode
      – Kommunikationsansatz

   e) Governance-Struktur (verwendete Kontrollen)
   f) Schlüsselrisiken

6. **Nutzenrealisierung**

   a) Beschreibung des Nutzens (über den gesamten Lebenszyklus
      der Investitionsmaßnahme), Best/ Worst-Case und Betrachtung
      des wahrscheinlichsten Falles)
   b) High-Level-Nutzenanalyse
   c) Finanzieller Nutzen
   d) Schlüsselrisiken

7. **Anhang**

   a) Detailliertes analytisches Modell
   b) Detaillierter Projektplan
   c) Detaillierter Risikomanagementplan
   d) Detaillierter Finanzplan
   e) Detaillierte Nutzenbeschreibung

4.4.3.8   Schritt 8: Wartung

Ein Business Case sollte mehr als eine Momentaufnahme sein. Über
eine Entscheidungsgrundlage zur grundsätzlichen Umsetzung einer
Investitionsmaßnahme hinaus sollte er als Werkzeug zur Steuerung
und Erfolgskontrolle dienen.

Damit dies möglich ist, muss er kontinuierlich hinsichtlich Erwartungen und Risikoeinschätzung aktualisiert werden. Insbesondere die
Risiken sind während des gesamten Lebenszyklus der Investitionsmaßnahme zu beobachten. Demzufolge sollten die beteiligten Stakeholder

und die direkt mit dem Programm beschäftigten Mitarbeiter Risiken antizipieren und an das Programmmanagement berichten.

Ein aktives Management des Programms ist Voraussetzung für eine effektive Erfolgskontrolle und auch für die ggf. vorzeitige Beendigung, wenn die Wirtschaftlichkeit dies erzwingt.

4.5   Einordnung und Bewertung

Das Val-IT-Referenzmodell stellt einen interessanten Versuch dar, die Entwicklung der IT-Strategie und ihre Umsetzung hinsichtlich der Wertorientierung der IT mit einem Best-Practice-Modell methodisch zu unterstützen. Eine zentrale Stellung nimmt hierbei der »Business Case« ein.

Val-IT befindet sich in der Entwicklung und weist insgesamt noch eine geringe Reife auf, da wesentliche Elemente zur Definition und Formulierung einer umfassenden IT-Strategie fehlen.

Es lehnt sich an das ebenfalls von der ISACA veröffentlichte COBIT an und weist Querbeziehungen zu diesem auf. Jedoch ist keine nahtlose Integration erkennbar.

In der Matrix, die uns zur Einordnung der Referenzmodelle und Standards dient, klassifizieren wir Val-IT als ein Referenzmodell, das mit seinen Leitprinzipien, Prozessen und Techniken stark extern orientiert ist und auf Fragen der Effektivität und mehr noch auf die Erzielung eines strategischen Beitrags der IT ausgerichtet ist (Abb. 4–8).

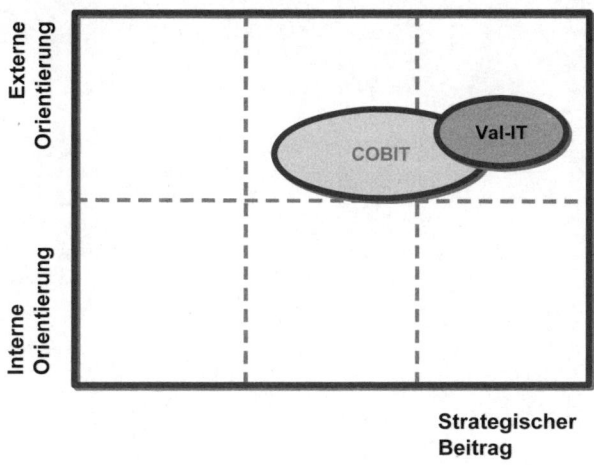

Abb. 4–8

Einordnung von Val-IT

5 Weitere IT-Governance-Referenzmodelle

In diesem Kapitel werden weitere Referenzmodelle zur methodischen Unterstützung der IT-Governance vorgestellt. Dabei beschränken wir uns auf Fragen des Service-, Infrastruktur-, Risiko- und Sicherheitsmanagements und nehmen mit CMMI ein Referenzmodell auf, das seinen Ursprung in der Systementwicklung hat. Die Betrachtung erfolgt mit Blick auf den kombinierten und integrierten Einsatz in einer IT-Governance-Geschäftsarchitektur (vgl. Abschnitt 2.3).

Die Referenzmodelle werden nur so weit vorgestellt, wie dies für diese Fragestellungen notwendig ist. Proprietäre Referenzmodelle werden nicht berücksichtigt. Von verschiedenen Software- und Hardwareherstellern liegt mittlerweile eine Reihe solcher Referenzmodelle vor, bspw. das Microsoft Operations Framework (MOF), das IT-Service-Management (ITSM) von Hewlett-Packard oder das IBM IT Process Model (ITPM). Da die Entwicklung und Weiterentwicklung dieser proprietären Modelle sich einerseits stark an ITIL orientiert und sie andererseits keine standardisierende Marktdurchdringung erzielt haben, konzentrieren wir uns im Folgenden auf etablierte und akzeptierte Best-Practice-Modelle und internationale Standards.

5.1 Das ITIL-Referenzmodell

5.1.1 Einleitung und Übersicht

5.1.1.1 Entstehung und Geschichte

Das Referenzmodell »Information Technology Infrastructure Library« (ITIL) wurde von einer Beratungsstelle der britischen Regierung, der CCTA (Central Computer and Telecommunications Agency) [CCTA 2000a], bereits vor 1990 entwickelt. Seit 2001 hat das »Office of Government Commerce« (OGC) die Herausgeberschaft übernommen.

ITIL war als Antwort auf die zunehmende Abhängigkeit verschiedener Regierungsstellen von der Güte und der Verfügbarkeit der Informationstechnologie gedacht und sollte die Transparenz der hergestellten und gelieferten IT-Services (IT-Dienstleistungen) erhöhen. Die Lücke zwischen wirtschaftlichen Anforderungen und dem IT-Serviceangebot zeigte sich offenbar bereits in den 80er-Jahren in der britischen öffentlichen Verwaltung.

Infolgedessen wurde die CCTA mit der Erstellung eines IT-Managementkonzepts beauftragt, das die IT-Serviceprozesse vereinheitlicht und dokumentiert. Dies führte zunächst zu einer Reihe von Veröffentlichungen, die sich mit Verfahren in der Planung und der Umsetzung von IT-Projekten auseinandersetzten. Ab 1995 wurde dann das bis dahin entstandene Material zu einem durchgängigen Ansatz konsolidiert und als Best-Practice-Sammlung zusammenhängend veröffentlicht.

*De-facto-Standard für das
IT-Servicemanagement*

Bereits früh wurde deutlich, dass die Konzepte auch auf IT-Organisationen außerhalb der öffentlichen Verwaltung übertragbar sind. Schließlich hat sich ITIL weltweit als De-facto-Standard für das IT-Servicemanagement durchgesetzt und wird vom OGC und der British Standards Institution (BSI) weiterentwickelt. ITIL war lange Zeit der einzige umfassende Ansatz eines nicht proprietären und öffentlich zugänglichen Referenzmodells für IT-Servicemanagement. Die aktuelle ITIL-Ausgabe stammt aus dem Jahr 2001.

Heute wird das Referenzmodell in Form einer Buch- bzw. CD-Sammlung herausgegeben. Für 2007 ist eine überarbeitete Fassung geplant, die auch über das Internet zugänglich sein soll.

BS 15000 & ISO 20000

ITIL unterstützt den nationalen britischen Standard »BS 15000« zum IT-Servicemanagement, der Ende 2005 vom internationalen Standard ISO/IEC 20000 der Internationalen Standardisierungsorganisation abgelöst wurde (siehe Abschnitt 5.2).

Im Gegensatz zu COBIT fokussiert ITIL auf die für den Betrieb einer IT-Infrastruktur notwendigen (Service-)Prozesse und nimmt damit eine operative Perspektive ein. Es hat sich als eine sinnvolle Unterstützung für die Organisation der IT und die Steuerung der Leistungserbringung erwiesen und wird in diesem Sinne mittlerweile in vielen Unternehmen eingesetzt.

5.1.1.2 Ziele, Merkmale und Zielgruppen

*Kundenorientierung als
zentrale Zielsetzung*

Das wesentliche Qualitätskriterium und die zentrale Zielsetzung von ITIL ist die Kundenorientierung, die sich in der Zufriedenheit der IT-Anwender und ggf. der Endkunden widerspiegelt [Liebe 2003]. Der Kundenfokus soll den bislang meist vorherrschenden Technologiefokus von IT-Organisationen ablösen. Diese gilt es – unter Beachtung wirtschaftlicher Kriterien – prozess- und serviceorientiert auszurichten, um dadurch das angestrebte hohe Maß an Kundenorientierung zu erreichen.

Eine weitere Zielsetzung ITILs liegt in der Steigerung der Effektivität in der Umsetzung geschäftlicher Anforderungen auf der einen Seite und der Effizienz in der Leistungserstellung der IT auf der anderen Seite. Das Kerngeschäft eines Unternehmens bzw. einer Organisation soll durch eine dafür optimal ausgerichtete bzw. betriebene IT gestärkt werden. Damit verfolgt ITIL vom Grundsatz her eine ähnliche Zielsetzung wie COBIT, adressiert jedoch weniger die strategische Ebene.

Weitere Zielsetzungen

Schließlich soll ITIL durch seine »Katalysatorfunktion« auch zur besseren Verständigung zwischen Geschäftsprozessverantwortlichen bzw. dem Management der Geschäftsbereiche und den Entscheidungsträgern im IT-Bereich beitragen, da es die verwendete Terminologie standardisiert.

ITIL ist ferner als Planungs- und Organisationshilfe in der IT selbst gedacht. Es soll dazu beitragen, die Beziehungen zwischen den Prozessen in der IT transparenter zu machen, deren Zusammenspiel besser zu koordinieren und insgesamt zu optimieren. Prozesse, Rollen und Aktivitäten sollen sich mithilfe von ITIL besser aufeinander abstimmen lassen [Liebe 2003].

Planung

Darüber hinaus eignet sich ITIL auch als Plattform bei der gemeinsamen Bewertung der Leistungserstellung durch IT-Mitarbeiter und geschäftliche Mitarbeiter, z.B. die Verantwortlichen für Geschäftsprozesse.

Leistungserstellung

Von einem etablierten Best-Practice-Modell profitiert ein Unternehmen auch dadurch, dass der Gesamtaufwand gegenüber einer eigenständigen Konzeption eines Servicemanagements geringer gehalten werden kann.

Ferner erleichtert die Nutzung eines De-facto-Standards unternehmensübergreifende Vergleiche im Sinne eines Benchmarkings. Insgesamt sollen IT-Leistungen transparenter, besser bewertbar und planbar werden. Auch die Koordination zwischen der IT-Abteilung und der Geschäftsseite soll sich so verbessern lassen, da »Services« als geschäftsorientierte Leistungseinheiten geschnürt werden.

Benchmarking

Per se richtet sich ITIL an alle Mitarbeiter in einem Unternehmen oder in einer Organisation, die für die Verbesserung der Leistungserstellung sowie die Senkung von Kosten im IT-Bereich Verantwortung tragen [Liebe 2003].

Zielgruppen von ITIL

Von besonderem Interesse ist ITIL für die Verantwortlichen von IT-Prozessen. Maßnahmen zur Qualitätssicherung stehen im Vordergrund unter dem Aspekt, dass weniger die Technologie selbst als vielmehr die Menschen und die Prozesse, mit denen sie befasst sind, als Problemursache für Nicht-Verfügbarkeiten von IT identifiziert werden können. Nach einer Schätzung von Gartner beträgt das Verhältnis Menschen/Prozesse zu Technologie 80:20.

Die Anwendergruppe ist jedoch nicht auf die Entscheidungsträger der IT beschränkt. Für Projektmanager aus einem Geschäftsbereich bietet ITIL nützliche Unterstützung bei der Integration eines Hard- oder Softwaresystems in den operativen Betrieb.

Übergeordnete Zielsetzungen

Volkswirtschaftlich verfolgen die britische Regierung und das OGC mit ITIL gleichfalls spezifische Ziele. Hier geht es um den gesamtwirtschaftlichen Nutzen, der sich durch ein gutes Referenzmodell im Sinne eines Standards ergibt [Sewera 2005]:

- Schaffung einer umfassenden, konsistenten und kohärenten Best-Practice-Sammlung von Prozessen zur Serviceunterstützung (Service Support) und zur Servicebereitstellung (Service Delivery) durch IT.
- Förderung des privaten Sektors zur Entwicklung und zum Vertrieb von Produkten und Dienstleistungen (Schulung, Beratung, Werkzeuge), die ITIL unterstützen.

Die weite Verbreitung und der relativ hohe Aufwand, den eine Adoption von ITIL mit sich bringt, haben zur Entwicklung einer breiten Palette von mittelbaren Dienstleistungen für Schulung, Qualifizierung (Zertifizierung), Beratung und Softwareunterstützung geführt.

5.1.1.3   Serviceorientierung

Serviceorientierung als zentrales Merkmal

Ein Begriff von zentraler Bedeutung für das Verständnis von ITIL ist die Serviceorientierung. Daher wird dieser Begriff im Folgenden näher betrachtet.

Definition »Service«

Unter einem Service kann man eine bestimmte Aufgabe verstehen, die notwendig ist, damit ein Geschäftsprozess bzw. bestimmte Aktivitäten in diesem Prozess durchgeführt werden können. Für einen Service kann man bestimmte Merkmale definieren [Köhler 2005]. Dies sind neben seiner Fachlichkeit (bspw. »Bereitstellung der Anwendung zur Kundenberatung im Portal«) Eigenschaften und Leistungskennzahlen wie seine Performance (maximale Anwortzeit), Verfügbarkeit (bspw. 24 Std. an 7 Tagen) und Ähnliches.

Service- statt Technologieorientierung

Organisatorisch geht es bei der Serviceorientierung u.a. darum, das Verhältnis zwischen der IT-Abteilung und den IT nutzenden Geschäftseinheiten im Unternehmen als Lieferanten-Kunden-Beziehung zu gestalten. Dem Servicegedanken folgend stellt eine IT-Abteilung nun nicht mehr im Wesentlichen technische Produkte zur Verfügung (bspw. einen Server mit einer bestimmten Hardware sowie Lizenzen für Betriebssystem- und Anwendungssoftware), sondern bietet Services an, die geschäftliche Anforderungen befriedigen. Die Kunden kaufen IT-Leistungen als Service ein. So bezieht ein Zahlungsverkehrsbereich einer Bank IT-Services, bspw. Transaktionen in einer definierten Qualität, anstatt dass die IT wie früher in erster Linie ein Transaktionssystem zur Verfügung stellt.

Somit besteht eine marktliche oder zumindest marktähnliche Beziehung zwischen den Abteilungen, die besser sicherstellt, dass die Anforderungen der Geschäftsseite sich im Leistungsangebot der IT wiederfinden. Folgerichtig können diese Leistungen nicht nur von der IT-Abteilung, sondern auch von einem externen Dienstleister bezogen werden [Hochstein et al. 2004].

Mit einem professionellen IT-Servicemanagement (ITSM) wird sichergestellt, dass die IT-Infrastruktur und die in ihr integrierten Anwendungssysteme bestmöglich aufeinander abgestimmt sind und geschäftliche Anforderungen unterstützen. Die Güte des IT-Servicemanagements entwickelt sich in vielen Branchen und Organisationen zu einem wichtigen Wettbewerbsfaktor.

Es umfasst die Bereitstellung von IT-Services und die technische Unterstützung zu ihrer Erstellung. So beschreibt das ITIL-Referenzmodell die Prozesse, die zur Erbringung qualitativ hochwertiger IT-Services erforderlich sind, als Best Practices. Darüber hinaus wird durch ITIL eine strukturierte Rollenverteilung der IT-Aufbau- und Ablauforganisation vorgeschlagen.

ITIL und
Servicemanagement

5.1.1.4   Struktur von ITIL

Das ITIL-Referenzmodell besteht aus sieben Modulen, die als einzelne Bücher (auch CDs) publiziert werden. Wie Abbildung 5–1 veranschaulicht, soll durch ITIL die Brücke zwischen dem »Business« – auf der linken Seite – und der »Technologie«, der Infrastruktur – auf der gegenüberliegenden Seite – geschlagen werden.

Die beiden Bücher Serviceunterstützung (Service Support) und Servicebereitstellung (Service Delivery) werden üblicherweise unter den Begriff »IT-Servicemanagement« subsumiert. Serviceunterstützung bezieht sich auf operative Prozesse und Aufgaben, während die Servicebereitstellung eher taktischen oder gar strategischen Charakter hat [Victor & Günther 2005].

Service Delivery und
Service Support =
Servicemanagement

Die verschiedenen Bücher besitzen nicht alle denselben Reifegrad. So bilden die Bücher »Service Delivery« und »Service Support« den Kern von ITIL, sind am besten dokumentiert und dementsprechend verbreitet (vgl. [Hochstein et al. 2004]). Diese beiden Bände werden

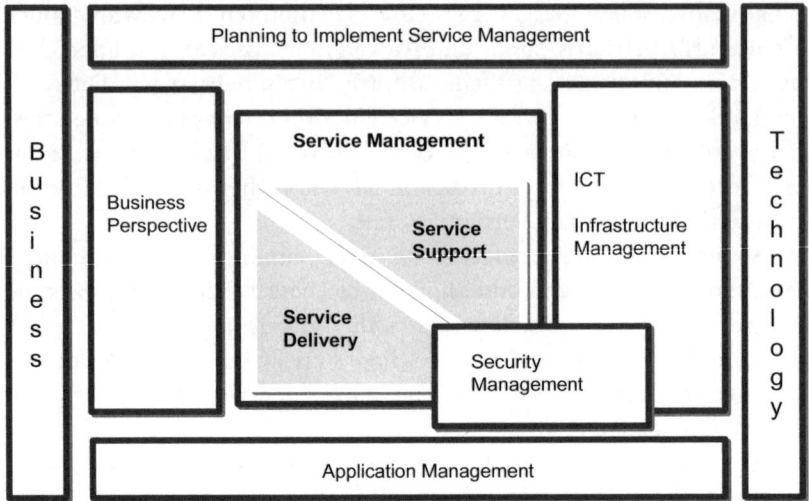

häufig synonym zum Akronym ITIL gebraucht, sodass es zu der erwähnten Gleichsetzung von ITIL und IT-Servicemanagement kommt.

Die ITIL-Module lassen sich grob drei Ebenen, der strategischen, der taktischen und der operativen Ebene, zuordnen (vgl. Abschnitt 2.3). Die strategische Ebene wird wesentlich durch die Geschäftsperspektive (Business Perspective) adressiert. In ihr sind die Schnittstellen zu den Abnehmern der Serviceleistungen definiert. Es ist jedoch anzumerken, dass die strategische Ebene in diesem Zusammenhang auf die strategischen Aspekte des Servicemanagements beschränkt ist und nicht die IT-Strategie als solche abdeckt. Das Modul *Planning to Implement Service Management* wurde nicht aufgeführt, weil es außerhalb der Betriebsprozesse von ITIL steht.

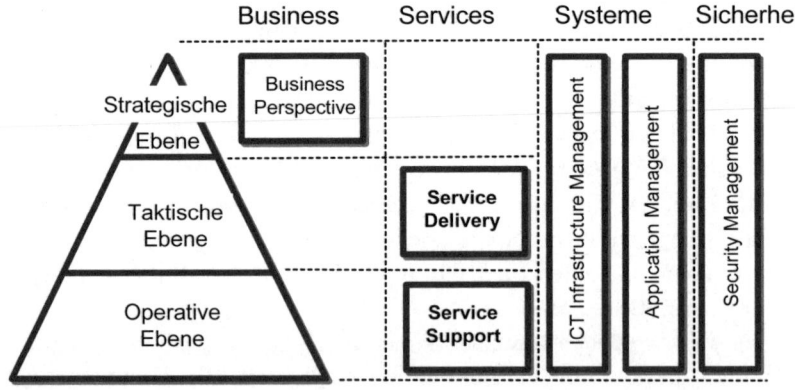

5.1.2 Die ITIL-Module

Wir wollen im Folgenden die ITIL-Module kurz darstellen. Auf eine detaillierte Darstellung wird angesichts der Vielzahl von Publikationen zu ITIL verzichtet (bspw. [Köhler 2005; Victor & Günther 2005]).

5.1.2.1 Die Geschäftsperspektive (Business Perspective)

Gegenstand der »Business Perspective« (Geschäftsperspektive) ist die unternehmerische Sichtweise der IT. Vision und Hauptziel der Business Perspective werden folgendermaßen beschrieben [OGC 2004]:

Ziel der Business Perspective

Vision
»To continually support and improve business effectiveness through the delivery of quality IS services aligned and responsive to business needs, while maximising the business return on investment in IS.«

Hauptziel
»To maintain and develop professional relationships with customers, suppliers and business managers at all levels which help identify business needs and opportunities to exploit existing and future IS capabilities for business benefit and advantage.«

Von der Zielsetzung her adressiert die Business Perspective demnach Alignment-Fragestellungen, wie sie oben diskutiert wurden (vgl. Abschnitt 2.2.2). Hiervon sind alle Ressourcen der IT betroffen (das OGC spricht von »capabilities«): Personal und Kultur, Prozesse, Technologie, Lieferanten, Finanzen sowie Wissen und Fähigkeiten.

Ressourcen

Im Zentrum steht das Management der Beziehungen der IT einerseits zur Geschäftsseite und andererseits zu IT-Dienstleistern und IT-Zulieferern. Die daraus resultierende Vermittlerrolle zwischen den Geschäftsbereichen (business units), IT-Anwendern, IT-Zulieferen und der IT-Infrastruktur nimmt die Geschäftsperspektive vor allem auf der strategischen Ebene wahr (vgl. Abb. 5–3) [OGC 2004].

Zur Erfüllung der Aufgaben, die mit dieser Vermittlerrolle verbunden sind, werden im Buch »Business Perspective« vier Schlüsselprozessbereiche (Key Process Areas) definiert, die die wesentlichen Aktivitäten enthalten sollen:

- **Business Relationship Management**
  Dieser Bereich betrifft den Aufbau effektiver Arbeitsbeziehungen zwischen IT und Geschäftsbereich auf den drei genannten Ebenen.

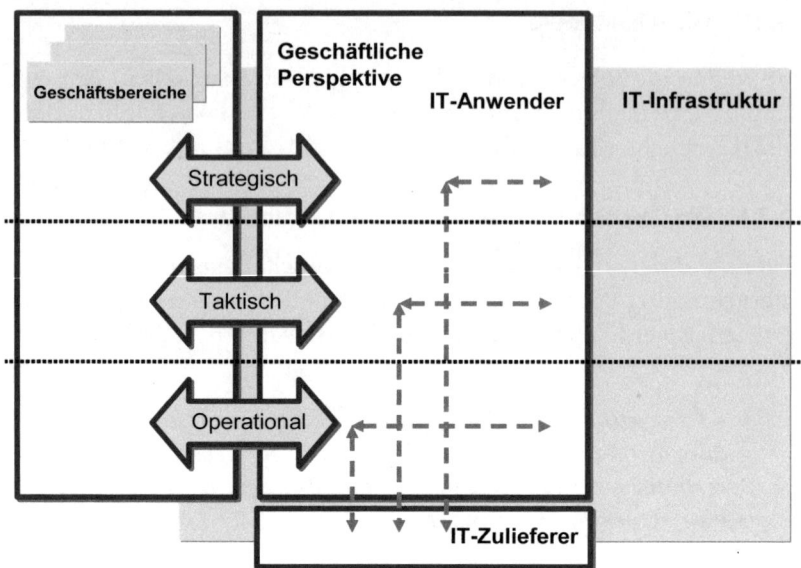

Abb. 5–3
Aufgabe der Business
Perspective

- **Supplier Relationship Management**
  Analog geht es hier um Arbeitsbeziehungen zu Lieferanten.

- **Planning, Review and Development**
  betrifft die kontinuierliche Planung und Kontrolle von Verbesserungen bzgl. der Geschäftsorientierung der IT. Dies bezieht sich im Wesentlichen auf die strategische Ebene.

- **Laison, Education and Communication**
  Hier geht es um die Koordination und Entwicklung von Wissen und Fähigkeiten und deren Verbreitung auf der taktischen und operativen Ebene.

Gemäß ITIL sind dies die relevanten Prozessbereiche, die sicherstellen, dass Geschäft und IT aufeinander abgestimmt werden können.

5.1.2.2 Serviceunterstützung (Service Support)

Service-Support-Prozesse Das ITIL-Buch »Service Support« behandelt die operativen Aspekte des Servicemanagements. Es beschreibt fünf Prozesse, durch die eine hohe Servicequalität sichergestellt werden soll:

- Störungsmanagement (Incident Management)
- Problemmanagement (Problem Management)
- Konfigurationsmanagement (Configuration Management)
- Änderungsmanagement (Change Management)
- Releasemanagement (Release Management)

Als zentrale Schnittstelle der Serviceunterstützung – wie auch der Servicebereitstellung (s.u.) – dient das Service-Desk, das gemäß dem Prinzip »One Face to the Customer« sämtliche Kommunikation von Kunden oder Anwendern mit der IT bündelt (vgl. Abb. 5–4).

Im Folgenden werden die fünf Prozesse sowie die Service-Desk-Funktion näher beschrieben.

Service-Desk

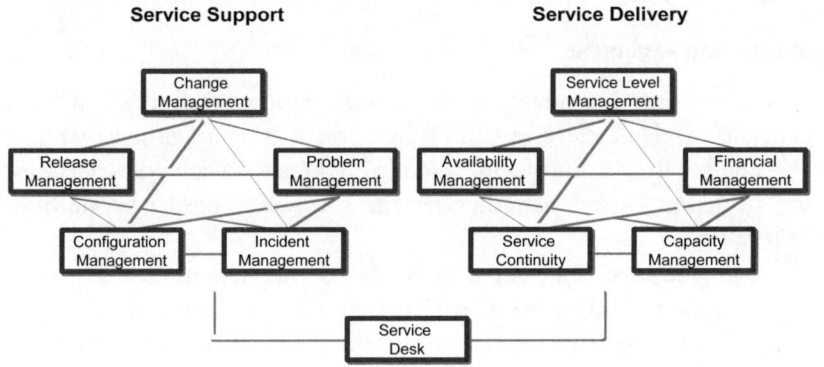

Abb. 5–4

Die IT-Servicemanagement-Prozesse von ITIL (umfasst die in den Abschnitten 5.1.2.2 und 5.1.2.3 dargestellten Prozesse)

Service-Desk

Das Service-Desk oder Help-Desk, stellt die wesentliche Kommunikationsschnittstelle zum Kunden und Anwender dar. Im ITIL-Servicemanagement bildet es darüber hinaus auch IT-intern den zentralen Dreh- und Angelpunkt für alle Prozesse (vgl. Abb. 5–4).

Zentrale Kundenschnittstelle

Aufgabe der Service-Desk-Funktion ist es unter anderem, Meldungen über Störungen, Problemfälle sowie Änderungswünsche entgegenzunehmen, sie zu klassifizieren und an die Verantwortlichen weiterzuleiten. Hinzu kommt, die erfassten Meldungen weiterzubearbeiten und den Kunden bzw. Anwender, durch den die Meldung indiziert wurde, über den Fortgang zu informieren.

Die zentrale Stellung des Service-Desk ergibt sich dadurch, dass durch die Weitergabe von Meldungen jeweils andere Prozesse des IT-Servicemanagements angestoßen werden.

Gegebenenfalls können Anfragen direkt durch das Service-Desk abschließend beantwortet werden. Bei der Beantwortung von Anfragen werden drei Supportlevel unterschieden. Der First Level Support ist in der Lage, Probleme direkt bei der Aufnahme am Service-Desk zu lösen. Der Second Level Support kann Probleme nur durch Spezialwissen lösen, wie es z.B. der IT-Bereich hat. Bei schwerwiegenden Problemen wird das Problem bis in den Third Level Support weitergereicht. Dort erfolgt die Problemlösung durch Experten, wie z.B. den Soft-

Supportlevel

wareentwickler der Komponente, die ein bestimmtes Fehlverhalten aufweist. Nach erfolgreicher Lösung wird der Kunde bzw. Anwender über das Ergebnis informiert.

Neben den genannten Aufgaben gibt es noch eine Vielzahl weiterer Schnittstellen zu anderen ITIL-Prozessen. So muss z.B. bei der Behebung von Softwarefehlern das Änderungsmanagement (s.u.) über diesen Vorgang informiert werden.

Störungsmanagement

Definition »Störung«

Das Störungsmanagement (*Incident Management*) behandelt Störungen, die bei der Lieferung von IT-Services auftreten. Definiert ist eine Störung als Abweichung vom standardmäßigen Betrieb eines Services, der zu dessen Unterbrechung oder zur Verminderung der Servicequalität führt.

Wiederherstellung des Systembetriebs

Das Hauptziel liegt dabei in der Wiederherstellung des normalen Arbeitsablaufs und Systembetriebs. Dies soll so schnell wie möglich und mit minimalem negativem Einfluss auf den Geschäftsablauf geschehen. Was unter normalem Arbeitsablauf zu verstehen ist, wird durch das SLA (Service Level Agreement) des jeweiligen Prozesses definiert.[1] Insofern ist das Störungsmanagement im Wesentlichen reaktiv.

Ticket-System

Eingehende Störungsmeldungen (Incidents) müssen analysiert und zur späteren Nachverfolgung dokumentiert werden. Dies erfolgt mithilfe eines Ticket-Systems, in welches das Service-Desk gleichzeitig auch die Dringlichkeitsstufe sowie weitere Klassifizierungen eingibt. Das Ticket wird dann an die richtige Stelle weitergeleitet, um schnellstmöglich bearbeitet zu werden. Darüber hinaus werden die Tickets nachverfolgt, und bei Behebung der Störung wird dies dem jeweiligen Kunden mitgeteilt.

Kommt eine Störung häufiger vor, so reicht die alleinige Störungsbeseitigung mittelfristig nicht aus. In diesem Fall gehen Informationen aus dem Störungsmanagement zusätzlich in weitere Prozesse ein, z.B. als Anforderungen für zukünftige Releaseplanungen und Updates.

---

1. Ein SLA legt für einen Service bestimmte Eigenschaften und Leistungskennzahlen fest, die dieser im Durchschnitt oder mindestens zu erfüllen hat (z.B. Antwortzeit eines Anwendungssystems oder Verfügbarkeit). SLAs werden zwischen Lieferanten (IT-Abteilung oder externe Zulieferer) und Kunden (i.d.R. die Fachabteilung) getroffen und haben vertragsähnlichen Charakter (vgl. Abschnitt »Service-Level-Management« auf Seite 162 sowie [OGC 2001]).

Problemmanagement

Das Problemmanagement *(Problem Management)*unterstützt das Störungsmanagement. Die aufgetretenen Störungen (Incidents) werden durch das Problemmanagement tiefer analysiert. Das Hauptziel ist es, die Wiederholung von Störungen zu vermeiden [CCTA 2000b]. Der Fokus liegt dabei auf »Problem Control«, »Error Control« und »Proactive Problem Management«. Den Unterschied zwischen einem Problem und einem Error definiert ITIL wie folgt:

Problem vs. Error

> *»... a ›Problem‹ is an unknown underlying cause of one or more Incidents, and a ›Known Error‹ is a Problem that is successfully diagnosed and for which a Work-around has been identified«* [CCTA 2000b].

Eine Aufgabe des Problemmanagements besteht demnach zunächst darin, aus Störungen bzw. Problemen »Known Errors« zu machen. Unter einem *proaktiven Problemmanagement* werden vorbeugende Maßnahmen verstanden, die Probleme bereits im Vorfeld verhindern. Dies können auch sogenannte »Workarounds« sein, durch die ein Problem bzw. dessen Auftreten umgangen wird. Darunter fällt ebenfalls das Verhindern von Folgeproblemen, die erst durch das Auftreten einer Störung ausgelöst werden.

Proaktives Problemmanagement

Das entstandene Wissen muss in einer Art Wissensdatenbank gespeichert werden, um zukünftige Störungen gleicher Art effizienter behandeln zu können. Eine wichtige Schnittstelle existiert zwischen Problemmanagement und Änderungsmanagement. Die Maßnahmen, die eingeleitet werden müssen, um ein Problem dauerhaft zu lösen, werden als Request for Change (RFC)[2] dorthin weitergegeben.

Änderungsmanagement

Der Prozess des Änderungsmanagements (*Change Management*) wird durch einen RFC (Request for Change) ausgelöst. Initiator von RFCs ist jedoch nicht nur das Problemmanagement. Oft werden Änderungen auch proaktiv ausgelöst, z.B. um Kosten zu senken oder den Unternehmensgewinn zu steigern. Auch Umweltfaktoren wie Gesetzesänderungen können Auslöser für einen RFC sein.

RFCs als Auslöser

Die Aufgabe des Änderungsmanagements besteht darin, standardisierte Vorgehensweisen zu implementieren, durch die ein RFC effizient und effektiv abgewickelt werden kann. Die Auswirkungen auf

---

2.   Nach ITIL ist ein RFC ein Antrag zur Änderung einer (Software-)Komponente der IT-Infrastruktur.

andere Systeme und das Tagesgeschäft sollen dabei so gering wie möglich gehalten werden.

Aufgaben des Änderungsmanagements

Für jeden RFC bewertet das Änderungsmanagement das Risiko, die Auswirkungen und die benötigten Ressourcen [CCTA 2000b]. Wird der RFC genehmigt, liegt es in der Verantwortung des Änderungsmanagements, die Planung und Umsetzung inklusive Kontrolle auszuführen. Als Ergebnis liegt ein geänderter Service vor, und der RFC gilt als erledigt (»closing RFC«).

Überlicherweise kommen im Änderungsmanagement Gremien, z.B. Lenkungsausschüsse (Change Advisory Boards, CABs), zum Einsatz, die bspw. RFCs priorisieren bzw. zurückstellen.

Releasemanagement

Releases

Das Releasemanagement *(Release Management)* beinhaltet Planung, Entwurf, Implementierung und Test von Hardware und Software, um neue Versionen (»Releases«) in einer Organisation zu verwalten und zu verteilen.

Aufgaben des Releasemanagements

Hauptaufgabe des Releasemanagements ist es, die Verteilung der Hard- bzw. Software zu planen und nur autorisierte und kompatible Versionen für den Praxisbetrieb zuzulassen [CCTA 2000b]. Dafür steht dem Releasemanagement eine Testumgebung zur Verfügung, um die Wahrscheinlichkeit einer problembehafteten Inbetriebsetzung zu senken.

CMDB

Ein wichtiges Werkzeug für das Releasemanagement stellt die Configuration Management Database (CMDB) dar (s.u.). Diese ermöglicht es dem Releasemanagement, sich über Zusammenhänge wie beispielsweise Abhängigkeiten zwischen Softwarekomponenten zu informieren.

Konfigurationsmanagement

Das Konfigurationsmanagement (*Configuration Management*) ist für die Verwaltung von Informationen über die IT-Infrastruktur und die Services verantwortlich. Dabei werden sämtliche Informationen über die IT-Infrastruktur als sogenannte Configuration Items (CIs) in der Konfigurationsdatenbank (Configuration Management Database, CMDB) gespeichert. Diese Datenbank ist von zentraler Bedeutung für den gesamten Service-Support-Prozess (vgl. Abb. 5–5), da sie für die anderen Prozesse Konfigurationsinformationen aufnimmt und bereitstellt.

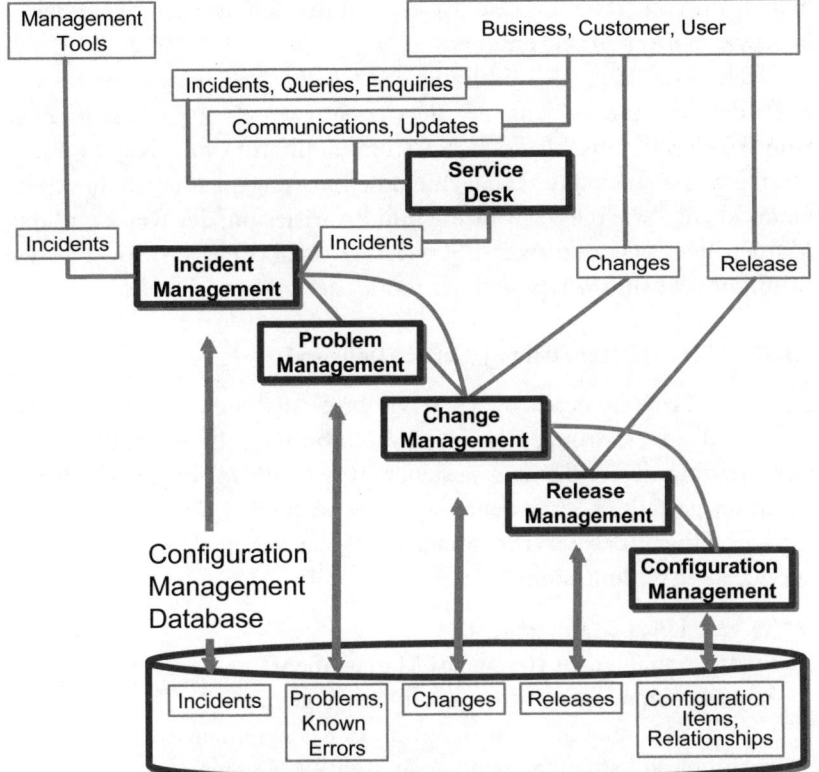

Abb. 5–5
*Übersicht der
Service-Support-Prozesse
[CCTA 2000b]*

Zu den Hauptzielen des Konfigurationsmanagements zählen: *Ziele des Konfigurations-*

managements

- Darstellung der kompletten IT-Systeme einer Organisation (Hard- und Software) inklusive deren Konfiguration
- Dokumentation der Konfiguration zur Unterstützung der verschiedenen Servicemanagement-Prozesse. Die CMDB ist somit der zentrale Informationsspeicher für die Prozesse Problemmanagement, Störungsmanagement, Änderungsmanagement und Releasemanagement.
- Abgleich der relevanten Architekturelemente (Configuration Items, CI) gegenüber der IT-Infrastruktur und ggf. Aktualisierung [CCTA 2000b]

Dabei liegt der Fokus nicht allein auf den technologischen Eigenschaften der CI. Weitere wichtige Informationen, die ebenfalls in der CMDB gespeichert werden müssen, sind (betriebswirtschaftliche) Größen wie Standort, Anschaffungskosten, Zeitwert sowie Beziehungen zu anderen CI. Somit geht die Arbeit des Konfigurationmanagements weit über die eines »Asset Management« hinaus. Gerade durch die Dokumentation von Abhängigkeiten zwischen den CIs werden die anderen Prozesse in ihrer Arbeit unterstützt.

Zusammenhang der Service-Support-Prozesse

Neben der zentralen Stellung der CMDB bringt Abbildung 5–5 auch den Zusammenhang der Service-Support-Prozesse anschaulich zum Ausdruck, einschließlich der Kommunikation mit dem Kunden. Dazu gehören auch das Management der Störungsmeldungen und Probleme ebenso wie die Verwaltung und Priorisierung der RFCs und das Management neuer Software-/Serviceversionen (Releases) sowie neuer Konfigurationsinformationen der modifizierten Systeme.

5.1.2.3   Servicebereitstellung (Service Delivery)

Prozesse der Servicebereitstellung

Durch die Prozesse des Bereichs Servicebereitstellung (Service Delivery) werden die Gestaltung, Planung, Vereinbarung, Überwachung und Optimierung der IT-Services gesteuert [OGC 2001]. Im Vergleich zur zuvor dargestellten Serviceunterstützung werden an dieser Stelle strategische Fragen des Servicemanagements betrachtet. Die Prozesse der Servicebereitstellung sind:

- Service-Level-Management
- Finanzmanagement (Financial Management)
- Kapazitätsmanagement (Capacity Management)
- Kontinuitätsmanagement (Continuity Management)
- Verfügbarkeitsmanagement (Availability Management)

Diese Prozesse werden nachfolgend kurz erläutert.

Service-Level-Management

Service Level Agreements (SLAs)

Das Hauptziel des Service-Level-Managements ist es, die IT-Servicequalität durch einen zyklischen Prozess von Genehmigung, Überwachung und Berichterstattung zu erhalten bzw. zu verbessern [OGC 2001]. Die Grundlage zur Beurteilung der Servicequalität bieten die jeweiligen Service Level Agreements (SLAs), die zwischen IT und Geschäft geschlossen wurden. Sie legen die Qualität eines Services hinsichtlich verschiedener Merkmale fest und haben vertragsähnlichen Charakter. Beispielsweise regelt das SLA zeitliche und qualitative Verfügbarkeit von Services.

Abweichungen und Änderungen

Abweichungen von SLAs müssen durch das Service-Level-Management entdeckt und deren Ursachen identifiziert werden. Bei Änderungswünschen in SLAs ist der Service-Level-Manager primärer Ansprechpartner für den Kunden.

Das Service-Level-Management weist viele Schnittstellen zu anderen Prozessen auf. Beispielsweise werden Daten des Finanzmanagements (s.u.) benötigt, um den Wert eines Service zu definieren. Qualitätsprobleme von Services und nicht eingehaltene Service Level Agreements können neue Releases nötig machen (vgl. Abschnitt »Releasemanagement« auf Seite 160) oder eine Anpassung der Kapazitäten erfordern.

Finanzmanagement

Das Finanzmanagement (*Financial Management*) dient in erster Linie der eindeutigen Zuordnung von Kosten zu den sie verursachenden IT-Services. Damit ist die IT-Abteilung in der Lage, dem Kunden transparent das Zustandekommen der IT-Kosten zu erläutern.

Durch diesen Prozess wird ein IT-Controlling eingeführt (IT Accounting System), das bspw. Kostenstellen- und -trägerpläne enthält. Auf dieser Grundlage werden Kalkulationspreise, Planvorgaben und Budget etc. definiert.

Bei der Ermittlung der Kosten spielen die Configuration Items (CIs) des Konfigurationsmanagements eine wichtige Rolle, denn nur bei einer sorgfältig gepflegten CMDB (Configuration Management Database) sind die Kosten aussagekräftig. Der Kunde kann daraufhin anhand seines Kosten-Nutzen-Verhältnisses erkennen, wo Einsparpotenziale, Veränderungsmöglichkeiten etc. sind und ob sich die IT-Services für ihn lohnen. Auf dieser Grundlage können bspw. auch Make-or-Buy-Entscheidungen getroffen werden.

Eine weitere Aufgabe des Finanzmanagements ist die Unterstützung der Entscheidungsträger bei der Festlegung von IT-Investitionen. Zentrales Entscheidungskriterium ist in der Regel der RoIT (Return on IT).[3]

RoIT (Return on IT)

Kapazitätsmanagement

Das Kapazitätsmanagement (*Capacity Management*) ist dafür verantwortlich, dass das Servicemanagement eine der Nachfrage der Geschäftsseite angemessene IT-Infrastruktur kostengünstig und rechtzeitig bereitstellt. Dabei soll es das Risiko der Über- bzw. Unterversorgung reduzieren. Der Fokus darf aber nicht ausschließlich auf technische Merkmale gelegt werden.

Ziele, Aufgaben, Ergebnisse

Hierzu ist die Überwachung der Performance der Services und der sie unterstützenden Infrastruktur notwendig. Ebenfalls gilt es, den zu erwartenden Bedarf und die daraus resultierende Nachfrage nach Services zu prognostizieren und ggf. zu beeinflussen, bspw. über die

---

3. Der RoIT (Return on IT) bezeichnet in Anlehnung an den Return on Investment (RoI) die Rentabilität einer IT-Investition. Daher wird er gelegentlich auch »Return on IT Investment«genannt.

Gestaltung von Verrechnungspreisen in Zusammenarbeit mit dem Finanzmanagement.

Ergebnisse des Kapazitätsmanagements sind Kapazitätspläne, Berichte und Prognosen über Auslastung und Kapazitätsentwicklung sowie Kostenabschätzungen. Ebenfalls kann die Anpassung von SLAs ein Ergebnis des Kapazitätsmanagements sein.

Die Geschäftsentwicklung und die Vorhaben der Zukunft fließen ebenfalls in die Kapazitätsplanung mit ein. Da es eine Vielzahl an Faktoren zu berücksichtigen gilt, beschreibt ITIL das Kapazitätsmanagement als Balanceakt (vgl. Abb. 5–6), [OGC 2001]).

Abb. 5–6
Kapazitätsmanagement
– ein Balanceakt
[OGC 2001]

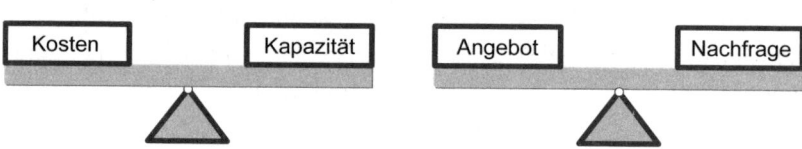

Kontinuitätsmanagement

Herausforderungen des Kontinuitäts- managements

Treten Ereignisse ein, welche die Services bzw. Anwendungssysteme und damit auch die Prozesse eines Unternehmens so stark beeinträchtigen, dass diese nicht oder nur mit erheblichem Aufwand weitergeführt werden können, kann das für ein Unternehmen innerhalb kürzester Zeit zu hohen Verlusten führen. Ursachen dafür können z.B. Naturkatastrophen, Anschläge, Ausfälle von Infrastrukturen o.Ä. sein.

Aufgabe

Die Hauptaufgabe des Kontinuitätsmanagements (*Continuity Management*) ist es, in einem solchen Fall die Wiederaufnahme der IT-Prozesse zu ermöglichen. Als Zeitmaß gelten die in Service Level Agreements (SLA) definierten Zeiträume, in denen eine Störung beseitigt werden soll [OGC 2001]. Hierbei orientiert man sich an im Vorfeld erstellten Backup- und Notfallplänen.

Die Berücksichtigung aller IT-Services ist dabei weder zielführend noch finanziell tragbar. Daher sind über eine Risikoanalyse die kritischen IT-Prozesse zu identifizieren und geeignete Maßnahmen zur Risikominimierung einzuleiten [OGC 2001]. Hierbei gilt es, ein vertretbares Verhältnis zwischen Risiko und Kosten zu wahren.

Auch Versicherungs- oder Kooperationsverträge können Ergebnisse des Kontinuitätsmanagements sein, wenn dadurch ein definiertes Maß an Sicherheit bzgl. der Fortführung erzielt werden kann.

Verfügbarkeitsmanagement

Zielsetzung

Ziel des Verfügbarkeitsmanagements (*Availability Management*) ist die kostengünstige und nachhaltige Herstellung eines Verfügbarkeitsgrades, der es der Organisation ermöglicht, ihre Geschäftsziele zu erreichen. Die hohe Verlässlichkeit der Services und Anwendungssysteme ist für viele Geschäftstätigkeiten erfolgskritisch. Dazu kommt, dass in international aufgestellten Unternehmen häufig eine 24-Stunden-Verfügbarkeit an allen Wochentagen gewährleistet sein muss. Für manche Kunden ist es ein Ausschlusskriterium, wenn sie nicht zeit- und ortsunabhängig ihre Geschäfte durchführen können. In ITIL übernimmt der Prozess des Verfügbarkeitsmanagements die Verantwortung für die Erfüllung dieser Anforderungen.

Die Hauptaufgabe des Verfügbarkeitsmanagements besteht darin, *Anforderungsanalyse* die Verfügbarkeitsanforderungen der Geschäftsseite zu analysieren und Pläne auszuarbeiten, die zukünftige Störungen nach SLA-Vorgaben beseitigen [OGC 2001]. Des Weiteren beinhaltet das Verfügbarkeitsmanagement die Erstellung von Statistiken zur Verfügbarkeit von IT-Prozessen, um Engpässe besser erkennen zu können.

In der Grundintention ähnelt es stark dem Kontinuitätsmanagement. Der wesentliche Unterschied liegt in der Berechenbarkeit der Störungen. Abbildung 5–7 gibt abschließend eine Übersicht der Service-Delivery-Prozesse und zeigt relevante Schnittstellen auf.

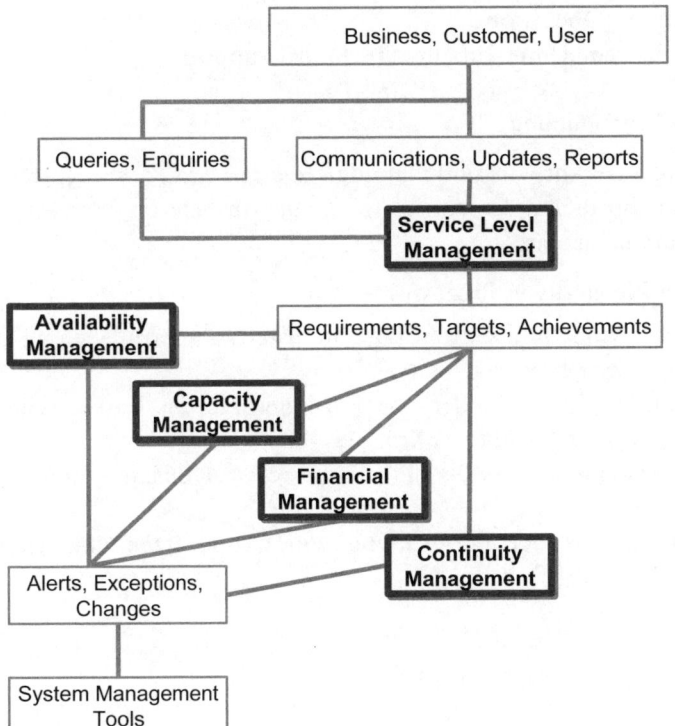

Abb. 5–7
Übersicht der Service-Delivery-Prozesse [OGC 2002a]

Sie bringt dabei auch die zentrale Stellung des Service-Level-Managements zum Ausdruck, das dafür sorgt, dass Anforderungen und Ziele der Geschäftsseite gebündelt und in SLAs festgeschrieben werden. Diese stellen Vorgaben für die weiteren Service-Delivery-Prozesse dar, die jeweils Teilaspekte der SLAs hinsichtlich Verfügbarkeit, Kapazität und Kontinuität umsetzen.

5.1.2.4 Infrastrukturmanagement

Das Buch Infrastrukturmanagement (*ICT Infrastructure Management, ICTIM*[4]) befasst sich mit Fragen, die die IT-Infrastruktur des gesamten Unternehmens betreffen [OGC 2002b]. Darauf bauen IT-Services und demnach auch Geschäftsprozesse auf.

Prozesse des Infrastrukturmanagements im Einzelnen

Dabei ist es für das Design und die Planung von neuer IT-Hardware, für den Einsatz in die vorhandene IT-Infrastruktur, für den reibungslosen Ablauf beim Tagesgeschäft und für die technische Unterstützung zuständig [OGC 2002b]. Dementsprechend gliedert sich das Infrastrukturmanagement in die folgenden Prozesse:

- Entwurf und Planung (Design and Planning)
- Inbetriebnahme (Deployment)
- Betrieb (Operations)
- Technische Unterstützung (Technical Support)

Entwurf und Planung

Erfüllung der Geschäftsanforderungen

Der Prozess »Entwurf und Planung« (*Design and Planning*) steckt den Rahmen für die Implementierung und die Auslieferung von Infrastrukturkomponenten ab.

Ziele

Zu den Zielen dieses Prozesses zählen:

- Entwicklung und Einführung von Installationsstrategien im gesamten Unternehmen
- Koordination jedweder Aspekte innerhalb des Entwurfs und der Planung der IT-Infrastruktur
- Bereitstellung eines Planungs-Interfaces für Business- und Service-Planer
- Mithilfe bei der Entwicklung von Grundsätzen und Standards [OGC 2002b]

---

4. ICT steht für Information and Communication Technology.

Inbetriebnahme

Der Prozess »Inbetriebnahme« (*Deployment*) beschäftigt sich mit der Installation und Verteilung der geplanten IT-Komponenten. Zu den Zielen dieses Prozesses zählen:

Deployment

▪ Analyse der Geschäftsanforderung
▪ Installation einer stabilen IT-Infrastruktur, die für zukünftige Geschäftsanforderungen erweiterbar und unter Risikogesichtspunkten für das Unternehmen angemessen ist
▪ Beiträge zur Verbesserung aller IT-Services [OGC 2002b]

Betrieb

Der Prozess »Betrieb« (*Operations*) soll einen möglichst effektiven Arbeitsablauf herbeiführen. Der Fokus liegt dabei auf der dazu notwendigen Verwaltung und Instandhaltung der IT-Infrastruktur [OGC 2002b].

Operations

Zu den Zielen des Prozesses zählen die Instandhaltung der Infrastruktur und die Sicherung und Aufrechterhaltung des Betriebs, damit Geschäftsanforderungen nachhaltig und dauerhaft erfüllt werden. Hierzu gilt es bspw. auch, Personal mit den erforderlichen Fähigkeiten zu akquirieren.

Technische Unterstützung

Der Prozess »Technische Unterstützung« (*Technical Support*) ist für die Strukturierung und Unterstützung anderer Prozesse zuständig und verantwortet darüber hinaus das Management von Lieferantenbeziehungen.

Technical Support

Die wesentlichen Aufgaben des Prozesses sind, das Know-how für zukünftig relevante Technologien aufzubauen und den anderen Serviceprozessen Wissen über die IT-Infrastruktur bereitzustellen [OGC 2002b].

Aufgaben

5.1.2.5 Sicherheitsmanagement

Das Sicherheitsmanagement (*Security Management*) ist vornehmlich für Datenschutz, Datensicherheit, Diebstahlschutz u.Ä. verantwortlich. Ein wichtiger Punkt ist die Überprüfung auf SLA-gerechte Sicherheit, um Abweichungen aufzudecken. Dabei liegt der Fokus nicht allein auf der technischen Seite der IT-Sicherheit, sondern es werden ebenfalls organisatorische Prozesse überprüft und ggf. verbessert. Das Steuern von Risiken liegt ebenfalls im Aufgabenbereich des Sicherheitsmanagements [OGC 2004].

IT-Sicherheit wird nicht direkt in den ITIL-Büchern, sondern über den internationalen Standard ISO 17799 (BS 7799) spezifiziert [BSI 2005a]. Er beschreibt Maßnahmen, deren Umsetzung ein hohes Maß an Informationssicherheit gewährleisten soll. Neben der Beschreibung dieser Maßnahmen bietet ISO 17799 einen Ansatz zur Bewertung bereits vorhandener Sicherheitsvorkehrungen.

5.1.2.6 Implementierungsplanung des Servicemanagements

Vorgehensmodell für die Einführung von Servicemanagement

Die Implementierungsplanung (*Planning to Implement Service Management*) [OGC 2002c] gibt methodische Unterstützung bei der Implementierung des Servicemanagements sowie bei der Ableitung von Langzeitzielen. Die Implementierung wird durch eine Art Vorgehensmodell unterstützt. Dieses beinhaltet die Ist-Aufnahme des Ausgangszustands der IT-Services, den Entwurf des Soll-Zustands sowie Hinweise zu notwendigen Aktivitäten, um diesen Soll-Zustand zu erreichen. Diese Hinweise beziehen sich auf organisatorische sowie kulturelle Aspekte und integrieren auch Projektrollen und Verantwortlichkeiten in die Betrachtung. Ebenfalls umfassen die Implementierungshinweise Meilensteine und Metriken.

Beziehungen und Abhängigkeiten zwischen Prozessen

Dieser grobe Rahmen muss ausgefüllt werden mit konkreten Aktivitäten zur Umsetzung der ITIL-Prozesse im Unternehmen. Hierbei sind die Beziehungen und Abhängigkeiten der ITIL-Prozesse untereinander zu berücksichtigen. Beispielsweise ist die Einführung des Problemmanagements ohne ein vorhandenes Störungsmanagement sinnlos.

Ist die geplante Einführung abgeschlossen, wird ein Soll-Ist-Vergleich durchgeführt. An dieser Stelle sollte der RoIT ausgewiesen werden, um die Wirtschaftlichkeit der infrage stehenden Investition nachzuweisen.

Die Implementierung des Servicemanagements ist kein einmaliger Prozess. Eine Rückkopplung erfährt diese durch einen kontinuierlichen Verbesserungsprozess. Dadurch soll sichergestellt werden, dass zukünftige Anpassungen berücksichtigt werden können.

5.1.2.7 Anwendungsmanagement

Zielsetzung

In diesem ITIL-Buch wird das Anwendungsmanagement (*Application Management, APM*) aus der Perspektive des Servicemanagements beleuchtet. Vor allem wird eine integrierte Behandlung von Service- und Anwendungsmanagement angestrebt mit dem Ziel:

> »... to have Application Management and Service Management deliver business functionality together throughout every stage of the lifecycle« [OGC 2002a].

Die Hauptaufgabe des Anwendungsmanagements besteht darin, eine Anwendung über ihren gesamten Lebenszyklus hin zu steuern. Abbildung 5–8 zeigt die einzelnen Phasen dieses Lebenszyklus.

Phasen

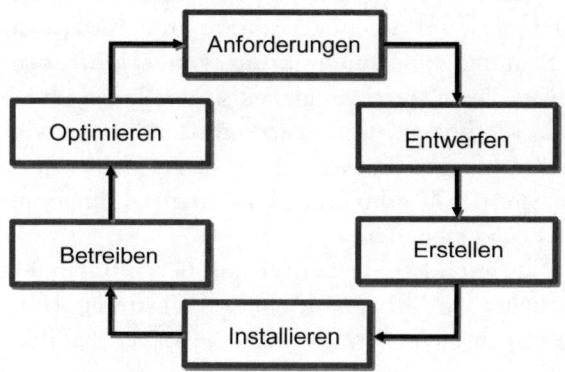

Abb. 5–8

Lebenszyklus von Anwendungssystemen

Gegenstand des Anwendungsmanagements sind Servicemanagement und Anwendungsentwicklung (Application Development). Der Anwendungsentwicklung sind die Lebenszyklusphasen »Anforderungen«, »Entwerfen« und »Erstellen« zugeordnet. In diesen wird – ausgehend von Benutzeranforderungen – ein Anwendungssystem entworfen und schließlich implementiert. Die Ausführungen in ITIL orientieren sich dabei an gängigen Methoden und Vorgehensweisen der Systementwicklung (vgl. z.B. [Stahlknecht & Hasenkamp 2002]).

Anwendungsentwicklung

Die sich anschließenden Phasen »Installieren«, »Betreiben« und »Optimieren« wiederum sind Teil des Servicemanagements, das bereits behandelt wurde. In den entsprechenden Abschnitten des ITIL-Buches wird demnach vielfach auf die oben erläuterten Bücher, v.a. auf Service Support und Service Delivery, verwiesen.

5.1.3   ITIL-Zertifizierung

Für den Nachweis der geprüften individuellen Kenntnis der ITIL-Inhalte hat sich ein Zertifizierungsverfahren für Einzelpersonen etabliert. Die Inhalte und Qualität der Zertifizierung werden durch gemeinnützige Organisationen wie die niederländische Stiftung EXIN (Exameninstituut voor Informatica) und das britische ISEB (Information Systems Examinations Board) überwacht. Viele Unternehmen und Institutionen bieten Kurse und Zertifizierungen zu ITIL an. Zusammen mit dem international vertretenen itSMF (IT Service Management Forum), das 1991 gegründet wurde, erfolgt eine kontinuierliche Abstimmung und Gestaltung der Inhalte. Zertifikate werden mit stei-

Institutionen und Qualifikationen

gender Qualifikation als »Foundation Certificate«, »Practitioners Certificate« und »Managers Certificate« vergeben.

Ziele und Nutzen der
Zertifizierung

Über die Zertifizierung wird u.a. eine einheitliche Verbreitung der Systematik erreicht. Der Aspekt der überbetrieblichen Durchgängigkeit ist im Hinblick auf die immer stärker an industriellen Methoden orientierte Planung und Durchführung von IT-Aufgaben besonders erwähnenswert. Diese Durchgängigkeit sichert eine leichtere Übertragbarkeit von Methoden, unterstützt ihre Weiterentwicklung und erlaubt kürzere Einarbeitungszeiten des IT-Personals. Insgesamt wird also die Effizienz der IT erhöht und das Potenzial für geringere Kosten in diesem Bereich geschaffen.

Dies gilt insbesondere für Bereiche, in denen mit etablierter Technologie gearbeitet wird bzw. in denen es um Planung, Umsetzung und Betrieb von IT geht; jene Bereiche also, die keinen signifikanten Wettbewerbsvorteil über die Anwendung von IT-Innovationen versprechen.

5.1.4   Einordnung und Bewertung

ITIL hat sich als Referenzmodell für das IT-Servicemanagement etabliert und kann für dieses Gebiet als De-facto-Standard angesehen werden.

Ordnet man ITIL in das Kontinuum aus Effizienz, Effektivität und strategischem Beitrag einerseits sowie interner und externer Orientierung andererseits ein (siehe Abschnitt 2.2.2), so findet es seinen Platz unter Effizienz und interner Orientierung (vgl. Abb. 5–9). Damit soll zum Ausdruck gebracht werden, dass ITIL bisher weniger die geschäftliche Seite im Unternehmen, sondern die internen Serviceprozesse mit dem Ziel der Effizienzsteigerung adressiert, während bspw. COBIT stärker nach außen gerichtet ist und explizit die Brücke zwischen Geschäft und IT schlagen will. Die grundsätzliche Zielsetzung von ITIL wird zwar oft ähnlich beschrieben wie die von COBIT (vgl. Abschnitt 5.1.1.2), aber die Themen, die geeignet sind, die Brücke von der IT zur Geschäftsseite zu schlagen (Alignment, Wertbeitrag etc.), sind nach unserer Einschätzung deutlich weniger gut ausgearbeitet.

Auch [Dohle & Rühling 2006] sehen die Stärke von ITIL im Bereich der Prozessdimension und -qualität. Fragestellungen wie die Messung und Operationalisierung der Ergebnisse und ihrer Qualität finden sich in ITIL dagegen höchstens am Rande.

Grundsätzliche Grenzen
von Referenzmodellen

Wie bereits angesprochen, ergibt sich eine grundsätzliche Grenze der durch Referenzmodelle und Standards erreichbaren Ziele. ITIL kann – ähnlich wie andere Referenzmodelle auch – als erprobtes Mittel zur Absicherung eines jeweils erreichten Qualitätsniveaus betrachtet

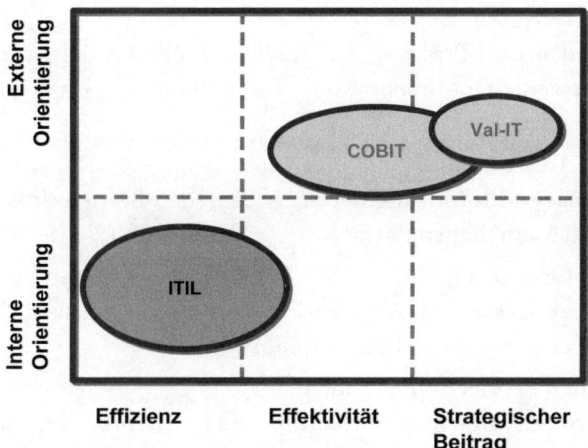

Abb. 5–9
Einordnung von ITIL

werden. Es dient jedoch weniger als Motor bspw. für Prozessinnovation, sondern vielmehr als Hilfsmittel zur kontinuierlichen Verbesserung der Prozessqualität. Insofern lassen sich mit den Referenzmodellen keine Lösungen entwickeln, die weit über den State of the Art hinausgehen.

5.1.5 Ausblick auf ITIL V 3

Eine überarbeitete Ausgabe von ITIL wird laut OGC News[5] im Sommer 2007 erscheinen. Sie wird die Vorgängerversion vollständig ersetzen. Die Motivation für eine Überarbeitung wird von OGC als Routine eingestuft, um die Prozesse zweckdienlich (»fit to purpose«) zu halten. Allerdings soll der Einsatz von ITIL erleichtert werden und so auch für kleinere Unternehmen möglich sein. Der »Refresh« soll auch die Lücke zwischen dem Einsatz dieser Best-Practice-Methoden und dem Nachweis des damit zu erzielenden wirtschaftlichen Nutzens schließen.

Des Weiteren zeichnet sich eine Restrukturierung der Kernbibliothek ab, die ein Lebenszyklusmodell vom Entwurf über das Design bis hin zur Stilllegung wiedergeben wird. Dieses Modell wird in fünf Büchern erscheinen (vgl. [Dierlamm 2007]):

▪ **Service Strategy:**
Beschreibung des Business-IT-Alignments und der Servicestrategie des Service-Providers. Darstellung der Ziele, An-forderungen, Prinzipien (Outsourcing findet nunmehr Berücksichtigung) und Prozesse der Servicestrategie.

---

5. *www.itil.co.uk/news.htm*

■ **Service Design:**
Richtlinien und Prozesse des Service Design (Architektur, Risikomanagement, Dokumentation). Darstellung der Prozesse zur Planung der Services.

■ **Service Transition:**
Strukturierte Einführung der Services in den Betrieb (inkl. Change-
und Releasemanagement).

■ **Service Operation:**
Betriebsprozesse inkl. Applikations- und Infrastrukturmanagement
sowie Leistungsmessung und Reporting.

■ **Continual Service Improvement:**
Prozesse zur Konsistenzerhaltung, Sicherstellung der Wiederhol-
barkeit und der Verbesserungsfähigkeit der Services.

Im Kern soll ITIL V 3 besser an die modernen Strukturen im IT-
Management angelehnt sein, besser mit der Geschäftsseite im Unternehmen vernetzt sein und über das Lebenszyklusmodell an Praxisnähe
gewinnen.

Seitens der OGC wird darauf hingewiesen, dass die beiden bisherigen Kernbücher Service Delivery und Service Support in wesentlichen
Bestandteilen in einem einzigen Kernbuch (Service Operation) der
neuen Version aufgehen werden. Über die Publikation der Kernbücher
im Internet und die kontinuierliche Aktualisierung mit Blick auf regulatorische Anforderungen soll der Einsatz zusätzlich an Praxisnähe
gewinnen.

Die Zertifizierung von Einzelpersonen soll beibehalten und bedarfsweise durch die Unternehmenszertifizierung gemäß ISO/IEC 20000
(s.u.) ergänzt werden.

5.2   ISO/IEC 20000

ISO/IEC 20000 & BS 15000   Der internationale Standard ISO/IEC 20000 [ISO/IEC 2005b] ist 2005
aus dem nationalen britischen Standard BS 15000 hervorgegangen.
Die Verabschiedung als internationaler Standard erfolgte in einem
beschleunigten »Fast-Track«-Verfahren der ISO, um dem wachsenden
internationalen Interesse an BS 15000 und einem international gültigen Standard gerecht zu werden.

BS 15000 und damit auch ISO/IEC 20000 basieren auf ITIL. Der
ISO-Standard ergänzt die darin zusammengefassten Best-Practice-Ver-
fahren durch Prozessanforderungen, die auf Unternehmensebene zerti-
fiziert werden können [Turbitt 2006].

5.2.1 Ziele und Zielgruppen

Im Standard ISO/IEC 20000 sind Prozesse, deren Zielsetzung sowie Controls für das IT-Servicemanagement definiert. Die Controls dienen als messbarer Qualitätsindikator und schaffen die Grundlage für die erfolgreiche Zertifizierung des IT-Servicemanagements auf Unternehmensebene. *Zertifizierung*

Mit ISO 20000 wird es ganzen Unternehmen und Organisationen ermöglicht, den Nachweis für den erfolgreichen Betrieb des IT-Servicemanagements gemäß der ITIL-Spezifikation zu erbringen. Insofern ist – anders als bei ITIL – nicht nur eine persönliche Zertifizierung, sondern auch eine Zertifizierung auf Unternehmensebene vorgesehen. *Organisationsbezug*

Der Einsatz des ISO/IEC-20000-Standards soll im Kern der qualitativen Verbesserung der IT-Services und der IT-Organisation dienen und so auch helfen, die Leistungsfähigkeit eines Unternehmens besser einzuschätzen, die Qualität der angebotenen und gelieferten Dienstleistungen zu messen und diese kontinuierlich und strukturiert zu verbessern.

Darüber hinaus helfen die definierten Prozesse des IT-Servicemanagements, in den Unternehmen den Zusammenhang zwischen Prozessen aufzuzeigen. Sie können damit auch als systematische Entwurfs- und Implementierungsunterstützung bei der Realisierung eines IT-Servicemanagements eingesetzt werden. *Hilfestellung für die Einführung*

Der BSI-Standard 15000 hat inhaltlich die internationalen prozessbasierten Ansätze der ISO – Management für Qualität (ISO 9001:2000) und Umwelt (ISO 14001:1996) – bereits in seiner Vorgehensweise integriert. Dies wird unter anderem durch ein »Plan-Do-Check-Act-Modell« (PDCA oder »Deming Cycle«) (vgl. Abb. 5–10) als »Kontinuierlicher Verbesserungsprozess« (KVP) sichtbar. *Qualitätsverbesserung*

So bietet die Anwendung des Standards auch einen Hebel zur Verbesserung der Produktivität. Weitere wichtige Ziele sind: *Weitere Ziele*

- Verringerung des operationalen Risikos
- Umsetzung und Überwachung vertraglicher Anforderungen (bspw. beim Outsourcing/-tasking)
- Erreichung hoher Servicequalität und ihrer kontinuierlichen Verbesserung
- Verbesserung des Business-IT-Alignments

Die Zielgruppe von ISO/IEC 20000 sind IT-Management und IT-Prozessverantwortliche. Diese können in Abnehmer- oder Anbieterunternehmen von z.B. Outsourcing-Dienstleistungen angesiedelt sein. Besondere Relevanz entfaltet der Standard für Unternehmen, deren Abhängigkeit von der Qualität der IT-Services sehr hoch ist, wie z.B. Finanzdienstleister oder Unternehmen im Gesundheitssektor. *Zielgruppen*

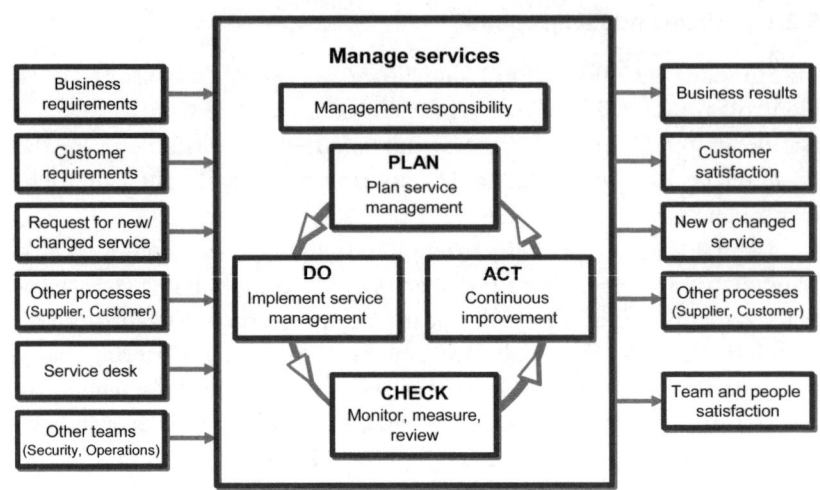

5.2.2　Struktur von ISO/IEC 20000

Transparenz der
IT-Services

ITIL als Best-Practice-Sammlung und De-facto-Standard zum IT-Service-management hat einen erheblichen Einfluss auf die Ausgestaltung der Abnehmer-Anbieter-Beziehungen beim Bezug und der Bereitstellung von IT-Services. Mit ISO/IEC 20000 wird insbesondere aus der Sicht interner wie externer Dienstleister ein Ansatzpunkt geboten, die Qualität der IT-Services für die Anbieter- und Abnehmerseite transparenter zu gestalten.

Gestaltung von
Sourcing-Beziehungen

Eine Zertifizierung nach ISO/IEC 20000 erleichtert der Abnehmerseite, das Angebot der Dienstleistungen zu bewerten, und erlaubt es der Anbieterseite, ein erhöhtes Vertrauen in die eigene Leistungsfähigkeit im Markt zu wecken. Zudem können bei einem Anbieterwechsel die anfallenden Kosten (Switching Costs) besser kontrolliert werden.

Weiter ist zu berücksichtigen, dass ISO/IEC 20000 im Wesentlichen die Anforderungen an die Prozesse des IT-Servicemanagements definiert und begründet. Über Empfehlungen zur Umsetzung hinaus werden keine »Bauanleitungen« angeboten. Jedoch kann beim Entwurf der Prozesse auf die kompatiblen ITIL-»Best-Practices« zurückgegriffen werden.

5.2.2.1 Prozessgruppen

Das IT-Servicemanagement wird in ISO/IEC 20000 in fünf Prozessgruppen gegliedert (vgl. Abb. 5–11).

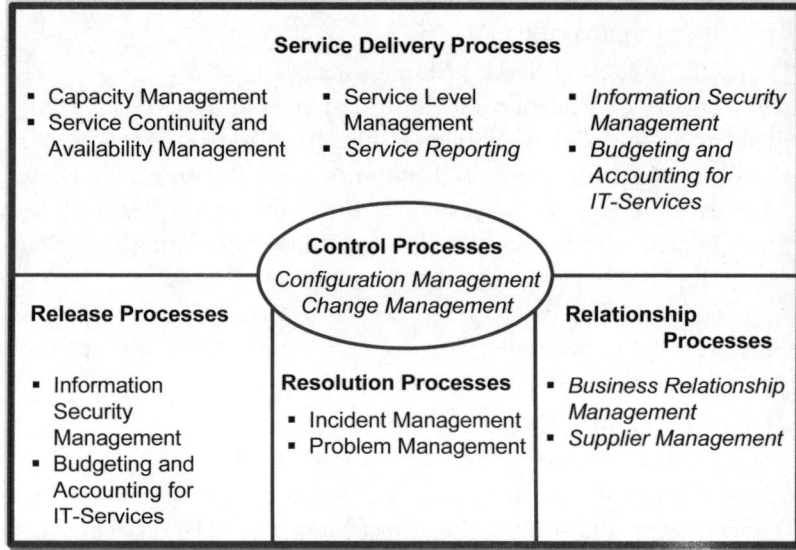

Abb. 5–11
Prozesse des Standards ISO/IEC 20000
[Dohle & Rühling 2006]

kursiv: Nicht-ITIL-Prozesse

■ **Servicebereitstellungs- und Lieferprozesse**   *Prozessgruppen*
  (Service Delivery Processes):
  Darunter sind Service-Level-Management sowie Kapazitäts-, Ver-
  fügbarkeits- und Kontinuitätsmanagement (Capacity Management,
  Availability Management, Continuity Management) zusammenge-
  fasst.

■ **Kundenbeziehungsprozesse (Relationship Processes):**
  Diese Prozesse bestimmen die Schnittstellen zwischen Serviceanbietern und Kunden sowie zwischen Serviceanbietern und Lieferanten.

■ **Lösungsprozesse (Resolution Processes):**
  Diese Prozesse sind auf das Management von Störungen und Problemen fokussiert.

■ **Kontrollprozesse (Control Processes):**
  Umstellungen und Änderungen in der Systemkonfiguration und in
  der Organisation stehen hier im Mittelpunkt.

■ **Freigabeprozesse (Release Processes):**
  Auf die Verteilung (Rollout bzw. Integration) neuer oder veränderter Software sind diese Prozesse ausgerichtet.

5.2.2.2   Bestandteile des Standards

Der Standard ISO 20000 ist untergliedert in die Spezifikation des IT-Servicemanagements [ISO/IEC 2005b] und in den sogenannten »Code of Practice« [ISO/IEC 2005c]:

IT-Service Management   ▪ **ISO/IEC 20000-1:2005**

»Specification of IT-Service Management«

ISO 20000-1 spezifiziert die Anforderungen an das IT-Servicemanagement und liefert Vorgaben für die Prozessgruppen Service Delivery, Control, Release, Resolution und Relationship. Dieser Teil des Standards ist insbesondere für Einheiten im Unternehmen von Bedeutung, die für die Planung, Implementierung und Wartung des IT-Servicemanagements zuständig sind.

Dabei werden die Aspekte des IT-Servicemanagements unabhängig davon behandelt, ob es sich um interne oder externe Abnehmer dieser Services handelt.

Code of Practice   ▪ **ISO/IEC 20000-2:2005**

»Code of Practice for IT-Service Management«

Der »Code of Practice« unterstützt durch Empfehlungen und Anleitungen die praktische Umsetzung des IT-Servicemanagements, wie er von ISO 20000-1 festgelegt ist. Darüber hinaus bilden die Empfehlungen einen – über das Standardisierungsverfahren erreichten – Konsens der Industrie bezüglich der Leitlinien für Auditoren und dienen als Orientierung für Dienstleister, die gemäß ISO/IEC 20000-1 Serviceverbesserungen oder Audits planen und durchführen.

Ergänzende Dokumente   Als Ergänzung im Zusammenhang mit ISO/IEC 20000 verdienen zwei
des BSI   weitere Dokumente der British Standards Institution (BSI) Erwähnung (vgl. Abb. 5–12):

Manager's Guide   ▪ **PD 0005**

»Manager's Guide to Service Management«

PD 0005 (PD: Published Document) ist eine Managementzusammenfassung zur Zielsetzung und zu den Inhalten des IT-Servicemanagements unter Berücksichtigung von ITIL und der Vorgängerversion von ISO 20000, dem Dokument BS 15000 des BSI [Dugmore & Lacy 2003].

Self Assessment   ▪ **PD 0015**
Workbook

»IT-Servicemanagement. Self Assessment Workbook«

In diesem Dokument sind Fragen zur Selbstbewertung (Self Assessment) hinsichtlich des Erreichungsgrades der in ISO 20000-1 formulierten Anforderungen der IT-Prozesse durch die dafür Verantwortlichen aufgeführt.

Es wird allgemein empfohlen, das Verfahren der Selbstbewertung und die Umsetzung der daraus ggf. resultierenden Optimierungsschritte durch ITIL-Kenntnisse abzusichern.

5.2.2.3   Zertifizierung

Die Zertifizierung der ISO/IEC 20000-Konformität ist nur für Unternehmen vorgesehen, die bereits ein IT-Servicemanagement betreiben. Dabei können auch nur Teilbereiche eines Unternehmens Gegenstand der Zertifizierung sein.

Zertifizierung von Teilbereichen

Für Organisationen, die keine Zertifizierung anstreben, aber bereits in der Umsetzung von ITIL fortgeschritten sind, bietet die Dokumentation des Standards ein wertvolles (und preiswertes) Hilfsmittel, den Umsetzungsfortschritt zu bewerten. In jedem Fall kann der Standard als Benchmark für die Qualität des IT-Servicemanagements im Unternehmen verwendet werden.

Benchmark für Qualität im IT-Servicemanagement

Allerdings gibt es auch warnende Stimmen, die den Stellenwert einer Zertifizierung für die Außenwirkung im Wettbewerb relativieren. Wegen des relativ hohen Interpretationsspielraumes von ISO/IEC 20000 – wie auch von ITIL – wird beispielsweise in [Dohle & Rühling 2006] davor gewarnt, die Erwartungen in eine Zertifizierung der Services allzu hoch anzusetzen. So sei eine Zertifizierung heute bereits dann möglich, wenn die vorgeschriebenen Prozesse lediglich zum Teil im Unternehmen umgesetzt würden.

Grenzen der Zertifizierung

Die Zertifizierung orientiert sich am Zertifizierungsschema von ISO 9000 [Dohle & Rühling 2006; itSMF o.J.a].

5.2.2.4 Vor- und Nachteile

Durch die Verwendung des ISO/IEC-20000-Standards und die dadurch bedingte Anpassung der Prozesse können Unternehmen mehrere Vorteile für sich schaffen [Schneider 2006]:

Transparenz
- Die IT-Infrastruktur und Prozesse werden durch die Überprüfung und Neuorganisation für Stakeholder (Anteilseigner, Kunden, Lieferanten, Beschäftigte) und Externe (z.B. Prüfer, Kunden) transparenter.

Risikoreduzierung
- Bestehende Schwachstellen von IT-Prozessen werden durch die Orientierung an ITIL-Prozessen aufgedeckt und aktiv beseitigt. Operative Risiken können so reduziert werden.

Leistungsfähigkeit
- Die Leistungsfähigkeit der IT-Prozesse kann bewertet und verbessert werden. Es wird leichter, vereinbarte Anforderungen zu erfüllen und SLAs einzuhalten. Verbesserungspotenziale in der Qualitäts- und Leistungsfähigkeit der IT werden aufgedeckt.

Kompetenz
- Mithilfe der Zertifizierung kann die Servicemanagement-Kompetenz des Unternehmens objektiv nachgewiesen werden. Dies ist nicht zuletzt für die Pflege der Kundenbeziehungen von Bedeutung.

Vorgaben/ Vereinbarungen
- Der Nachweis, dass vertragliche oder gesetzliche Vorgaben/Vereinbarungen nachhaltig umgesetzt werden, wird ebenfalls erbracht. Dies führt grundsätzlich zu einem Reputations- und Vertrauensgewinn.

Den offensichtlichen Vorteilen stehen einige Nachteile gegenüber:

Interne Barrieren
- Bestehende interne Barrieren (z.B. Mitarbeitermentalitäten, fehlende Zielausrichtung und Orientierung, ...) können den Arbeitsaufwand der Einführung weiter erhöhen [Schneider 2006].

Langfristige Auslegung
- Die Neuausrichtung nach dem ISO-Standard ist langfristig auszulegen. Da im Allgemeinen grundlegende Prozesse geändert werden müssen, ist mit einer längeren Umsetzungsdauer zu rechnen. Im Regelfall kann man sagen, je organischer die IT-Systeme gewachsen sind, umso schwieriger wird es, die Systeme im Detail auf den Standard abzustimmen.

Umfangreiches Change-Management
- Durch die Einführung entstehen relativ hohe Einmalkosten (z.B. durch den Einsatz externer Experten und umfangreiches Change-Management).

5.2.2.5 Einordnung und Bewertung

ISO/IEC 20000 unterstützt die marktseitige Verwertung von Effizienzsteigerungen, die durch ITIL erzielt wurden. Wesentlich dafür ist die Möglichkeit, ein Unternehmen als Gesamtorganisation oder in Teilbe-

reichen zu zertifizieren. Damit wird für Externe, d.h. für Kunden, Lieferanten, Wettbewerber und Kapitalgeber, deutlich, dass die IT nach
einem internationalen Standard organisiert ist und somit eine definierte Mindestqualität bietet.

Aufgrund der besseren marktlichen Verwertbarkeit klassifizieren
wir ISO/IEC 20000 als stärker extern orientiert im Vergleich zu ITIL
(vgl. Abb. 5–13). Die Schwerpunktsetzung auf Effizienz ist in ITIL und
ISO/IEC 20000 vergleichbar.

Stärkere externe
Orientierung

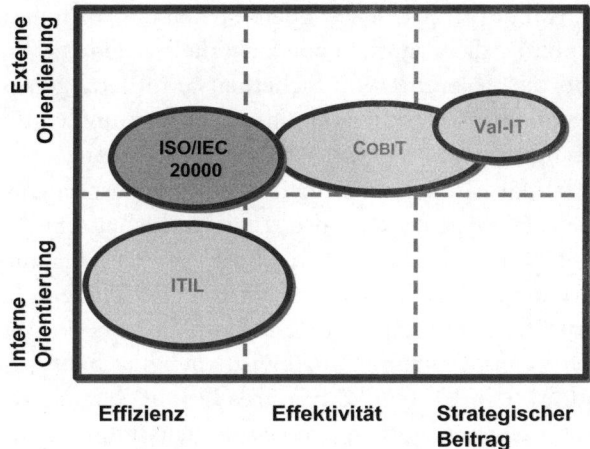

Abb. 5–13
Einordnung von
ISO/IEC 20000

5.3 Informationssicherheits-Management

Informationssicherheit ist in der Wirtschaft, der Politik und im öffentlichen Leben unverzichtbar. Dies gilt besonders im Zusammenhang
mit Bedrohungen durch Betrug, Spionage, Vandalismus, Terrorismus
u.a.m. Aber auch die Tatsache, dass viele IT-Systeme nicht mit einem
hinreichenden Anspruch auf Informationssicherheit entworfen wurden, zwingt zu Maßnahmen. Vor dem Hintergrund der komplexer
werdenden IT-Systeme und der wachsenden Abhängigkeit der Unternehmen von der IT ist ein grundsätzlicher und umfassender Ansatz
gefragt.

Steigende Bedeutung der
Informationssicherheit

Dazu kommt, dass neben der Informations- und Datensicherheit
insbesondere auch der Datenschutz, d.h. der Schutz personenbezoge-
ner Daten, zu gewährleisten ist und ein Unternehmen dem Schutz geistigen Eigentums, dem Urheberschutz, verpflichtet ist.

Gesetzliche
Anforderungen

Diese Grundsatzaufgaben werden durch Controls aus Best-
Practice-Erfahrungen aus der Informationssicherheit unterstützt. Sie
beziehen sich bspw. auf folgende Bereiche:

Best-Practice-Erfahrungen

- Allgemeine Sicherheitsverfahren
- Zuordnung von Rollen und Verantwortungen
- Ausbildung und Training in sicherheitsrelevanten Bereichen
- Berichtswesen zu Sicherheitsvorfällen
- Kontinuitätsmanagement

5.3.1   Sicherheitsstandards

Strategische Ebene

Zur Einrichtung sicherer IT-Systeme wurden verschiedene Standards geschaffen. Auf der strategischen Ebene stehen die Formulierung einer Sicherheitspolitik, das Ermitteln von Sicherheitszielen, die Analyse von Risiken und die Ableitung von Sicherheitsanforderungen im Mittelpunkt der Standardisierungsbemühungen. Dazu kommen die geeigneten Grundschutzmaßnahmen zur Abwehr von Risiken.

Aufgaben des Sicherheitsmanagements

Diese Standards sollen die Aufgaben eines umfassenden Informationssicherheits-Managements, also das systematische Erkennen, Bewerten, Steuern und Überwachen, abdecken. Für den damit verbundenen kontinuierlichen Verbesserungsprozess der Planung, Durchführung, Überprüfung und Verbesserung (Plan, Do, Check, Act) der einzusetzenden Sicherheitsmaßnahmen wird auch hier häufig der PDCA-Zyklus (vgl. Abb. 5–10) von W. Edwards Deming herangezogen.

Erfolgsfaktoren

Die erfolgreiche Umsetzung von Sicherheitsstandards und Sicherheitsprojekten wird von der Internationalen Standardisierungsorganisation mit einer Reihe von kritischen Erfolgsfaktoren in Verbindung gebracht [ISO/IEC 2005a]:

- Sicherheitsziele, -bestimmungen und -aktivitäten sind mit den Geschäftszielen abzugleichen.
- Der Grundansatz bei der Implementierung der Sicherheitsverfahren und -technologien passt zu der Unternehmenskultur.
- Seitens des (Top-)Managements erfolgt eine sichtbare und spürbare Unterstützung.
- Es existiert ein solides Verständnis und Wissen über Sicherheitsanforderungen, Risikoanalyse und Risikomanagement.
- Akzeptanz wird über internes Marketing hergestellt.
- Die implementierten Sicherheitsverfahren sind allen Mitarbeitern und Geschäftspartnern bekannt und werden aktiv angewendet.
- Angemessene Ausbildung und Training
- Verfahren und Systeme zur Erfolgsmessung

Eine umfassende Konzeption für ein Informationssicherheits-Management ist durch die Kombination dreier Standards zu erhalten:

Kombination dreier Standards

a) ISO/IEC 13335-1:2004 Information technology – Security techniques – Management of information and communications technology security (Part 1: Concepts and models for information and communications technology security management) [ISO/IEC 2004]

Management of information

Der Standard definiert die Geschäftsarchitektur des Sicherheitsmanagements.

b) ISO/IEC 17799:2005 Information technology – Security techniques – Code of practice for information security management [ISO/IEC 2005a]

Code of practice

Der Standard beschreibt Umsetzungsmaßnahmen auf Managementebene (er wird voraussichtlich in ISO/IEC 27002 umbenannt).

c) ISO/IEC 27001 Information technology – Security techniques – Information security management systems – Requirements

Requirements

Der Standard beschreibt Anforderungen an ein Informationssicherheits-Management [ISO/IEC 2006]. Dieser Standard ist aus dem britischen Standard BS 7799-2 bzw. dem internationalen Standard ISO/IEC 17799-2 hervorgegangen.[6]

Die oben dargestellten Referenzmodelle COBIT und ITIL bieten selbst keine umfassenden Ausführungen zum Thema Informationssicherheit, sondern verweisen auf die im Folgenden genannten ISO-Standards.

5.3.1.1   Der Standard ISO/IEC 13335

Unter dem Titel »Management von Sicherheit der Informations- und Kommunikationstechnik (IuK)« (*Management of information and communications technology security*) zeigt dieser Standard die wesentlichen Aktivitäten zur Bearbeitung des PDCA-Regelkreises für Informationssicherheit auf.

Der Standard richtet sich an die Managementebene in einem Unternehmen. Er gliedert sich in zwei Teile, wobei der zweite Teil sich noch im Entwurfsstadium befindet:

Teile von ISO/IEC 13335

▪ Im ersten Teil werden die Komponenten einer Geschäftsarchitektur des Sicherheitsmanagements dargestellt. Neben der Festlegung wichtiger Rollen und Verantwortungen sowie den Grundzügen

Komponenten

---

6.   Das IT-Grundschutzhandbuch des Bundesamtes für Sicherheit in der Informationstechnik (BSI) [BSI 2005b] dient gleichfalls der Herstellung von Informationssicherheit. Es ist kompatibel zu ISO 27001 und berücksichtigt die Empfehlungen von ISO 13335 und ISO 17799. Vom BSI werden verschiedene Zertifikate vergeben.

einer adäquaten Organisationsstruktur werden Sicherheitsmanagement-Funktionen vorgestellt und Hinweise zum Risikomanagement gegeben.

Aktivitäten   Der zweite Teil spricht die Aktivitäten des Risikomanagements, bspw. die Risikoidentifizierung und -bewertung, an und gibt Hinweise zur Risikokommunikation und zur nachhaltigen Risikoüberwachung. Des Weiteren werden diese Aktivitäten als Standardprozess gegliedert und in Schritten dargestellt [BITKOM 2006].

5.3.1.2   Der Standard ISO/IEC 17799

Umsetzungsmaßnahmen auf Managementebene   Dieser Standard mit dem Titel »Informationstechnik« (*Information technology – Security techniques – Code of practice for information security management*) definiert Umsetzungsmaßnahmen auf Managementebene.

ISO 17799 bietet eine umfassende Sammlung von auf Best Practice beruhenden Methoden, Verfahren und Prozessen zur Herstellung von Informationssicherheit. Der erste Vorläufer dieses Standards wurde als »DTI Code of Practice« in Großbritannien veröffentlicht und dort 1995 unter BS 7799 als nationaler Standard verabschiedet.

»De-facto-Standard« für Sicherheit   Der Standard bildet einen Orientierungsrahmen, der auf die meisten IT-Umgebungen anwendbar ist. ISO 17799 ist international als »der« Sicherheitsstandard anerkannt und weit verbreitet. Er ist als generischer Ansatz zur Herstellung von Informationssicherheit einzuordnen und wird in der Praxis für detailliertere Umsetzungen mit weiteren Standards kombiniert, wie zum Beispiel mit den IT-Grundschutzrichtlinien des *Bundesamtes für Sicherheit in der Informationstechnik*.

Sicherheit für Transaktionen und Prozesse   ISO 17799 beinhaltet eine Sammlung von Controls, die den Bedarf an Sicherheitsvorkehrungen beim Einsatz der IT in der Industrie und Wirtschaft abdecken. Durch die Bereitstellung methodischer Vorgaben bietet er einen Rahmen für die sichere unternehmensübergreifende Abwicklung von Geschäftsprozessen und Transaktionen.

Organisationsspezifische Anpassung   Es wird nicht der Anspruch erhoben, alle Sicherheitsanforderungen in jeder Situation abzudecken. Die Nutzer sind aufgefordert, die aufgeführten Controls durch eigene zu ergänzen oder sie zu reduzieren.

Gegenstandsbereiche der Informationssicherheit in ISO 17799   In ISO 17799 werden Informationen als Vermögenswerte (assets) aufgefasst, denen prinzipiell ein Wert zugeordnet werden kann und die vor Missbrauch oder anderen unerwünschten Einflüssen geschützt werden müssen.

Informationssicherheit konzentriert sich auf:

- **Vertraulichkeit**
  Nur wer berechtigt ist, hat Zugriff.

- **Integrität**
  Korrektheit und Vollständigkeit der Information und der Verarbeitungsmethoden sind sichergestellt.

- **Verfügbarkeit**
  Autorisierte Nutzer haben bei Bedarf Zugriff auf die Informationen.

5.3.1.3 Der Standard ISO/IEC 27001

Dieser Standard richtet sich gleichfalls an die für Informationssicherheit verantwortliche Managementebene in einem Unternehmen oder einer Organisation. Die Beschreibung der Anforderungen ist so generisch gehalten, dass der Standard auf alle Organisationsformen unabhängig vom Aufgabenfeld oder der Branche anwendbar ist.

Unter dem Titel »Informationssicherheits-Managementsysteme – Anforderungen« (*Information security management systems – Requirements*) beschreibt dieser Standard Anforderungen an ein Informationssicherheits-Management. Er ist aus dem britischen Standard BS 7799-2 bzw. dem internationalen Standard ISO/IEC 17799-2 hervorgegangen und dient als Basis für nationale Zertifizierungsschemata [BITKOM 2006].

Im Kontext eines Informationssicherheits-Managements unterstützt der Standard die methodische Identifizierung von Risiken sowie deren Reduzierung durch Kontrollprozesse, die in die Geschäftsprozesse zu integrieren sind. Sicherheitsanforderungen und Geschäftsziele sind dabei als »Input« der Prozesse und die Informationssicherheit als »Output« zu betrachten.

Identifikation von Risiken

Auch hier wird die Herstellung von Informationssicherheit als kontinuierlicher Verbesserungsprozess im Sinne des PDCA-Zyklus (vgl. Abb. 5–10) aufgefasst.

Zertifizierung

Ein Unternehmen kann sich ganz oder teilweise nach ISO/IEC 27001 zertifizieren lassen. Die Zertifizierung selbst wird durch dafür akkreditierte Unternehmen vorgenommen.

Wegen methodischer Ähnlichkeiten mit den Qualitätsstandards ISO 9000 (Qualitätsmanagement) und ISO 14000 (Umweltmanagement) wird ISO/IEC 27001 ebenfalls als Qualitätsstandard eingeordnet [BITKOM 2006].

Qualitätsstandard

ISO/IEC-27001-
Anwendungsbereiche

Der Standard ISO/IEC 27001 soll vor allem in den folgenden Bereichen anwendbar sein:

- Formulierung der Anforderungen und Zielsetzungen zur IT-Sicherheit
- Kosteneffizientes Management der Sicherheitsrisiken
- Sicherstellung der Konformität mit Gesetzen und Regulatorien
- Als Prozessrahmen für die Implementierung und das Management der Maßnahmen zur Sicherstellung von spezifischen Zielen zur Informationssicherheit
- Definition von neuen Informationssicherheits-Managementprozessen
- Identifikation und Definition von bestehenden Informationssicherheits-Managementprozessen
- Definition der Informationssicherheits-Managementtätigkeiten
- Anwendung durch interne und externen Auditoren zur Feststellung des Umsetzungsgrades von Richtlinien und Standards

5.3.1.4 Die Standardfamilie ISO/IEC 27000

ISO/IEC-27000-
Seriennummern

Die Internationale Standardisierungsorganisation ISO hat die Seriennummern 27000 bis 27999 für Informationssicherheit reserviert. Einige Nummern sind bereits vergeben oder für Publikation reserviert[7]:

- **ISO 27001**
  »Information Security Management System« ersetzt den BSI-Standard BS 7799-2.

- **ISO 27002**
  Ersetzt den Standard ISO 17799:2005 »Information technology – Security techniques – Code of practice for information security management«.

- **ISO 27003**
  Unter dem Arbeitstitel »Implementation guidance« entsteht ein Standard zur Unterstützung der Implementierung der »27000«-Serie.

- **ISO 27004**
  Der in der Entwicklung befindliche Standard »Information Security Management Metrics and Measurement« für Metriken und Messverfahren soll 2007 veröffentlicht werden.

- **ISO 27005**
  Der BSI-Standard »BS 7799-3:2006 – information security management systems – guidelines for information security risk

---

7.   Vgl. *www.iso.org.*

management« wurde im März 2006 herausgegeben und soll das Risikomanagement unterstützen.

■ **ISO 27006**

Ein weiterer neuer Standard im Status eines Projektes ist »Guidelines for information and communications technology disaster recovery services« für den Bereich schwerer Sicherheitsbeeinträchtigungen durch z.B. Naturkatastrophen und Zerstörungen.

5.3.2 Einordnung und Bewertung

Mit den Standards ISO/IEC 13335, 17799 und der Standardfamilie ISO 27000 wurden die wesentlichen Elemente einer Geschäftsarchitektur zur Informationssicherheit geschaffen. Durch die Möglichkeit der Unternehmenszertifizierung lässt sich – analog zu ISO 20000 – für den Bereich der Informationssicherheit ein nach außen wirksames und marktrelevantes Qualitätsprofil herstellen.

Marktrelevantes Qualitätsprofil

In Abbildung 5–14 wird die Informations- und Datensicherheit daher als intern und extern relevant eingeordnet. Ihren Beitrag zur effektiven Geschäftsabwicklung liefert sie dadurch, dass viele Geschäftsprozesse heute auf sichere Anwendungssysteme angewiesen sind. Insofern ist die Herstellung von Sicherheit eine zwingende Voraussetzung bspw. für die Gewährleistung von Geschäftskontinuität.

Geschäftskontinuität

Durch die Reduktion von Risiken dient das Sicherheitsmanagement auch mittelbar der Effektivität, obwohl es zunächst keine direkt positiven Auswirkungen auf die ökonomischen Größen wie Kosten, Ertrag und Geschwindigkeit der Leistungserstellung hat.

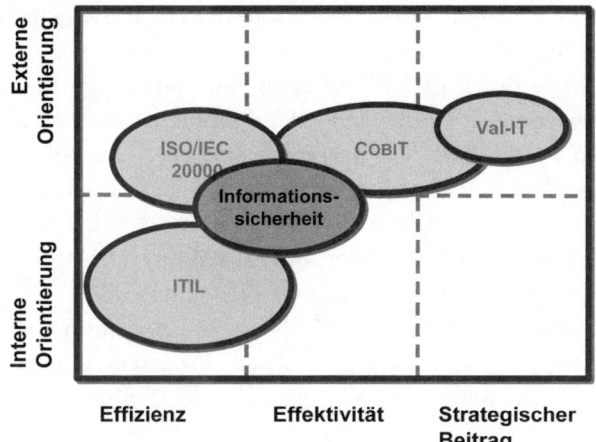

Abb. 5–14
Einordnung der Standards zur Informations- und Datensicherheit

5.4 CMMI

5.4.1 Einleitung und Übersicht

SEI Das Capability Maturity Model Integration (CMMI) ist ein Referenz-modell zur Verbesserung von Prozessen, die der Beschaffung, der Entwicklung, dem Betrieb und der Wartung von Software dienen. Es wurde vom Software Engineering Institute (SEI), einem mit Regierungsmitteln finanzierten Forschungs- und Entwicklungslabor der Carnegie Mellon Universität in Pittsburgh, USA, entwickelt.

COBIT-Reifegradmodell Die ISACA lehnte sich bei der Entwicklung des COBIT-Reifegrad-modells an das CMMI bzw. seinen Vorläufer, das CMM, an (vgl. Abschnitt 3.3.9).

Ausgangspunkt Ausgangspunkt der Entwicklung des Capability Maturity Model (CMM) für Software war die Untersuchung typischer Probleme umfangreicherer Softwareprojekte wie bspw. Zeitüberschreitungen, Aufwandsabschätzungen, mangelhaftes Projekt-Berichtswesen sowie Qualitäts- und Führungsprobleme unter dem Gesichtspunkt der Güte des Gesamtprozesses.

Überblick über die Versionen Aufgrund einer Initiative des US-Verteidigungsministeriums begann 1986 das SEI mit der Entwicklung eines Systems zur Bewertung der Reife von Softwareprozessen. Dies führte 1991 zum ersten Reifegradmodell, dem »Capability Maturity Model 1.0« oder kurz CMM [SEI 1993]. 1997 begannen die Arbeiten am Nachfolgemodell, das 2000 pilotiert und 2002 unter dem Namen »Capability Maturity Model Integration, CMMI« freigegeben wurde. Im Herbst 2006 ist eine neue Version mit der Versionsnummer 1.2 erschienen [SEI 2007].

Gegenstandsbereich und benachbarte Standards Die hohe Akzeptanz des Ansatzes führte zur Entwicklung weiterer Maturitätsmodelle in den Bereichen Sicherheit, Personal, Software-Akquise sowie der Entwicklung eines Internationalen Standards zur Prozessbewertung. Zur Auflösung der damit entstandenen konzeptuellen Heterogenität und der unterschiedlichen Terminologien wurde vom SEI die Integration bzw. Angleichung dieser Ansätze durch das CMMI herbeigeführt. Die jetzige Version von CMMI ist mit SPICE (Software Process Improvement and Capability Determination) und damit auch mit ISO 15504 kompatibel [Szakats 2004].

Kompatibilität Die Kompatibilität zu ISO 15504 ist von Bedeutung, weil CMMI die Anforderungen des Standards an ein Prozessmodell umsetzt und auf die Produkterstellung im Softwarebereich abbildet.

CMMI richtet sich an die Prozessverantwortlichen der IT, die eine Einschätzung des Entwicklungsstatus der von ihnen genutzten IT vornehmen möchten. Die erwarteten geschäftlichen Vorteile sind insbesondere [SEI 2007]:

- Reduzierung von Integrations- und Testaufwand
- Erhöhte Erfolgswahrscheinlichkeit der Projekte
- Bessere Interaktion zwischen unterschiedlichen »Engineering-Funktionen«
- Anwendung von »System-Engineering-Prinzipien« in der Softwareentwicklung

5.4.2 CMMI-Komponenten

Auch das Capability Maturity Model Integration (CMMI) beruht auf der Einsicht, dass die Bedeutung der IT und der mit ihr betriebenen Anwendungssoftware ständig weiter steigt, dass die Software in zunehmendem Maße die Produkte und Services eines Unternehmens ausmacht und System(betrieb) und Software(betrieb) nur unzureichend integriert sind.

Bei CMMI handelt es sich insofern um ein Prozessmodell, als dass nicht die konkreten Schritte zur Durchführung der Prozesse beschrieben, sondern vielmehr die Anforderungen festgelegt werden, die für eine optimale Prozessdurchführung erfüllt sein müssen. *Prozessorientierung von CMMI*

Ausgelegt ist CMMI auf die Prozesse der Beschaffung, der Entwicklung und des Betriebs von Softwaresystemen.

CMMI integriert eine Vielzahl von Maturitätsmodellen, die u.a. aus Ableitungen von CMM entstanden sind, in ein umfassendes Reifegradmodell. Dazu gehören: EIA 731, ISO 15504, IPD CMM, Software Acquisition CMM u.a.m. [SEI 1999]. *CMMI integriert andere Maturitätsmodelle*

CMMI umfasst die vier Wissens- und Modellbereiche »System Engineering«, »Software Engineering«, »Integrierte Produkt- und Prozessentwicklung« und »Lieferantenmanagement«. Zu jedem Bereich gehören zwei alternative Ansätze:

- Kontinuierlich
- Abgestuft

Der kontinuierliche Ansatz ordnet Prozesse den Bereichen Prozessmanagement, Projektmanagement, Engineering und Support zu. In diesen Bereichen können verschiedene Stufen der Maturität hinsichtlich Güte und Ausgereiftheit erreicht werden. Es werden also Prozessbereiche bewertet, die für sich differenziert weiterentwickelt werden können. So lassen sich Prozessbereiche innerhalb von Organisationen oder auch darüber hinaus vergleichen. *Kontinuierlicher Ansatz*

Stufenmodell

Im Stufenmodell dagegen werden Fähigkeitsebenen für ganze Organisationen bzw. Organisationsbereiche definiert, die jeweils ein definiertes Stadium in der evolutionären Entwicklung von – wiederum vordefinierten Prozessbereichen – repräsentieren. Es werden fünf Ebenen »initial«, »gemanagt«, »definiert«, »quantitativ gemanagt« und »optimiert« unterschieden.

Jede Fähigkeitsebene umfasst kumulativ spezifische Fähigkeiten dieser Ebene und die Fähigkeiten, die durch die darunter liegenden Ebenen repräsentiert werden.

Eine Beschreibung der einzelnen Ebenen findet sich in Abschnitt 3.3.9. Die Darstellungen dort gelten für das CMMI analog. Eine ausführliche Abhandlung zum CMMI bieten [Kneuper 2006] und die Internetseiten des Software Engineering Institute (SEI).[8]

5.4.3 Einordnung und Bewertung

Maturitätsmodelle finden zunehmende Verbreitung und haben sich als Methode zur Bewertung der eigenen IT-Fähigkeiten etabliert. Daher ist auch in COBIT ein entsprechendes Maturitätsmodell integriert.

Maturitätsmodelle entfalten ihre Wirkung nach innen, da sie eine Positionsbestimmung erlauben und Verbesserungspotenziale identifizieren. Insofern können sie einen strategischen Beitrag sowie einen Beitrag zur Steigerung der Effektivität für die Ausrichtung der IT erbringen.

Abb. 5–15
Einordnung des CMMI

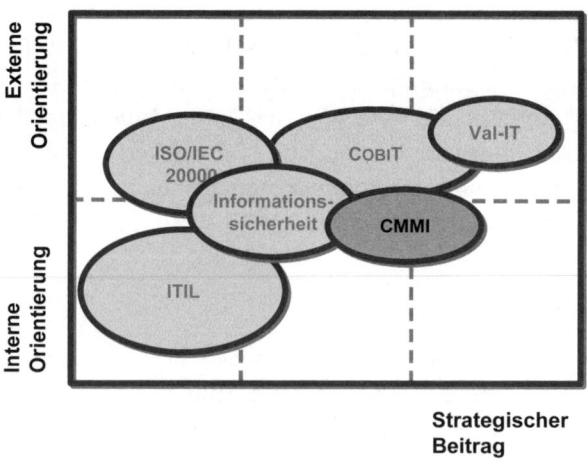

---

8. Vgl. umfassend auch die zentrale CMMI-Website des SEI:
    http://www.sei.cmu.edu/cmmi/.

6 SOA-Governance

6.1 Einleitung und Übersicht

Die für die zukünftige IT wesentliche Eigenschaft der Flexibilisierung der Geschäftsprozesse (vgl. dazu Kapitel 1) kann meist nur über eine adaptive IT-Architektur kosteneffizient erreicht werden. Die IT-Landschaft in typischen Unternehmen aller industriellen Sparten und im öffentlichen Bereich ist heute jedoch von der Erfüllung dieser zentralen Anforderung weit entfernt. Sie ist in der Regel organisch um größere Anwendungsblöcke herum gewachsen (Verwaltung, Vertrieb, Logistik, Produktion etc.), die dann im Laufe der Zeit untereinander vernetzt wurden. Architekturinnovationen, wie die Enterprise Application Integration (EAI), halfen zwar, die Konnektivität zwischen den Anwendungen zu verbessern, nicht jedoch die Flexibilität in der Gestaltung der Geschäftsprozesse entscheidend voranzubringen.

Gewachsene Architekturen und EAI

Serviceorientierte Architekturen (SOA) versprechen hier Verbesserungen. Bei SOA handelt es sich um eine Softwarearchitektur, die auf Servicekomponenten als Grundbausteinen für Geschäftsprozesse beruht. Applikationen im herkömmlichen Sinne entfallen. Unter einem Service können wir eine in sich abgeschlossene Softwarekomponente verstehen, die eine wohldefinierte, fachlich beschriebene Funktionalität über eine gleichfalls wohldefinierte Schnittstelle anbietet. Servicekomponenten, die Träger der Services, sind lose miteinander gekoppelt [Berbner et al. 2005; Berbner et al. 2006] bzw. können verkoppelt werden. Weniger streng gefasst sind Servicekomponenten auch als wiederholbare Schritte in Geschäftsprozessen zu verstehen.

Definition und Grundverständnis SOA

Insofern ist das, was hier unter einem »Service« und unter »Serviceorientierung« verstanden wird – in Abgrenzung zum Servicegedanken aus Abschnitt 5.1.1.3 –, ein eher technisches Paradigma, dessen Vorläufer in der Modularisierung und der Objektorientierung zu sehen sind. Über diese geht es hinaus, da die Komponenten fachlich beschrie-

Abgrenzung »Serviceorientierung«

ben und definiert werden und Architekturen statt einzelnen Anwendungssystemen betrachtet werden.

Kopplung von Services   Entscheidendes Merkmal von Servicekomponenten ist ihre funktionale Abgegrenztheit und die Möglichkeit, sie aufwandsarm zu Geschäftsprozessen zu konfigurieren. Dem so verstandenen SOA-Paradigma liegt ein abstraktes, also technologieunabhängiges Architekturkonzept zugrunde. Es erlaubt neben der flexiblen Konfiguration der Geschäftsprozesse auch die schrittweise Migration von blockartig konstruierten und heterogenen Softwaresystemen hin zu hochmodular aufgebauten Anwendungen. Bereits bestehende (Legacy-)Anwendungen können weiter betrieben werden, indem die angebotenen Funktionalitäten als Servicekomponenten gekapselt werden (vgl. Abb. 6–1).

Abb. 6–1
Flexible Geschäftsprozesse
bauen auf flexibel bereit-
gestellten Services auf
[Bieberstein et al. 2006]

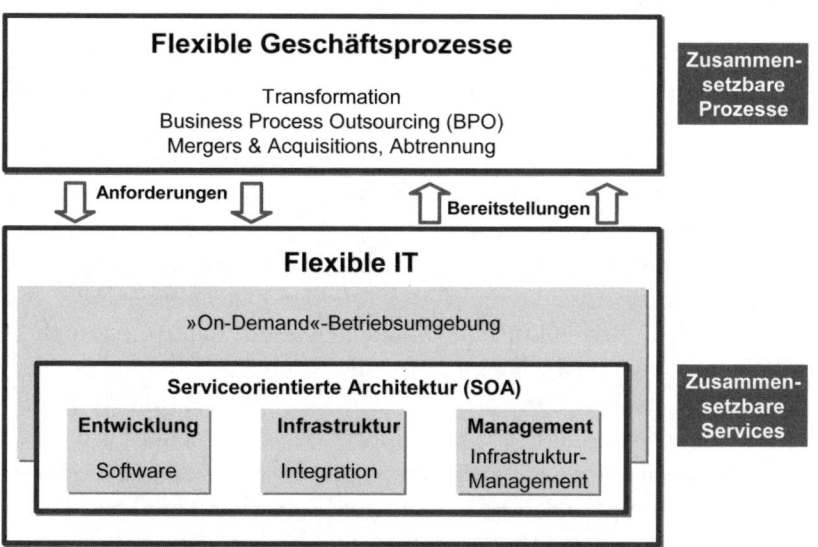

»Servicemanagement für   Die Relevanz und Aktualität des Themas SOA unterstreicht auch eine
Services«   Aussage der Gartner Group aus dem Jahre 2003: »By 2008, SOA will be a prevailing software-engineering practice, ending 40-year domination of monolithic software architecture.« Für die betriebliche IT bedeutet dies auch den Abschied von der Aufgabe, im Wesentlichen Applikationen zu betreiben. Sie wird abgelöst durch ein ganzheitliches Servicemanagement (Technologie, Prozesse, Organisation) in enger Kooperation bzw. als Teil des Geschäftsprozessmanagements.

Vorteile von SOA   Der Einsatz einer serviceorientierten Architektur verspricht vielfältige Vorteile: Durch die Kombination von neuen und bereits bestehenden, wiederverwendeten Servicekomponenten können potenziell sehr leicht neue Produkte bzw. Geschäftsprozesse erstellt werden. Neukombinationen von Servicekomponenten können durch die lose Kopplung ohne großen technischen Aufwand erfolgen. So wird gewährleistet, dass die Bereitstellungszeit neuer Geschäftsprozesse (Time-to-Market) erheblich verkürzt werden kann. Unternehmen können somit flexibler als bisher auf sich ändernde Marktanforderungen (z.B. Kundenwünsche, Gesetzesänderungen) reagieren.

Vor allem die Wiederverwendung der Servicekomponenten in verschiedenen Kontexten schafft ökonomische Vorteile. Produkte und Lösungen, die im Wesentlichen aus bereits bestehenden und getesteten Servicekomponenten modular zusammengebaut werden, können schneller und kostengünstiger als neue Versionen oder komplette Neuentwicklungen von Anwendungssystemen realisiert werden. *Wiederverwendung*

Die Integration von externen Servicekomponenten muss ebenfalls aufwandsarm und flexibel möglich sein, da spezialisierte Drittanbieter aufgrund von Skaleneffekten ihre Dienstleistungen kostengünstiger als selbstentwickelte und -betriebene Services anbieten können.

6.2 Governance-Herausforderung SOA

In SOA wird eine Vielzahl an Servicekomponenten zu Prozessen kombiniert, die sich in unterschiedlichen Stadien ihres Lebenszyklus befinden. Die Komponenten werden von unterschiedlichen Lieferanten bereitgestellt und weisen unterschiedliche Qualitätsmerkmale auf. Vor diesem Hintergrund wird die Notwendigkeit zur fachlichen Steuerung der Servicekomponenten über ihr technisches Management hinaus besonders deutlich. *Managementherausforderungen für SOA*

Dieser attraktiven Vision von SOA-Vorteilen stehen jedoch auch gravierende Vorbehalte gegenüber. Sie hängen wesentlich mit den nichttechnischen Aspekten von SOA zusammen. Wie oben deutlich wird, handelt es sich dabei um nicht weniger als einen Paradigmenwechsel in der Softwareproduktion, -bereitstellung und -nutzung. Aus geschäftlicher Sicht müssen sich die dafür aufzubringenden Investitionen rechnen, d.h., der Business Case für SOA muss auch unter Einbeziehung von organisatorischen Aufwänden für die notwendigen Veränderungen attraktiv sein. Und in der Tat ist die Umstellung mit tief greifenden Veränderungen bei Anwendern, Betreibern und Herstellern von Software verbunden: *Managementherausforderungen für verschiedene Gruppen*

■ **Serviceanwender**
Die Nutzer bzw. Anwender von Software erhalten keine Softwaresysteme, -komponenten oder -Releases mehr, sondern beziehen Servicekomponenten. Dies kann als Servicepaket oder dynamisch als Ergänzung bestehender Serviceportfolios durch neue Servicekomponenten oder Service-Releases erfolgen. Servicekomponenten

werden als Software für den Betrieb auf eigenen Anlagen oder in Form erbrachter Leistungen über den (ggf. mehrstufigen) Betrieb auf Fremdanlagen bezogen.

▫ **Servicebetreiber**

Die Bereitstellung von Softwareleistungen in Form von Serviceleistungen in SOA setzt ein hohes Vertrauen der Abnehmer in die Qualität des Betriebs voraus. Der Betreiber muss dieses Vertrauen rechtfertigen (z.B. über Zertifizierungen mit SAS 70[1]). Im Unterschied zu heutigen Sourcing-Angeboten wird SOA die Zahl und Vielfalt der Schnittstellen drastisch erhöhen und dadurch neue, automatisierte Ansätze auch im Management der damit verbundenen Geschäftsverträge erzwingen.

▫ **Servicehersteller**

Auf der Herstellerseite dürfte SOA durch den weiteren Aufbruch der Wertschöpfungsketten die signifikantesten Änderungen nach sich ziehen. Statt monolithischer Einzellösungen für Klassen von Problemstellungen werden mehrere Servicekomponenten, die sich zu Gesamtlösungen bzw. Geschäftsprozessen konfigurieren lassen und von unterschiedlichen Produzenten stammen, das Angebot dominieren. Die mit einem Service einhergehenden technischen und geschäftlichen Leistungsversprechen dürften sich daher wesentlich von denen unterscheiden, die Softwarehersteller heutigen Zuschnitts einlösen müssen.

Risiken und Chancen von SOA

In dieser Situation stellt sich insbesondere den Anwenderfirmen die Frage nach dem Umgang mit den offensichtlichen Risiken, die insbesondere darin bestehen, die Situation falsch einzuschätzen und entweder nicht richtig bzw. unzureichend auf SOA vorbereitet zu sein, oder, wenn dieser Weg bereits eingeschlagen wurde, in der Umsetzung Fehler zu begehen, die später teuer zu bezahlen sind. Operative und Komplexitätsrisiken sind hier frühzeitig zu erkennen, auszuschalten und einzugrenzen.

Daher setzt sich der Gedanke durch, dass SOA auch einen anderen Managementansatz als herkömmliche IT-Architekturen verlangt. Es ist zu erwarten, dass Servicekomponenten zukünftig in großer Zahl, durch unterschiedliche Anbieter und zu unterschiedlichen Stadien ihres Lebenszyklus zum Einsatz kommen.

Rahmenbedingungen für SOA

Also ist durch geeignete methodische Rahmenbedingungen sicherzustellen, dass die intendierten Zielsetzungen mit der eingesetzten Technologie effektiv und effizient verfolgt werden und Abweichungen nachgesteuert werden können (Alignment). Gleichfalls sind wirkungs-

---

1. Vgl. *www.sas70.com*.

volle Prozesse zu planen, die für den Nachweis der Übereinstimmung
der Technologieimplementierung mit gesetzlichen und regulatorischen
Anforderungen sorgen.

Damit stellen sich auf der Serviceebene nahezu gleichlautende *Herausforderungen an die*
Anforderungen und Herausforderungen, wie sie in [ITGI 2005a] als *SOA-Governance*
IT-Governance-Kernbereiche »Focus Areas« (vgl. Seite 41) zur Entwicklung der IT-Governance auf der Ebene der IT-Architektur formu-
liert werden.

▣ **Strategischer Abgleich (Alignment)**
Zwischen Geschäftsplanung/-betrieb und IT-Planung/-betrieb ist
die Erstellung und Verwendung von Servicekomponenten abzustimmen, um im Sinne der geschäftlichen Strategie einen größtmöglichen Nutzen erzielen zu können. Des Weiteren müssen Services auf die Einhaltung zu erfüllender regulatorischer oder
gesetzlicher Bestimmungen hin überprüft werden.

▣ **Wertbeitrag**
Die Erwartung an die jeweiligen Wertbeiträge der Servicekomponenten unter Berücksichtigung unterschiedlicher Sourcing-Optio-
nen ist kontinuierlich zu überprüfen.

▣ **Management der Ressourcen**
Investitionen in Servicekomponenten und ihr Management sind
vor dem Hintergrund der eingesetzten Software, der verwendeten
Informationen, der benötigten Infrastruktur und der Erwartungen
an die Kenntnisse und Fähigkeiten der Mitarbeiter zu optimieren.

▣ **Risikomanagement**
Die mit einer serviceorientierten Architektur zusammenhängenden
spezifischen Risiken sind zu identifizieren und mit der Risikobe-
reitschaft des Unternehmens bzw. des Geschäftsfeldes abzugleichen. Verantwortlichkeiten für das Risikomanagement sind zu etablieren.

▣ **Performance-Management**
Die Nutzung der eingesetzten Ressourcen bei der Implementierung
und Umsetzung der Servicekomponenten-Strategie ist zu überwachen, zu messen und zu optimieren.

Es gilt also, die Grundprinzipien der IT-Governance im Kontext der
Corporate Governance auf serviceorientierte Architekturen anzuwenden (vgl. Abb. 6–2).

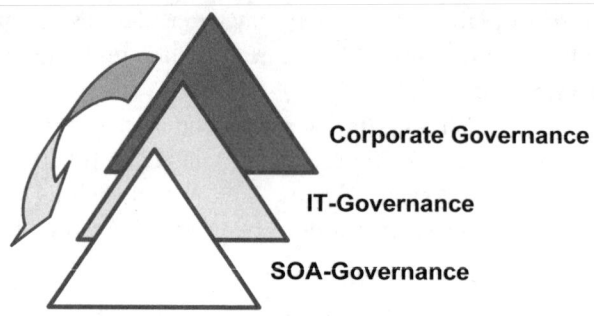

6.3   SOA-Governance-Aufgabenbereiche

Angesichts der Ähnlichkeit mit der Aufgabenstellung der IT-Governance ist es zweckmäßig, in diesem Zusammenhang von SOA-Governance zu sprechen, auch wenn beide auf verschiedenen Ebenen angesiedelt sind. IT-Governance wird auf der Ebene der SOA-Services zur »SOA-Governance«. Zwei Aufgabenbereiche zeichnen sich ab:

■ **SOA-Conformance**
Bei der Planung von serviceorientierten Architekturen ist zu prüfen, inwieweit das Unternehmen, in dem SOA eingesetzt werden soll, organisatorisch, prozessual und technisch in seiner aktuellen Situation auf diese Umstellung vorbereitet ist und welche Lücken ggf. zu schließen sind.

■ **SOA-Lifecycle-Governance**
Im laufenden Betrieb sind die Servicekomponenten gemäß den oben genannten fünf Kernbereichen einer Überprüfung/Governance zu unterziehen, d.h., über das klassische IT-Management hinaus sind die langfristigen und externen Aspekte der Servicekomponenten mit zu berücksichtigen.

In diesem Zusammenhang soll nun eine im industriellen Bereich vorliegende Sicht der IBM auf die SOA-Governance angesprochen werden [IBM 2007a]. Mit ihr wird deutlich, dass Hersteller – in diesem Fall die IBM – bemüht sind, eine drohende Komplexitätsexplosion beim Management serviceorientierter Architekturen durch geeignete Governance-Strukturen aufzufangen. Sie umfasst drei wesentliche Schritte des Servicelebenszyklus: Planung, Entwurf, Überwachung. Für jeden dieser Schritte sind die folgenden spezifischen Aufgaben vorgesehen:

▪ **Planung: Identifikation des SOA-Governance-Bedarfs**

- Validierung und Dokumentation der Geschäftsstrategie und ihrer Auswirkung auf die IT insgesamt und auf eine serviceorientierte Architektur im Speziellen
- Bewertung der gegenwärtigen IT- und SOA-Fähigkeiten
- Definition der langfristigen und mittelfristigen IT-/SOA-Strategie
- Überprüfung der vorhandenen Governance-Fähigkeiten und -Vereinbarungen
- Entwicklung eines Governance-Plans unter besonderer Berücksichtigung von SOA

▪ **Entwurf des SOA-Governance-Ansatzes**

- Definition/Modifizierung des Governance-Prozesses
- Entwurf der Regeln und der Umsetzungsverfahren
- Identifikation der Erfolgsfaktoren und Metriken
- Identifikation der Verantwortlichkeiten (Eigner) und der Finanzierung
- Entwurf der Governance-IT-Infrastruktur
- Integration und Aktivierung des SOA-Governance-Modells
- Integration des SOA-Governance-Verfahrens
- Integration der IT-Infrastruktur für Governance
- Unterrichtung und Integration von Kompetenzträgern
- Integration der Regeln

▪ **Überwachung und Management der SOA-Governance-Prozesse**

- Überwachung der Gesetzmäßigkeit (Compliance)
- Überwachung der Regulierungsanforderungen
- Überwachung der Effektivitätskriterien

Als besondere Herausforderungen bei der Umsetzung werden von IBM unter »SOA developerWorks« [IBM 2007a] die folgenden vier Punkte genannt:

▪ **Einführung und Durchsetzung von Entscheidungsregeln** *Verantwortung*
Häufig fehlt im Planungsprozess ein ausgewiesener Verantwortlicher (Eigner) des Vorhabens, und zumeist herrscht Unklarheit über die Finanzierung gemeinsam und bereichsübergreifend genutzter Servicekomponenten. Dazu kommt, dass keine Übereinkunft zu einzusetzenden Standards und den zu erbringenden Qualitätskriterien getroffen wird.

▪ **Definition von Servicekomponenten mit hohem Geschäftsnutzen** *Geschäftsnutzen*
Ein gemeinsames Verständnis hinsichtlich der zu erreichenden Wertbeiträge ist häufig nur undeutlich ausgeprägt, und für die

Unternehmensbereiche (Lines of Business, LOB) fehlen klar definierte Erfolgsfaktoren. Des Weiteren existiert keine Übereinkunft über gemeinsam zu nutzende Servicekomponenten und die damit zusammenhängende Kostenaufteilung.

Change-Prozess ▪ **Management der Servicelebenszyklen**

Kenntnisse zu Change-Managementprozessen im Hinblick auf vielfältige und untereinander verbundene Servicekomponenten sind nicht sonderlich tief ausgeprägt. Es gibt darüber hinaus Unklarheit über Zuständigkeiten und über den Kommunikationsprozess während des Change-Prozesses.

Wertbeiträge ▪ **Überwachung und Messung der Effektivität**

Abteilungen und Bereiche in Unternehmen verfolgen bzw. wenden oft unterschiedliche Erfolgskriterien und Messgrößen an. Diese Situation wird noch verschärft, wenn Wertbeiträge durch die IT und die IT-Zielsetzungen nicht klar festgelegt sind.

Zusammenfassend lässt sich feststellen, dass die Aufgabe von SOA-Governance darin besteht, die Komplexität des Managements von Servicekomponenten zu begrenzen, die intendierte Wirksamkeit (Effektivität) zu überprüfen, ihre effiziente Nutzung sicherzustellen und die damit verbundenen Risiken zu minimieren bzw. zu beherrschen.

6.3.1   SOA-Conformance

Insbesondere hinsichtlich der strategischen, planerischen und operativen Risiken ist die Überprüfung auf SOA-Conformance von wachsender Bedeutung. Hierbei handelt es sich um die strategische, technische, organisatorische und prozessuale Angepasstheit der Umgebung, in der die serviceorientierte Architektur mit ihren Komponenten betrieben wird. Diese muss vor der Aufnahme eines SOA-Lifecycle-Managements gegeben sein.

Governance-Modells Die Ausprägung eines Governance-Modells hängt von den individuellen Gegebenheiten eines Unternehmens ebenso ab wie von dem allgemeinen Entwicklungsstand des betreffenden industriellen Segments. Die individuelle betriebliche Situation ist u.a. durch die Geschäftsstrategie, die IT-Strategie und den Ausbaustand der IT gekennzeichnet. Die Situation des industriellen Sektors ergibt sich u.a. aus den darin vorzufindenden Geschäftsmodellen und der Wettbewerbsdynamik des Sektors. In [Bieberstein et al. 2005] wird dazu geraten, Schlüsselfragen zur Bestimmung eines geeigneten Governance-Modells zu verwenden. Unter anderem werden genannt:

- Welche geschäftliche Veränderung wird durch die Einführung von SOA erwartet?
- Steht eher die kostengünstigere Nutzung der bisherigen Infrastruktur oder die Realisierung neuer Geschäftsmodelle im Vordergrund?
- Welche Rollen, Verantwortungen, Strukturen und Prozeduren existieren zur Priorisierung geschäftlicher Entscheidungen, der Genehmigung des IT-Budgets sowie für Planung und Steuerung?
- Welche Prinzipien und Richtlinien finden zur Verbesserung des IT-Alignments Anwendung?
- Wie sollte die Beziehung zwischen IT und Geschäft strukturiert sein, um eine möglichst hohe Adaptivität an geschäftliche Veränderungen erreichen zu können?
- Welcher Grad an Standardisierung der Services soll erreicht werden?
- Wie werden Services und Servicelieferanten gemessen? Welche geschäftlichen Indikatoren werden zur Bestimmung der Leistungsfähigkeit von Services herangezogen?
- Wer sollte Services definieren, überwachen und ändern dürfen?
- Wie ist die Sourcing-Strategie ausgerichtet?
- Die betriebliche Situation bestimmt den Grad der SOA-Conformance und mithin die Umsetzungsfähigkeit zur Einführung von SOA.

Schlüsselfragen

6.3.2 SOA-Lifecycle-Management

SOA-Governance soll eine Methode und Infrastruktur bereitstellen, die den gesamten Lebenszyklus der Servicekomponenten, d.h. die Schritte Entwurf, Entwicklung, Integration, Betrieb, Optimierung und Entfernung, umfasst (SOA-Lifecycle-Management). Dazu werden Werkzeuge benötigt, mit denen die Unternehmens-IT unterstützt werden kann. Des Weiteren muss sie die kontinuierliche Leistungsbereitstellung, Zuverlässigkeit, Verfügbarkeit und Sicherheit unter »End-to-End«-Anforderungen sicherstellen helfen [Kobielus 2006], d.h., ein Service wird im Kontext »seiner« Geschäftsprozesse behandelt.

Lebenszyklus der Servicekomponenten

Durch SOA-Governance wird der operative Managementrahmen für die Servicekomponenten, die damit jeweils verknüpften Regeln, die anzuwendenden Methoden bzw. Best Practices festgelegt. Dies erfolgt mit dem Ziel, Transparenz hinsichtlich der zu planenden oder eingesetzten SOA zu erhalten, die Wiederverwendbarkeit der Servicekomponenten zu optimieren, die Regeln umzusetzen und den Lebenszyklus zu managen [IBM 2007a].

Wiederverwendbarkeit

SOA-Governance legt demnach Aufgaben, Verantwortungen und Vorgehensweisen fest:

- Was für das Management der Servicekomponenten zu tun ist.
- Wie es zu tun ist, d.h., welche Entscheidungswege zu befolgen und welche Methoden anzuwenden sind.
- Wer die Verantwortung für welche Handlungen trägt.
- Wie das Ergebnis gemessen werden kann (Compliance und Conformance).

Ganzheitlich betrachtet, wird SOA-Governance bereits bei der Umstellung auf SOA zur Bewältigung der Veränderungsprozesse gebraucht. Anschließend soll sie sicherstellen, dass ein wirksames Risikomanagement erfolgt, Konflikte gelöst und Redundanzen vermieden werden, Servicekomponenten identifiziert werden können und zur Verwendung bereitstehen, Veränderungen störungsfrei erfolgen können und den regulatorischen Anforderungen nachgekommen wird.

6.4   Ein Maturitätsmodell für die SOA-Governance

Ein erster methodischer Rahmen für die Unterstützung der oben skizzierten Aufgaben und Herausforderungen der SOA-Governance wird im Folgenden skizziert. Er erlaubt die Bewertung des Grades der Vorbereitung eines Unternehmens bzw. einer Unternehmens-IT (SOA-Conformance). Darüber hinaus ermöglicht er auch für das SOA-Lifecycle-Management eine Einschätzung der eigenen Fähigkeiten. Hieraus lassen sich in einem weiteren Schritt – bspw. mithilfe einer Gap-Analyse – Informationen für einen Umsetzungsplan gewinnen, um so eine höhere Stufe der Maturität zu erreichen.

Orientierung am CMMI   Das Modell lehnt sich an die Reifegrade des Capability Maturity Models Integration (CMMI) an (vgl. Abschnitt 5.4), das u.a. auch in weiteren von bekannten IT-Dienstleistern entwickelten Methoden Beachtung findet (IBM [IBM 2007b], BEA [BEA 2006], SUN [SUN 2006]).

Reifegradmodell mit   Das in Tabelle 6–1 konzipierte SOA-Maturitätsmodell (SMM) von *5 Maturitätsstufen*   Johannsen [Berbner et al. 2006] unterscheidet fünf Reifegrade. Die Charakteristika dieser Reifegrade sind zusätzlich jeweils in die Kategorien »Technisch«, »Prozessual« und »Organisatorisch« untergliedert, um die wesentlichen Konstituenten einer Geschäftsarchitektur zur betrieblichen Nutzung von SOA ganzheitlich zu berücksichtigen.

Reifegrad	Charakteristik		
	Technisch	Prozessual	Organisatorisch
1. Initial (initial) Know-how-Aufbau	SOA-Know-how im Aufbau	SOA ist über die Kompetenz und das Engagement einzelner Mitarbeiter präsent	Keine organisatorische Verankerung
2. Gemanagt (managed) Festlegung der strategischen SOA-Zielrichtung	SOA Readiness Check durchgeführt, • SOA-Compliance-Ist/Plan überprüft • SOA-Architektur geplant	• Modellierung der Geschäftsprozesse durch Servicekomponenten wurde vorgenommen • Erste Prozesse prototypisch und wiederholbar implementiert	• Strategische Implikationen (Chancen/Risiken) einer SOA-Implementierung sind analysiert. Die Analyse des Fähigkeits-Status (SOA Readiness) wurde vorgenommen. • Die Verantwortungen für SOA-Planungen sind festgelegt. • Der Abgleich (Bedarf, Prioritäten) mit den Geschäftsbereichen ist erfolgt
3. Definiert (defined) Standardisierung der SOA-Management- und Betriebsprozesse	SOA-Architektur ist (ggf. in einer ersten Stufe) umgesetzt	Modellierung, Dokumentation und Implementierung der Geschäftsprozesse über SOA-Komponenten erstreckt sich auf die gesamte Organisation	Festgelegte Verantwortungen für • Governance • Wartung und Betrieb • Planung und Weiterentwicklung • Einkauf • Überwachung Service-Supply/ Delivery (SLA)
4. Quantitativ gemanagt (quantitatively managed) Management über Soll/Ist-Steuergrößen Bereich **I** →	• Systematische Überwachung • Performance-Messungen	SOA-Architektur und Servicekomponenten werden proaktiv und unter Verwendung von Tools über den jeweiligen Lebenszyklus eines Service hinweg zuverlässig betrieben und gewartet	SOA-Governance-Stufe I eingeführt: • Geschäftsprozesse und ihre Servicekomponenten (Performance, Alignment, Risk, Compliance) werden überwacht • Verantwortlichkeiten für die Performance-Messungen sind definiert
5. Optimierend (optimizing) Kontinuierliche Verbesserung Bereich **II** →	SOA-Architektur (Performance, Alignment, Risk, Compliance) wird mit kontinuierlichen Verbesserungsprozess weiterentwickelt	Verantwortlichkeiten für den kontinuierlichen Verbesserungsprozess sind festgelegt	SOA-Governance-Stufe II eingeführt, d.h. systematische Analyse von noch auftretenden Fehlern und Problemen der Geschäftsprozesse und ihrer Servicekomponenten als Basis für eine fortschreitende Verbesserung der Prozesse

Tab. 6–1   *SOA-Conformance und Lifecycle-Management-Maturitätsmodell*

Je nach Reifegrad und Kategorie unterscheiden wir, ob der Maturitätsgrad aufgrund einer ausreichenden SOA-Conformance bereits ein aktives Lifecycle-Management zulässt (Felder im hellgrauen Bereich II) oder ob dieses noch hergestellt werden muss (Felder im dunkelgrauen Bereich I). Der Tabelle 6–1 ist zu entnehmen, dass sich das Lifecycle-Management zuerst in der Organisation mit Reifegrad 3, dann in den Prozessen und schließlich in der Technologie niederschlagen sollte. Eine andere Ausbreitungsrichtung würde die Determinierung der Geschäftsprozesse durch die Technologie implizieren – eine sicher nicht wünschenswerte Wirkungsrichtung.

Schrittweises Vorgehen

Sofern die SOA-Einführung top-down geplant und umgesetzt werden soll, wird eine Organisation zunächst Vorbereitungen für eine SOA-Conformance treffen und erst in einem zweiten Schritt zum aktiven Lifecycle-Mangement übergehen.

Maturitätsstufen

Das SOA-Maturitätsmodell unterscheidet verschiedene Stufen der Implementierung einer serviceorientierten Architektur.

Stufe 1
Initial

Die Stufe 1 zeigt in allen drei Kategorien eine bestenfalls rudimentäre Auseinandersetzung mit der SOA-Thematik. Zwar sind vereinzelt Mitarbeiter anzutreffen, die über SOA-Kenntnisse verfügen, jedoch wird dieser Umstand nicht in der Organisation sichtbar.

Stufe 2
Managed

In der Stufe 2 ist bereits die grundsätzliche Richtung, die eine IT-Organisation hinsichtlich SOA einschlagen wird, definiert. Ein »SOA Readiness Check« hat den Stand der eigenen IT im Hinblick auf die Migration zu SOA evaluiert, und erste Prozesse sind bereits prototypisch in einer SOA-Umgebung ablauffähig. Auf der organisatorischen Seite wurden die strategischen Implikationen analysiert, Verantwortlichkeiten für eine Migration festgelegt und der Abgleich mit der Geschäftsseite im Unternehmen etabliert.

Stufe 3
Defined

In der dritten Maturitätsstufe ist die Definitionsphase abgeschlossen, und SOA ist implementiert. Des Weiteren sind die Prozesse geschäftsbereichsübergreifend implementiert. Die Verantwortlichkeiten sind zugeordnet und greifen bereits, d.h., im Sektor Organisation ist der operative Betrieb mit allen Managementfunktionen bereits vollständig aktiviert.

Stufe 4
Quantitatively Managed

Die vierte Stufe der SOA-Maturität weist die Implementierung von Messeinrichtungen zur Überwachung der Servicekomponenten auf, und seitens der Prozesse hat ein proaktives Management der gesamten SOA begonnen, d.h., dieser Sektor ist in diesem Stadium auch mehr dem Lifecycle-Management als dem Conformance-Test zuzuordnen. Dies ändert auf der Organisationsseite die aktuell durchzuführenden Tätigkeiten, jedoch nicht die Organisationsstrukturen, die schließlich zu diesem Zweck eingerichtet wurden.

Stufe 5
Optimizing

In der Stufe 5 ist SOA realisiert und ihr Betrieb ganzheitlich einem kontinuierlichen Verbesserungsprozess unterworfen. Dies zieht wiederum die Dynamisierung der Prozesse und auch der Organisation nach sich. Auf den jeweils sichtbar gewordenen Verbesserungsbedarf soll adäquat reagiert werden können.

Für die Maturitätseinstufungen kann ein Bewertungsprofil wie in Tabelle 6–2 skizziert herangezogen werden, das [Bieberstein et al. 2005] entlehnt ist. Diese Kriterien eignen sich insbesondere für die Bewertung der SOA-Readiness und Risikobewertung hinsichtlich der Umsetzung einer SOA.

Bewertungskriterien		
Technologie	**Prozesse**	**Organisation**
• Technische Platzierung von Service-komponenten • Komponentenstruktur • Service-Identifikation • Betriebsmodell • Servicemanagement • Heterogenitäts-management • Geografische Verteilung • Flexibilität der IT-Prozesse • Standardisierung der IT • Sicherheit	• Kenntnisse über Geschäftsprozesse • Verständnis des Kundenverhaltens • Zuverlässigkeit des Service Sourcing • Firmenübergreifende Serviceverfügbarkeit • Abgleich zwischen Service und Geschäft (Alignment) • Management der Vertriebskanäle	• Management-unterstützung • Governance (Lifecycle-Management) der Services • Finanzierung und Budgetierung • Migration • Skills bzw. Ausbildungsstand • Zuständigkeiten und Verantwortungen

Tab. 6–2
Bewertungskriterien für SOA-Conformance und Lifecycle- Management-Maturitätsstufen

6.5   SOA-Governance-Infrastruktur

In der SOA-Governance-Infrastruktur finden sich alle Technologie-komponenten und Methoden, die zu einem effizienten Management einer SOA-Umgebung gehören.

Eine SOA-Governance-Infrastruktur umfasst drei wesentliche Komponentenblöcke zum Management des Lebenszyklus der Services [Kobielus 2006], die wegen ihrer Bedeutung für das Grundverständnis einer künftigen SOA-Governance im Folgenden kurz angesprochen werden sollen (vgl. Abb. 6–3):

▨ Service Registry und Repositories
▨ Visual Service Modelling und Administration
▨ SOA Service-Level Management Infrastructure

Drei wesentliche Komponenten

Abb. 6–3

SOA-Governance-

Infrastruktur

[Kobielus 2006]

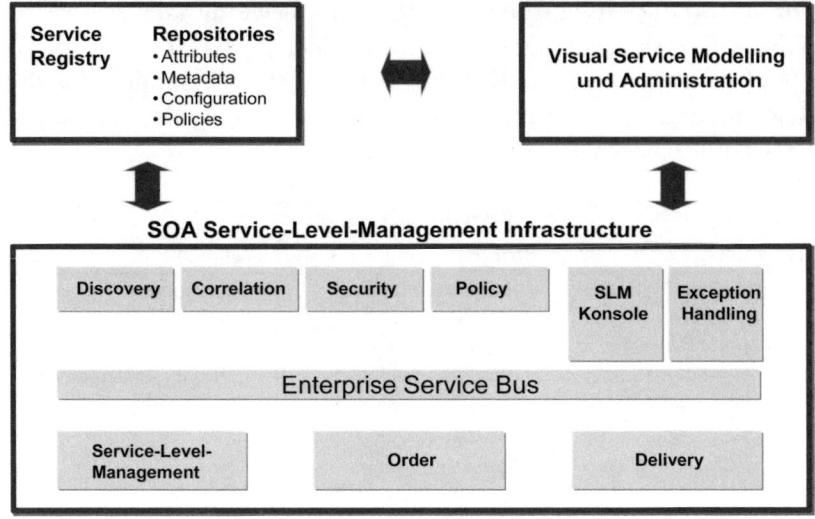

Komponentenblock *Service Registry und Repositories*

Policy Enforcement Points,
PEP

Als heute wohl wichtigste SOA-Governance-Infrastrukturkomponente kann die sogenannte Service Registry gelten. Diese Datenbank (Katalog, Datei etc.) unterstützt den Entwurf, die Bereitstellung und das Verwalten (Management) der mit Servicekomponenten verknüpften Verträge, Regeln und Metadaten. Die Service Registry liefert damit die Hauptkontrollpunkte (Policy Enforcement Points, PEP), über die Verträge, Regeln und Metadaten umgesetzt werden können. Vergleichbar ist diese Aufgabe mit dem Configuration Management bei ITIL. Sie ist daher auch für die Speicherung von regulatorischen Anforderungen, definierten Einschränkungen im Gebrauch von Servicekomponenten und Konfigurationsdaten zuständig.

Sicherheitsanforderungen

Die Nutzung der Service Registry für SOA-Governance setzt voraus, dass nicht mehrere Registries in einem Unternehmen existieren bzw. dass diese dann untereinander vernetzt und synchronisiert sind. So können Redundanzen vermieden, aber auch unternehmensweit Sicherheitsanforderungen durchgesetzt werden. Auch die Identifizierung von nicht zuverlässigen Servicekomponenten kann nur effizient über eine Gesamtsicht erfolgen. Der Austausch zwischen Servicekomponenten geschieht i.d.R. über standardisierte UDDI-Schnittstellen (Universal Description, Discovery and Integration) oder andere offene Standards.

Folgende Funktionen einer Registry sind im Hinblick auf das Service-management unverzichtbar:

▨ **Service-Registrierung**
Anwendungsentwickler (Service Provider) publizieren die von ihren Servicekomponenten angebotene Funktionalität in Registries. Desgleichen werden dort beschreibende Attribute wie Service-komponenten-Identifikationen, Speicherorte, Methoden, Konfigurationsdaten, Schemata und Regeln gehalten. Zunehmend gehören auch Workflow-Bestandteile zu den Datenbeständen.

▨ **Service-Lokalisierung**
Die Service-Lokalisierung wird benötigt, sobald Anwendungsentwickler Servicekomponenten bzw. die von ihnen erbrachte Funktionalität und zugehörige Vertragsdaten suchen. Dieser Vorgang kann nur dann sinnvoll ausgeführt werden, wenn durch eine Funktion der SOA-Governance die Serviceattribute konsistent gehalten werden und die Zugänglichkeit der Services sichergestellt wird.

▨ **Service-Bindung**
Anwendungsentwickler nutzen die mit den Services verknüpften Vertragsdaten zur Einbindung bzw. Verbindung von oder mit weiteren registrierten Services.

Von wachsender Bedeutung ist die Fähigkeit, das Profil der Service-komponenten gemäß der jeweiligen Phase im Lebenszyklus zu verwalten [Kobielus 2006].

Komponentenblock *Visual Service Modelling und Administration*

In einer SOA-Governance-Umgebung wird die grafische Modellierung und Programmierung z.B. mit der Unified Modeling Language zum Standard-Arbeitswerkzeug in allen Stufen des Lebenszyklus eines SOA-Services. Der Grund liegt in der allgemeinen Erwartung einer höheren Effizienz bei der Spezifikation, der Implementierung und der Wartung von Softwaresystemen. Insbesondere die Regeln und Verfahren, die mit einer SOA-Implementierung zusammenhängen, legen diesen komplexitätsreduzierenden Ansatz nahe.

In der Betriebsphase kann grafische Modellierung helfen, Steuer-größen aus Messergebnissen abzuleiten und sie über Schnittstellen in die SOA-Systeme einzuspeisen.

Visuelle Modellierung und Parametrisierung

Komponentenblock *SOA Service-Level Management Infrastructure*

Service-Level-Management (SLM) muss, wenn viele Services eine gewisse Komplexität erzeugen, auf Tools abgestützt sein. Sie werden idealerweise erlauben, zur Laufzeit das SLM über eine Konsole (Dash-

Enterprise Service Bus

board) zu steuern. Fehler und Ausnahmebehandlung gehören gleichfalls zu den Aufgaben des SLM, mit dem auch der gesamte Bestell- und
Lieferprozess in SOA verwaltet und gesteuert werden muss.

Grundsätzlich verfügbare Services müssen lokalisiert (Discovery)
sowie in Bezug zu anderen (ähnlichen) Services gesetzt werden können,
zudem ausreichende Sicherheit bieten (Security) und den geschäftlichen sowie regulatorischen Regeln gehorchen. Zwischen den Lieferbe-
ziehungen (Order, Deliver) und diesen Managementfähigkeiten wird
über einen Enterprise Service Bus die notwendige Verbindung hergestellt.

7 Vergleich und Integration von Referenzmodellen

7.1 Einleitung und Übersicht

Nachdem in den vorangegangenen Kapiteln Referenzmodelle und Standards[1] jeweils isoliert betrachtet wurden, werden sie im Folgenden verglichen und Ansätze zu ihrem kombinierten und integrierten Einsatz untersucht.

[Walter & Krcmar 2006] stellen mit Blick auf den Einsatz von Referenzmodellen fest, dass (1.) diese meist nicht vollständig eingesetzt werden, sondern nur Teilbereiche zur Anwendung gelangen, und (2.) dass in Unternehmen häufig mehrere Referenzmodelle gleichzeitig eingesetzt werden.

Partieller und paralleler Einsatz

Mit Blick auf den ersten Punkt ist es sinnvoll, die Auswahl von bestimmten Prozessen und Aktivitäten eines Referenzmodells methodisch zu unterstützen (»Tailoring«), bspw. indem Merkmale von Prozessen und Prozessgruppen so beschrieben werden, dass die Einsatzentscheidung begründet getroffen werden kann. Hier bietet sich die Idee »konfigurierbarer Referenzmodelle« als Orientierung an, wie sie im Bereich der Geschäftsprozesse genutzt werden [Schütte 1998]. Darüber hinaus gilt es, die Interdependenzen zwischen verschiedenen Prozessen und Aktivitäten aufzuzeigen, um so den Nutzen, aber auch die Grenzen einer getroffenen Auswahl von Modellbestandteilen aufzuzeigen.

Methodische Unterstützung der Modellkonfiguration und Auswahl von Modellbestandteilen

Der zweite Punkt weist darauf hin, dass in der Praxis häufig mehrere Referenzmodelle gleichzeitig eingesetzt werden. Dies ist nachvollziehbar, da sie jeweils unterschiedliche Schwerpunkte setzen und unterschiedliche Aspekte in den Mittelpunkt stellen. Sie decken damit für sich alleine mehr oder minder große abgegrenzte Aufgabenbereiche ab.

Nebeneinander von verschiedenen Referenzmodellen

---

1. Im Folgenden zusammenfassend als Referenzmodelle bezeichnet.

Höhere Kosten beim
Nebeneinander

Dass sich verschiedene Modelle wechselseitig ergänzen können, fand bereits bei der Darstellung der Referenzmodelle in den vorangegangenen Kapiteln Erwähnung. Allerdings ist der parallele Einsatz verschiedener Referenzmodelle nicht unproblematisch. Zum einen kann er unökonomisch sein, wenn die Modelle sich überlappen. Dann werden ähnliche Prozesse und Aktivitäten mehrfach implementiert und durchgeführt, und es werden ähnliche oder sogar gleiche Kennzahlen mehrfach erhoben. Gleichzeitig bleibt vorhandenes Wissen ungenutzt, und die Modelle können keine gemeinsame Steuerungs- und Kontrollwirkung entfalten.

Inhaltliche Unklarheiten
beim Nebeneinander

Weitere Probleme ergeben sich, wenn Kennzahlen in unterschiedlichen Modellen verschieden benannt werden oder aber gleiche Namen für inhaltlich unterschiedliche Kennzahlen verwendet werden. In solchen Fällen geht der Nutzen, der sich aus der Normierung der Terminologie ergibt, verloren, d.h., die Modelle dienen nicht mehr der Beseitigung von Verständnis- und Kommunikationsschwierigkeiten – sie werden vielmehr zu einer neuen Quelle solcher Schwierigkeiten. Im Ergebnis finden sich so Kombinationen unterschiedlicher Sprachwelten, wodurch die Referenzmodelle ihre Steuerungs- und Kontrollwirkung verlieren.

Daher scheint es sinnvoll, die Referenzmodelle nicht nur nebeneinander einzusetzen, sondern sie zumindest in weiten Teilen zu integrieren und sie so zu kombinieren. In einem idealtypischen Vorgehen würde man die Unterschiede und Gemeinsamkeiten in Bezug auf Strukturen herausarbeiten und in einem zweiten Schritt Inhalte aufeinander beziehen. Gegebenenfalls könnte hierbei ein Metamodell als Integrationsschicht dienen.

In den folgenden Unterabschnitten werden die oben betrachteten Referenzmodelle einander gegenübergestellt und merkmalbasiert verglichen. Hierdurch lassen sich die jeweiligen Einsatzzwecke einzelner Referenzmodelle konkretisieren und miteinander vergleichen. In Abschnitt 7.3 werden dann Ansätze für ein bi- bzw. multilaterales Mapping und erste Überlegungen zur weitergehenden Integration der Modelle dargestellt.

7.2   Vergleich der Referenzmodelle

7.2.1   Vergleich mittels zweidimensionaler Matrizen

Der Vergleich und die Einordnung der Referenzmodelle anhand der zweidimensionalen Matrix, wie sie Abbildung 7–1 wiedergibt, entsprechen der Darstellung, die in den vorangegangenen Kapiteln schrittweise aufgebaut wurde. Hinzugenommen haben wir SAM und seine Erweiterungen. Diese Modelle strukturieren den Gegenstandsbereich und beschreiben die Alignment-Aufgabe, geben aber selbst wenig methodische Unterstützung (siehe Abschnitt 2.2.2).

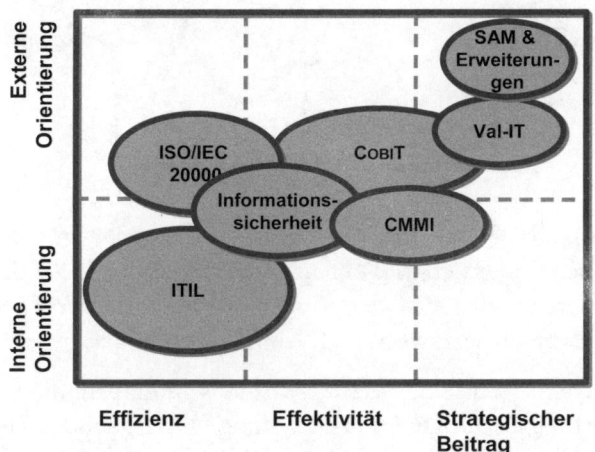

Abb. 7–1
Einordnung und Vergleich der Referenzmodelle anhand einer zweidimensionalen Matrix (Version 1)

Ähnlich lassen sich die dargestellten Referenzmodelle auch in die oben vorgestellte Geschäftsarchitektur einordnen (siehe Abb. 2–5 auf Seite 19). Die Matrix, die in Abbildung 7–2 dargestellt wird, ist gleichsam die Seitensicht auf die Geschäftsarchitektur, und zwar vor der Seite, auf der die Säulen »Corporate Governance« und »IT-Governance« zu finden sind.

Seitenansicht der Geschäftsarchitektur als Matrix

Während COBIT und stärker noch Val-IT die Beziehung zur Unternehmensstrategie und zur Corporate Governance herstellt, widmet sich ITIL der Erstellung und dem Betrieb effizienter Services und ist auf die Infrastruktur fokussiert.

Der Standard ISO 17799 bzw. die sonstigen Standards des Sicherheitsmanagements (ISO/IEC 27000) wiederum adressieren mit dem Sicherheitsaspekt einen durchgängig zu berücksichtigenden Aspekt, der die IT-Strategie im Allgemeinen zwar stark berührt, mit geschäftlichen Zielen jedoch nur mittelbar im Zusammenhang steht.

Abb. 7–2

Einordnung und Vergleich der Referenzmodelle und Standards anhand einer zweidimensionalen Matrix (Version 2)

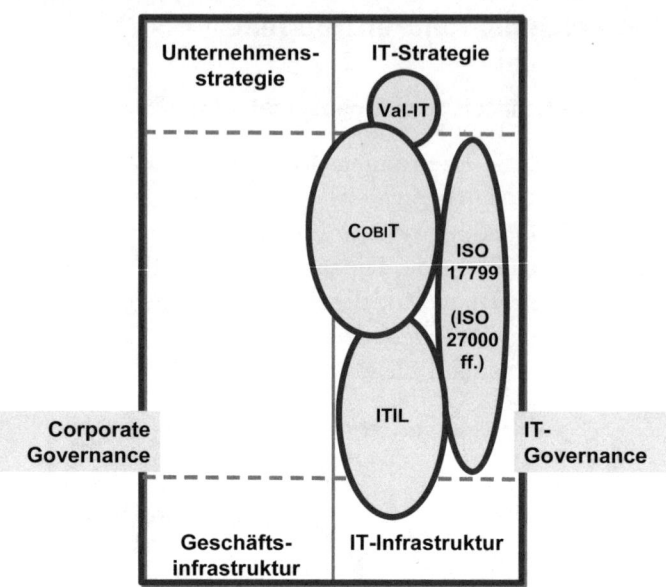

Matrix von Dohle/Rühling

Eine Matrixdarstellung mit jeweils drei Merkmalen auf den beiden Dimensionen findet sich in [Dohle & Rühling 2006, S. 17]. Die beiden Dimensionen werden aus den Aufgabenbereichen der IT-Abteilung und dem Haupteinsatzzweck (vgl. Abb. 7–3) gebildet:

Verantwortung ▨ Die vertikale Achse der Matrix wird aus Aufgaben, die in den Verantwortungsbereich einer IT-Abteilung fallen, gebildet. Unterschieden wird dabei zwischen dem Management der IT als Ganzes, der Entwicklung neuer Systeme und dem operativen Betrieb: IT-Führung, IT-Betrieb und IT-Entwicklung.

Zweck ▨ Die horizontale Achse beschreibt den Haupteinsatzzweck des Referenzmodells. Unterschieden wird danach, ob der Zweck eines Modells darin besteht, überhaupt erst Prozesse für die Aufgaben der IT zu definieren (Prozessdefinition), ob Anforderungen vorgeben werden, die bspw. als Metriken Prozessleistung widerspiegeln (Prozessanforderung) oder ob bestehende Prozesse verbessert werden sollen (Prozessverbesserung).

Mittels dieser drei Einordnungen lässt sich der Gegenstandsbereich eines Referenzmodells grundsätzlich charakterisieren, da sie jeweils wesentliche Charakteristika der Referenzmodelle veranschaulichen. Sie erlauben somit eine grobe Orientierung. Allerdings reicht sie nicht aus, um Überschneidungen der Referenzmodelle – wie sie bspw. in Abbildung 7–1 angedeutet werden – näher zu analysieren und daraus Rückschlüsse für einen kombinierten Einsatz zu ziehen.

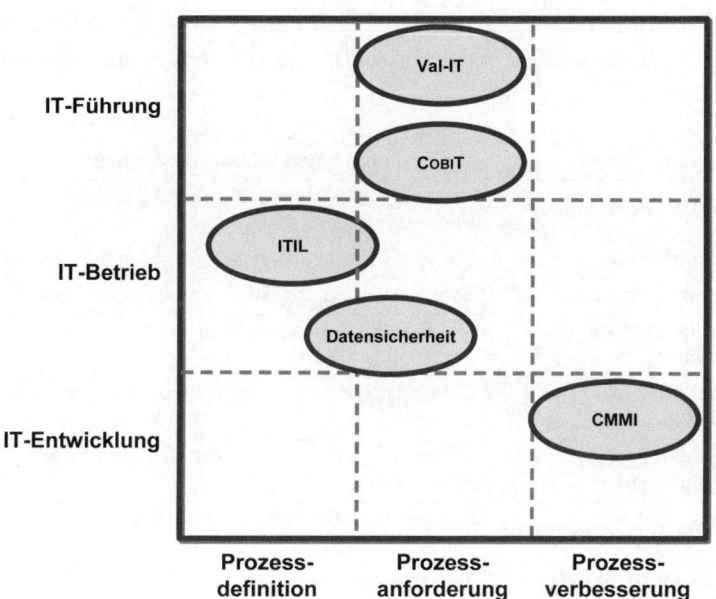

Abb. 7–3
*Einordnung und Vergleich
der Referenzmodelle und
Standards anhand einer
zweidimensionalen Matrix
(Version 3)
[Dohle & Rühling 2006]*

Ein tiefer gehender Vergleich kann *merkmalbasiert* vorgehen oder die Referenzmodelle auf der Ebene der Prozesse, Aktivitäten und sonstigen Komponenten vergleichen.

7.2.2 Vergleich mittels Merkmalkatalogen

Detailliertere Vergleiche lassen sich anstellen, wenn nicht nur – wie oben in den Matrixdarstellungen – zwei Dimensionen herangezogen werden, sondern ein Katalog verschiedener Merkmale aufgestellt und für einen Vergleich genutzt wird.

7.2.2.1 Vergleich nach Walter/Krcmar

[Walter & Krcmar 2006] bezeichnen die in den Kapiteln 3 bis 5 vorgestellten Referenzmodelle (sowie weitere) als »Referenzmodelle für das Servicemanagement« und vergleichen diese sowie ausgewählte »Referenzmodelle für das Management der Softwareentwicklung« anhand eines Merkmalkatalogs.

Als Merkmale werden hier im Wesentlichen Gegenstandsbereiche im Sinne von Aufgaben des IT-Betriebs und Aufgaben der Softwareentwicklung herangezogen. Der Katalog leitet sie aus den Phasen des Softwarelebenszyklus ab, der sich wiederum an der Prozessstruktur des ITIL-Kerns orientiert (Service Support und Service Delivery) und um Inhalte der weiteren ITIL-Bücher sowie um weitere Aufgaben der Softwareentwicklung ergänzt ist.

Die Aufgaben, die nicht aus ITIL stammen, finden sich überblicks-artig in Tabelle 7–1. Die aus ITIL abgeleiteten Aufgaben enthält Abschnitt 5.1.2.

Tab. 7–1

Aufgaben der Softwareentwicklung als Gegenstandsbereiche im Modell von Walter/Krcmar

Projektmanagement	Management eines Softwareprojektes
Qualitätsmanagement	Ordnungsmäßigkeit der Ausführung und Verbesserung von Prozessen
Risikomanagement	Umgang mit operationellen und strategischen Risiken
Partnermanagement	Beaufsichtigung und Steuerung externer Partner
Standardsoftware-auswahl	Make-or-Buy-Entscheidungen
Geschäftsprozess-modellierung	Darstellung und Pflege von Geschäftsprozessen
Anforderungs-management	Management von funktionalen und nicht funktionalen Anforderungen
Architekturmanagement	Designentscheidungen für die technische Umsetzung von Anforderungen
Implementierung	Tatsächliche Umsetzung
Testmanagement	Verifikation und Validierung der Implementierung

In Tabelle 7–2 sind die Charakterisierung und die vergleichende Gegenüberstellung der Referenzmodelle von Walter/Krcmar darge-stellt. Ergänzt wurde sie um Val-IT und Sicherheitsmanagement-Stan-dards, da diese in den vorangegangenen Kapiteln ebenfalls betrachtet wurden.

Die Darstellung veranschaulicht den Abdeckungsgrad der Refe-renzmodelle. Durch die tabellarische Darstellung werden Überschnei-dungsbereiche zwischen den Referenzmodellen erkennbar. Im Ver-gleich zu den Matrizendarstellungen lassen sich so detailliertere Informationen zu den jeweiligen Einsatzbereichen finden. Es ist bspw. erkennbar, welche Modelle bestimmte Themenfelder abdecken, wo Lücken bestehen und mithilfe welcher Modelle diese gefüllt werden könnten.

Interessant ist, dass die Betrachtung sich bei Walter/Krcmar nicht auf den Software- und Systembetrieb beschränkt, sondern dass auch Modelle und Methoden der Systementwicklung einbezogen werden.

Kritisch ist anzumerken, dass der Merkmalkatalog eine Reihe von Themen, die im Zusammenhang mit IT-Governance stehen, nicht adressiert. So fehlen geschäftsorientierte Kriterien wie Wertorientie-rung der IT und das Business-IT-Alignment.

Prozess	Projektmanagement	Qualitätsmanagement	Risikomanagement	Partnermanagement	Standardsoftwareauswahl	Geschäftsprozessmodellierung	Anforderungsmanagement	Architekturmanagement	Implementierung	Testmanagement	Business Perspective	Service Desk	Incident Management	Problem Management	Configuration Management	Change Management	Release Management	Service-Level-Management	Financial Management	Capacity Management	ITS-Continuity-Management	Availability Management	Security Management	ICT Infrastructure Management	Software Asset Management	Plan to Impl. Sercv. Management
	Softwareentwicklung										IT-Servicemanagement															
COBIT	✓	✓	✓	✓	✓		✓	✓		✓	✓	✓	✓	✓	✓	✓	✓	✓	✓	✓	✓	✓	✓	✓	✓	✓
Val-IT				✓							✓							✓	✓							
ITIL			×				×			×	✓	✓	✓	✓	✓	✓	✓	✓	✓	✓	✓	✓	✓	✓	✓	✓
ISO 20000/ BS 150001				✓							✓		✓	✓	✓	✓	✓	✓	✓	✓	✓	✓	✓	✓		✓
ISO/IEC 27000																✓	✓								✓	
CMMI	✓		✓	✓	✓		✓	✓	✓	✓					✓	✓	✓	✓								
MOF		✓	✓								✓		✓	✓	✓	✓	✓	✓	✓	✓	✓	✓	✓	✓		
eTOM				✓									✓	✓	✓	✓	✓	✓	✓	✓	✓	✓	✓	✓	✓	
MSF	✓		✓			✓	✓	✓	✓									✓				×				
RUP	✓				✓	✓	✓	✓	✓							✓	✓	✓								
V Modell XT	✓	✓		✓	✓		✓	×	✓	✓						✓	✓	✓	×							

✓: Volle Abdeckung, ×: Eingeschränkte Abdeckung

7.2.2.2   Vergleich nach Hochstein/Hunziker

[Hochstein & Hunziker 2003] charakterisieren ebenfalls Referenzmodelle anhand eines Merkmalkataloges. Die Merkmale stellen Kriterien dar, die aus den Zielen und Erwartungen der Referenzmodell-Nutzung abgeleitet werden.[2] Sie unterscheiden hierbei formale und pragmatische Kriterien. Erstere betreffen die Komponenten und die Struktur des Referenzmodells; pragmatische Kriterien sind solche, »die vor allem für die Anwendung in der Praxis relevant sind«.

Tab. 7–2
Merkmalbasierter Vergleich von Referenzmodellen anhand ihrer Gegenstandsbereiche nach Walter/Krcmar (ergänzt um Val- IT und ISO/IEC 27000)

---

2.   Als Ziele und Erwartungen der Nutzung von Referenzmodellen nennen sie u.a.: (1.) Analyse und Verbesserung der Ist-Situation des IT-Managements; (2.) Ausgangspunkt für die Reorganisation; (3.) Grundlage für Kostenrechnung und Leistungstransparenz.

Formale Kriterien, die erfüllt sein müssen, sind:

1. *Ziele*
   Klar definierte Prozessziele liegen vor.

2. *Detaillierungsgrad*
   Bestandteile des Referenzmodells sind ausreichend detailliert beschrieben (bspw. Aktivitäten für Prozesse).

3. *End-to-End*
   Das Referenzmodell ist umfassend; es umschließt alle wesentlichen Aufgaben.

4. *Konsistenz*
   Das Modell verfügt über eine klare und durchgängige Struktur.

5. *I/O-Schema*
   Die Beziehungen zwischen Prozessen und Aktivitäten werden über
   Inputs und Outputs beschrieben.

6. *Rollen/Verantwortlichkeiten*
   Rollen und Verantwortlichkeiten sind definiert.

7. *Instrumente*
   Managementinstrumente/-werkzeuge zur methodischen Unterstützung sind enthalten.

Pragmatische Kriterien

8. *Erfolgsfaktoren*
   Erfolgsfaktoren der Prozesse/Aktivitäten werden beschrieben.

9. *Effektivitätskennzahlen*
   Kennzahlen zur Effektivitätsmessung werden vorgeschlagen.

10. *Effizienzkennzahlen*
    Kennzahlen zur Effizienzmessung werden vorgeschlagen.

11. *Implementierungshinweise*
    Hinweise zur Implementierung sind enthalten, bspw. durch Reife-
    gradmodelle.

12. *Klarheit/Einfachheit*
    Klarheit im Sinne von Verständlichkeit für das Nicht-IT-Fachper-
    sonal wird geschaffen.

13. *Flexibilität*
    Eine Anpassung an situative Gegebenheiten ist möglich.

14. *Weiterentwicklung*
    Institutionen und Ressourcen zur Weiterentwicklung des Modells
    sind vorhanden.

15. *Verbreitung und Nutzung*
    Akzeptanz des Referenzmodells ist hoch.

Die so definierten Anforderungen bilden – verglichen mit dem Merk-malkatalog von Walter/Krcmar – ein allgemeingültiges Raster, das weniger auf die konkreten Inhalte und dafür stärker auf strukturelle Aspekte abstellt. Allerdings stammt der Beitrag aus dem Jahre 2003, sodass COBIT 4.0 noch nicht in den Vergleich eingehen konnte.

In Tabelle 7–3 ist der Kriterienkatalog von Hochstein/Hunziker abgebildet. Für das COBIT-Referenzmodell haben wir diesen mit den für COBIT 4.0 aus unserer Sicht gültigen Ausprägungen angepasst.

		Public-Domain		Non-Public-Domain	
		ITIL	COBIT 4.0	IBM ITPM	HP ITSM
Formale Kriterien					
1	Ziele	Ja	Ja	Ja	Ja
2	Detaillierungsgrad	Hoch	Hoch	Hoch	Hoch
3	End-to-End	Ja	Ja	Ja	Ja
4	Konsistenz	Nein	Ja	Ja	Ja
5	I/O-Schema	Hinweise	Nein	Ja	Ja
6	Rollen/Verantwortlichkeiten	Ja	Hinweise	Ja	Ja
7	Instrumente	Ja	Nein	Ja	Ja
Pragmatische Kriterien					
8	Erfolgsfaktoren	Hinweise	Ja	Nein	Nein
9	Effektivitätskennzahlen	Hinweise	Ja	Nein	Nein
10	Effizienzkennzahlen	Nein	Ja	Nein	Nein
11	Implementierungshinweise	Ja	Ja	Ja	Ja
12	Klarheit/Einfachheit	Nein	Ja	Ja	Ja
13	Flexibilität	Ja	Ja	Ja	Ja
14	Weiterentwicklung	Ja	Ja	Ja	Ja
15	Verbreitung und Nutzung	Hoch	Mittel	Mittel	Mittel

Tab. 7–3

Merkmalbasierter Ansatz zum Vergleich von Referenzmodellen nach Hochstein/ Hunziker

Der merkmalbasierte Vergleich von Hochstein/Hunziker bietet ein grobes Bewertungsraster mit jeweils drei Ausprägungen für eine Anforderung (Ja/Hinweise/Nein bzw. Hoch/Mittel/Gering). Dadurch lassen sich die Modelle gut voneinander abgrenzen. Da keine konkre-ten inhaltlichen Kriterien angegeben werden, lässt sich der Gegen-standsbereich und somit der fachlich-inhaltliche Abdeckungsgrad mit diesem Modell nicht beschreiben. Zur Klassifikation von Walter/ Krcmar bieten diese generischen Kriterien – aus unserer Sicht – eine gute Ergänzung, da die Referenzmodelle aus einer ganz anderen Per-spektive beleuchtet werden. Naturgemäß ist jeder Merkmalkatalog unvollständig. So scheint uns bspw. die Aufnahme von Kriterien wie Implementierungskomplexität und industrielle Reife (Verbreitungs-grad, Werkzeugunterstützung etc.) wünschenswert.

Bewertung

Beide Bewertungskataloge dienen dazu, die Referenzmodelle und Standards hinsichtlich ihres Einsatzbereiches besser einschätzen zu können. Dies kann jedoch nur als ein erster Schritt gesehen werden, dem die Darstellung, Abgrenzung und Kombination der Einsatzbereiche und -zwecke folgen müssen.

7.3　Kombination und Integration der Referenzmodelle

7.3.1　Abgleich von COBIT, ITIL und ISO 17799

Aligning COBIT, ITIL and ISO 17799

Vorhaben, die verschiedenen Referenzmodelle nicht nur zu vergleichen, sondern sie miteinander in Beziehung zu setzen, wurden u.a. von den herausgebenden Organisationen ISACA/ITGI, OGC und itSMF unternommen. In »*Aligning COBIT, ITIL and ISO 17799 for Business Benefit*« [ITGI 2005b] widmen sich die genannten Organisationen der Frage, wie gut COBIT, ITIL und ISO 17799 miteinander harmonieren und gemeinsam genutzt werden können:

> »*The intention is to explain to business users and senior management the value of IT best practices and how harmonisation, implementation and integration of best practices may be made easier*« [ITGI 2005b].

Version 2005

Allerdings nimmt die Studie, die 2005 veröffentlicht wurde, noch auf COBIT 3.0 – also die Vorgängerversion zum aktuellen COBIT 4.0 – Bezug. Auch wenn dies die praktische Relevanz einschränkt, ist die Studie dennoch wegen der verwendeten Methode interessant, da Beziehungen zwischen den Modellen auf detaillierter Ebene hergestellt werden.

Grundsätze für Implementierung

In der Studie werden fünf Grundsätze genannt, die als Bedingung für eine erfolgreiche Implementierung gesehen werden:

▪ **Anpassung der Modelle**
Die Referenzmodelle müssen an die spezifischen Anforderungen einer Organisation angepasst werden (Tailoring).

▪ **Priorisierung und Sicherung der Managementunterstützung**
Organisationen müssen Prioritäten festlegen und definieren, wo, wie und mit welchem Ziel Referenzmodelle genutzt werden. Ebenso gilt es, Managementunterstützung sicherzustellen und zu gewährleisten, dass IT-Governance-Themen auch auf höchster Unternehmensebene diskutiert und entschieden werden.

Planung
Die Planung der Implementierung umfasst organisatorische Fragestellungen, die Erhebung und Analyse von Risiken, die Entwicklung und Umsetzung von Verbesserungsmaßnahmen sowie die
Vorbereitung der Messung von erzielten Ergebnissen.

Vermeiden von Fehlern
Hier wird die Beachtung von pragmatischen Managementregeln
empfohlen, bspw. die Durchführung der Governance-Initiative im
Unternehmen als Projekt (Anfang, Ende, Meilensteine etc.), die
Beachtung von Change-Management, das Management von Erwar-
tungen etc.

Alignment von Best-Practice-Modellen
Der letzte Grundsatz empfiehlt die gemeinsame und integrierte
Nutzung verschiedener Best-Practice-Modelle, eben ITIL, ISO
17799 und COBIT.

Die Integration der Modelle geschieht aus zwei Richtungen:

Zum einen werden den COBIT-Kontrollzielen relevante unterstüt-
zende Details (»supporting details«) aus ITIL und ISO 17799 zuge-
ordnet. Die COBIT-Komponente Kontrollziele dient hier also als
Referenzpunkt der Integration. Beispielsweise wird dem »PO2
Define the Information Architecture« und dort dem detaillierteren
Kontrollziel PO2.4 der Abschnitt »5.2 Requirements« aus dem
ITIL-Buch »Application Management« zugeordnet, da sich dort
Abschnitte über die verschiedenen Arten von Anforderungen an
die Informationsarchitektur finden, u.a. nicht funktionale Anfor-
derungen und Sicherheitsanforderungen. Sind Details aus anderen
Modellen fettgedruckt (wie in Tab. 7–4 »5.2 Information classifi-
cation« in der Spalte ISO 17799), dann verweist dies darauf, dass
der Standard den diesbezüglichen Ausführungen in COBIT überlegen und demnach an dieser Stelle vorzuziehen ist, wenn die
Modelle gemeinsam zur Anwendung kommen. Insofern verwun-
dert es nicht, wenn ISO 17799 bspw. bei Sicherheitsaspekten in
Bezug auf COBIT überlegen angesehen wird.

Zwei Richtungen der Integration:
Mapping von ITIL- und ISO 17799-Inhalten auf COBIT

CoBiT Domain: Plan and Organise PO2 Define the Information Architecture			
Defining the information architecture satisfies the business requirement of optimising the organisation of the information systems. It is enabled by creating and maintaining a business information model and ensuring that appropriate systems are defined to optimise the use of this information.			
CoBiT Control Objective	**Key Areas**	**ITIL Supporting Information**	**ISO 17799 Supporting Information**
PO2.1 Information architecture model	Information needs analysis information architecture model maintaine, corporate data model and Plans	*ICT Infrastructure Management*, Annex 2B, The Contents of ICT Policies, Strategies, Architectures	10.1 Security requirements of systems
PO2.2 Corporate data dictionary and data syntax rules	Corporate data dictionary		
PO2.3 Data classification scheme	Information classes, ownership, access rules		5.2 **Information classification**
PO2.4 Security levels	Security levels for each information class	Applications Management, The Application Management Lifecycle, 5.2 Requirements	5.2 **Information classification** 4.1 Information security infrastructure 5.1 Accountability for assets 8.6 Media handling and security 9.1 Business requirement for access control

Tab. 7–4   *Mapping von ISO 17799 und ITIL auf CoBiT (Ausschnitt aus [ITGI 2005b])*

Mapping von CoBiT-Kontrollzielen auf ITIL-Inhalte

▨ Zum anderen wird in der Studie CoBiT auf ITIL bezogen. Hierbei dienen ITIL-Inhalte als Referenzpunkte (vgl. Tab. 7–5). In den weiteren Spalten finden sich Verweise auf High-Level-Kontrollziele (bspw. AI1) sowie detaillierte Kontrollziele.

Tab. 7–5

Mapping von CoBiT auf ITIL

4. Application Management			
Develop models that demonstrate business and IS strategic alignment	PO2	PO2.1	Information architecture model
Assess IT capabilities	PO6	PO6.4	Policy implementation resources
Ascertain the delivery strategy	AI1	AI1.2	Formulation of alternative courses of action
Align delivery strategy with business drivers and organisational capabilities	AI1	AI1.3	Formulation of acquisition strategy
Prepare to deliver	AI1	AI1.13	Procurement control →

4. Application Management			
Determine application life cycle	AI2	AI2.1	Design methods
Align application management and service management	AI2	AI2.13	Availability as a key design factor
Plan deployment	AI5	AI5.3	Implementation plan
Plan handover and support	AI5	AI5.3	Implementation plan
Review application portfolio	AI2	AI2.17	Reassessment of system design
5. Service Level Management			
Undertake service planning	DS1	DS1.2	Aspects of service level agreements
Produce service catalogue	DS1	DS1.1	Service level agreement framework
Establish service level requirements	DS1	DS1.2	Aspects of service level agreements
Negotiate SLAs	DS1	DS1.1	Service level agreement framework
Manage customer expectations	DS8	DS8.1	Help desk

Allerdings ist nicht klar, wie diese Inhalte aus den ITIL-Dokumenten gewonnen worden sind. So findet sich im Dokument »Application Management« keine Liste mit den Aufgaben, die in der Tabelle 7–5 in der linken Spalte genannt werden. Insofern liegt kein wirkliches Mapping auf ITIL-Komponenten vor – was nicht zuletzt daran liegen dürfte, dass ITIL im Vergleich zu COBIT keine ähnlich klare und durchgängige Struktur aufweist.

Aufgrund der unterschiedlichen und z.T. fehlenden Strukturierung der Referenzmodelle und Standards ist es schwer, Mapping-Beziehungen zu definieren. In Tabelle 7–5 wird deutlich, dass Kontrollziele aus COBIT nur recht unscharf mit Aktivitäten, Prozessen oder ganzen Kapiteln des ITIL-Dokuments in Beziehung gebracht werden können.

7.3.2   Das Integrationsprojekt COBIT Mapping

Derzeit werden von der ISACA weitere Anstrengungen unternommen, Referenzmodelle zu vergleichen und – so ISACA – zu integrieren. Das Ziel wird wie folgt beschrieben:

Integrationsprojekt der ISACA: 2006/07

> »Although many of these questions can be addressed using the openly available COBIT guidance, several have remained unresolved, until now. This project addresses the gaps by mapping the most important and commonly used standards to the COBIT processes and control objectives« [ITGI 2007a].

Hierarchische Integration:
Studie von 2006

In diesem Projekt verfolgt die ISACA eine Top-down-Integration und verwendet das von ihr herausgegebene COBIT als Referenzpunkt für die Integration [ITGI 2006g]. Dies scheint sinnvoll, weil COBIT wegen seines geschäftsorientierten Blickwinkels gewissermaßen die Spitze einer Hierarchie der Referenzmodelle der IT-Governance bildet (vgl. Abb. 7–4).

Die geschäftliche Perspektive von COBIT sorgt dafür, dass die IT nicht isoliert, sondern im Kontext der geschäftlichen Tätigkeiten eines Unternehmens bzw. seiner Geschäftsprozesse gesehen wird. Die eher operativen Aufgaben im Zusammenhang mit der betrieblichen IT werden durch eine Reihe weiterer Referenzmodelle abgedeckt, die COBIT hierarchisch untergeordnet sind (vgl. Abb. 7–4).

Abb. 7–4

Top-down-Integration
von Referenzmodellen
[ITGI 2006g]

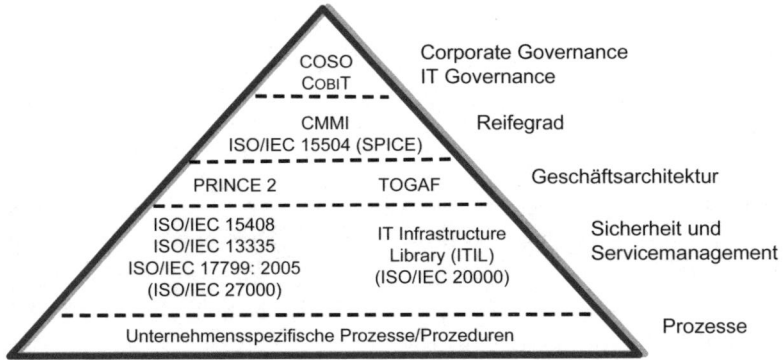

Mit Stand Anfang 2007 gibt es zwei Arten von Dokumenten, in denen Ergebnisse des Projekts publiziert werden:

- Ein High-Level-Übersichtsdokument (COBIT Mapping: Overview of International IT Guidance, 2nd Edition [ITGI 2006g])
- Eine Vielzahl von detaillierten Mapping-Dokumenten, die sich jeweils mit einem einzelnen Referenzmodell und dessen Bezug zu COBIT auseinandersetzen (bspw. COBIT Mapping: Mapping of ITIL with COBIT 4.0 [ITGI 2007a]).

In Ersterem werden 13 Referenzmodelle in Bezug zu COBIT gesetzt. Hier werden zunächst die verschiedenen Referenzmodelle mittels eines einheitlichen Schemas charakterisiert (vgl. Tab. 7–6).

ITIL		Tab. 7–6
Aufbau des Dokuments	ITIL besteht aus 7 bzw. 8 Büchern und ist der De-facto-Standard des IT-Servicemanagements. Obwohl von einer Regierungsorganisation veröffentlicht, stellt ITIL keinen gesetzten Standard im eigentlichen Sinne dar.	*Charakterisierung von ITIL gemäß [ITGI 2006g]*
Herausgeber	ITIL wurde ursprünglich von der CCTA (Central Computer and Telecommunication Agency) veröffentlicht, die 2000 im OGC (Office of Government Commerce) aufgegangen ist. Das OGC hält die Rechte und das Copyright an ITIL. Ihr Auftrag besteht darin, eine effiziente und effektive Methode für die Nutzung von IT-Ressourcen zu entwickeln.	
Ziel der Publikation	Ziel ist die Entwicklung eines herstellerunabhängigen Ansatzes für das IT-Servicemanagement. Dahinter steht der Grundgedanke, dass – aufgrund der steigenden Abhängigkeit von der IT – diese als hochqualitative Dienste gesteuert werden müssen.	
Geschäftliche Treiber	Gründe für eine ITIL-Implementierung sind: • Definition von Serviceprozessen innerhalb einer Organisation • Definition und Verbesserung der Prozessqualität • Verstärkter Fokus auf den Kunden der IT • Einrichtung einer zentralen Help-Desk-Funktion	
Risiken, wenn eine Implementierung unterlassen wird	Ineffiziente Services für Kunden und Benutzer • Unklare und intransparente Serviceprozesse • Fehlen einer gemeinsamen Sprache zwischen IT und Kunden/Benutzern • Unzufriedenheit der Benutzer und Kunden mit der Qualität der Dienste	
Zielgruppe	Organisationen verschiedener Größen. Die Verantwortlichen sind CEOs, CFOs, CIOs ...	
Aktualität	Wird regelmäßig überarbeitet und aktualisiert.	
Zertifizierungsmöglichkeiten	Aktuell steht die persönliche Zertifizierung im Vordergrund. Organisationen können sich nach dem mit ITIL verwandten ISO 20000 zertifizieren lassen. Es werden verschiedene Stufen der Zertifizierung unterschieden: »Foundation Certificate«, »Practitioners Certificate« und »Managers Certificate«.	
Verbreitung	ITIL kommt weltweit zur Anwendung und ist in verschiedenen Sprachen verfügbar.	
Vollständigkeit	Wird durch die folgenden Ausführungen verdeutlicht.	
Verfügbarkeit	ITIL kann als mehrbändiges Werk bestellt werden oder als CDs.	

Im Anschluss an die Charakterisierung der Modelle werden diese mit COBIT in Beziehung gesetzt. Dies geschieht auf Prozessebene, indem diejenigen COBIT-IT-Prozesse/-Kontrollziele identifiziert werden, die mit dem jeweiligen Referenzmodell in einem inhaltlichen Bezug stehen. In Abbildung 7–5 ist das Mapping im Fall von ITIL durch die dunkel umrandeten COBIT-IT-Prozesse angedeutet.

Grafische Darstellung der Beziehungen

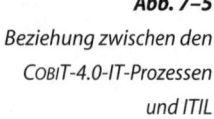

Abb. 7–5
*Beziehung zwischen den
COBIT-4.0-IT-Prozessen
und ITIL*

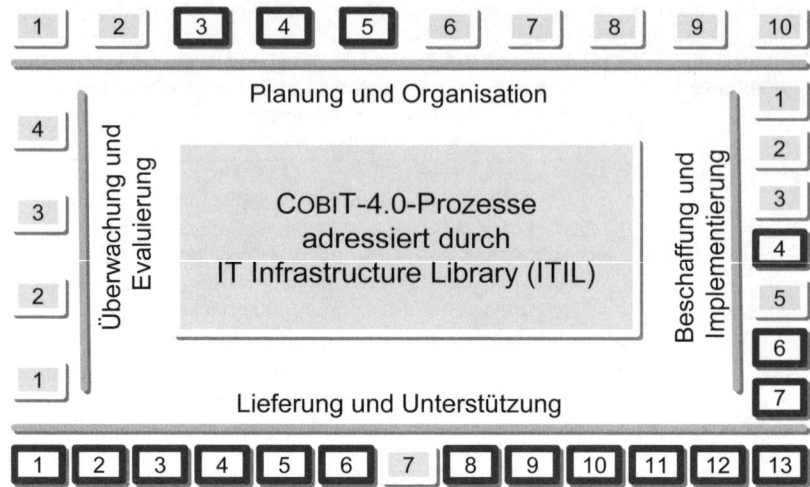

*Adressierte
Informationskriterien und
Ressourcen*

Des Weiteren wird in der Studie angegeben, welche Informationskriterien häufig (+), gelegentlich (0) bzw. selten oder gar nicht (-) von dem jeweiligen Referenzmodell adressiert werden (vgl. Abb. 7–6). Dieselbe Häufigkeitseinschätzung wird für IT-Ressourcen vorgenommen (rechts).

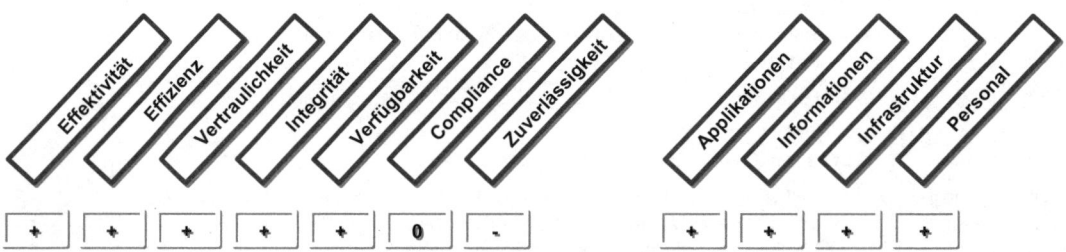

Abb. 7–6   *Häufigkeit, mit der die COBIT-Informationskriterien bzw. IT-Ressourcen in ITIL
adressiert werden*

Als Letztes werden für die Referenzmodelle grundlegende Konzepte angegeben und wesentliche Quelldokumente bzw. Internetquellen genannt.

Detailliertes Mapping

Neben dem Überblicksdokument gibt es – wie erwähnt – jeweils einzelne Dokumente für das detaillierte Mapping der verschiedenen Referenzmodelle auf COBIT.[3]

Für den Vergleich werden folgende Schritte für jedes Referenzmodell durchgeführt:

1. Zunächst wird das jeweilige Referenzmodell in sogenannte »Infor-   *Information Requirements*
   mation Requirements« zerlegt. Hierbei handelt es sich um
   Abschnitte oder Informationsbausteine aus den Referenzmodellen, die auf COBIT abgebildet werden sollen.[4]

2. Die Information Requirements werden COBIT-Kontrollzielen zu-   *Kontrollziele*
   geordnet. Hierbei wird folgendermaßen unterschieden:

   a) Eine 1:1-Zuordnung ist möglich, wenn ein Information Require-
      ment genau einem Kontrollziel entspricht.

   b) Eine 1:n-Zuordnung erfolgt, wenn ein Information Require-
      ment mehr als einem Kontrollziel zugeordnet werden kann.

   c) Eine Zuordnung zu einem gesamten COBIT-Prozess erfolgt,
      wenn ein Information Requirement diesen voll abdeckt.

   d) Wenn keine der genannten Zuordnungen möglich ist, dann hat
      das Information Requirement keine Entsprechung in COBIT.

In einem »High-level Mapping« und einem »Detailed Mapping« wird,
analog zur Detaillierungsebene der Kontrollziele, die Stärke des Bezu-
ges zwischen High-Level-Kontrollzielen und detaillierten Kontrollzielen zu Komponenten des jeweils betrachteten Referenzmodells analysiert:

High-level Mapping

Dieser Abschnitt konkretisiert die Abbildung 7–5, indem verdeutlicht
wird, ob ein COBIT-Prozess stark (+), gering (o) oder gar nicht (-)
adressiert wird. Die Stärke ergibt sich danach, ob mehr als 30, 15 – 30
oder weniger als 15 der erwähnten Information Requirements auf den
jeweiligen COBIT-Prozess abgebildet werden können (vgl. Tab. 7–7).

---

3. Bisher verfügbar sind auf *www.isaca.org* (Stand Februar 2007):

   COBIT Mapping: Mapping of ITIL With COBIT 4.0
   COBIT Mapping: Mapping of PRINCE2 With COBIT
   COBIT Mapping: Mapping ISO/IEC 17799:2005 With COBIT 4.0
   COBIT Mapping: Mapping SEI's CMM for Software to COBIT 4.0
   COBIT Mapping: Mapping PMBOK to COBIT 4.0
   COBIT Mapping to ISO/IEC 17799:2000 With COBIT, 2nd Edition

   In Planung sind entsprechende Dokumente für CMMI, TOGAF, COSO, IT
   Baseline Protection Manual (Grundschutzhandbuch) sowie NIST FISMA.

4. Die »Information Requirements« wurden wahrscheinlich nicht zuletzt deswegen
   eingeführt, da in früheren Dokumenten relativ unspezifisch von »supporting
   details« gesprochen wurde. Es findet sich folgende Definition: »An ›information
   requirement‹ is defined as a piece of information from the source document that
   can be mapped to a control objective of COBIT.«

Tab. 7–7
High-level Mapping
von ITIL auf COBIT

COBIT-Prozesse Kontrollbereiche	1	2	3	4	5	6	7	8	9	10	11	12	13
Planung und Organisation	-	-	-	-	o	-	-	-	-	-			
Beschaffung und Implementierung	-	-	-	-	-	+	+						
Lieferung und Unterstützung	+	o	+	+	--	+	-	+	+	+	-	-	-
Überwachung und Evaluierung	-	-	-	-									

»High-level Mapping« enthält auch Erläuterungen zu den jeweiligen Beziehungen zwischen ITIL und COBIT. Beispielsweise wird die geringe Beziehung (o) zwischen ITIL und PO5 damit begründet, dass Teile des ITIL-Prozesses Finanzmanagement (siehe Abschnitt »Finanzmanagement« auf Seite 163) auf »PO5 *Management der IT-Investitionen*« abgebildet werden können. Eine starke Beziehung (+) von ITIL zu AI6 (Beschaffung und Implementierung 6 – *Änderungsmanagement*) ergibt sich dadurch, dass ITIL das Change-Management stark adressiert und damit 35 Information Requirements dem AI6 zugeordnet werden können. Die fast durchgängig starken Beziehungen von ITIL zu den Prozessen der Domäne Lieferung und Unterstützung ergeben sich dadurch, dass die Bücher »Service Support« und »Service Delivery« schwerpunktmäßig diesen Themenbereich behandeln.

Detailed Mapping

In diesem Abschnitt des Dokuments wird der Bezug zwischen COBIT und dem jeweiligen Referenzmodell nochmals genauer beschrieben. Dies geschieht durch Nennung der Information Requirements und durch Hinweise auf die jeweiligen Stellen in ITIL. COBIT selbst wird nun nicht mehr auf der Ebene von IT-Prozessen betrachtet, sondern es werden die detaillierten Kontrollziele (Detailed Control Objectives, vgl. Abschnitt 3.4.2.2) herangezogen. Die Beziehungen werden konkretisiert, indem angegeben wird, ob die Beschreibungen in ITIL über die in COBIT hinausgehen (E, exceed), mit ihnen deckungsgleich sind (C, complete coverage), zum Teil adressieren (A, some aspects adressed) oder gar nicht adressieren (N/A, Not addressed).

So wird bspw. für die ITIL-Abschnitte aus dem Buch »Service Delivery (SD)« (Unterabschnitt Release Management) 9.6.1 Release planning, 9.6.3 Release acceptance, 9.6.4 Rollout planning sowie 9.6.5 Communication, preparation and training festgestellt, dass sie die in AI4.2 (Knowledge transfer to business management) beschriebenen Ziele zum Teil adressieren (vgl. Tab. 7–8).

COBIT 4.0 Control Objective		ITIL	
		Coverage	Requirements
AI2	Acquire and maintain technology infrastructure.	A	SS-Relation 2.13
AI3.1	Technological infrastructure acquisition plan	A	SS-Relation 2.13 SD-Relation 2.12
AI3.2	Infrastructure resource protection and availability	N/A	
	Infrastructure maintenance	A	SD-AvaMgmt 8.2.3 SD-AvaMgmt 8.5.3
AI3.4	Feasibility test environment	N/A	
AI4	Enable operation and use	A	
AI4.1	Planning for operational solutions	N/A	
AI4.2	Knowledge transfer to business management	A	SD-RelMgmt 9.6.1 SD-RelMgmt 9.6.3 SD-RelMgmt 9.6.4 SD-RelMgmt 9.6.5
AI5	...		

Tab. 7–8
COBIT-ITIL-Mapping: Detailed Mapping

Mithilfe von Tabellen werden relativ feingranulare Abschnitte aus ITIL COBIT zugeordnet. Insofern stellt diese Zuordnung einen wirklichen Gewinn für die parallele Anwendung von ITIL und COBIT dar.

Bewertung

Das Mapping nach dem vorgestellten gleichbleibenden Schema erleichtert auch die Gegenüberstellung der verschiedenen Referenzmodelle und ihre Auswahl für bestimmte Zwecke und Teilbereiche.

Es ist sinnvoll, bei der Integration mit COBIT als Referenzpunkt zu beginnen. Damit ist die Dominanz der geschäftlichen Sicht verankert.

Hier stellt sich jedoch auch die Frage, was verloren geht, wenn COBIT als Referenzpunkt für die Integration herangezogen wird und folglich die verschiedenen Modelle ihre – möglicherweise über COBIT hinausgehenden – spezifischen Vorteile nicht voll ausspielen können.

Offen bleibt darüber hinaus, wie die Information Requirements gewonnen werden. Auch liegt keine grundsätzliche Festlegung dazu vor, welche Granularität hier angemessen ist, da die Größe der zugeordneten Bereiche erheblich variiert.

7.4 Bewertung

Die bisher vorliegenden Mapping-Ansätze zwischen COBIT, ITIL und ISO 17799 sind wesentlich aus der COBIT-Perspektive entstanden.

Dieser Ansatz ist wegen der oben beschriebenen Hierarchie der Referenzmodelle insbesondere für Anwendungsfälle sinnvoll, in denen eine »Grüne-Wiese«-Implementierung ins Auge gefasst wird. In diesen

Situationen lassen sich die gewünschten Governance-Strukturen ausgehend von den Geschäftsanforderungen top-down durchplanen.

Für Fälle, in denen bereits Referenzmodelle im Einsatz sind, fehlen Mappings, die aus den unteren Schichten der Hierarchie heraus starten. Bis sich Referenzmodelle als integrierte Best-Practice-Methode durchsetzen können, ist daher noch erhebliche Forschungs- und Entwicklungsleistung zu erbringen.

8 Praxisbeispiel: Bewertung von Applikations- portfolios und IT-Prozessen

Daniel Just · Farsin Tami
Steria Mummert Consulting AG

8.1 Ausgangssituation und Aufgabenstellung

In vielen Unternehmen wächst das Verständnis, dass die beschriebenen Kernaufgaben zur werthaltigen Gestaltung, der risikoorientierten Ausrichtung und der transparenten und zielgerichteten Steuerung der Informationstechnologie nicht dem IT-Management allein überlassen werden sollten. Vielmehr sind sie in den Managementkontext der Corporate Governance zu stellen. Damit erhält das IT-Management einen Handlungsrahmen – IT-Governance –, der sich nahtlos in das strategische Management des Unternehmens einfügt.

Zur Steigerung von Unternehmenserfolg und Unternehmenswert ist daher eine transparente und nutzerorientierte Informationstechnologie erforderlich. Die Ausgangslage vieler IT-Organisationen ist durch zunehmende technische Komplexität sowie eine oftmals intransparente IT-Kostenstruktur gekennzeichnet. Zudem stellt sich die Frage nach dem Abgleich zwischen der IT-Leistungserbringung und den geschäftsprozessbedingten Anforderungen (Alignment). Dies generiert einen wachsenden Bedarf an Transparenz bezüglich der Leistungsfähigkeit von IT-Organisationen.

Im nachfolgend dargestellten Praxisbeispiel für ein IT-Governance-Projekt wird ein Finanzdienstleistungsinstitut (»Institut«) vorgestellt. Abgeleitet aus der Geschäftsstrategie waren Geschäftskundenfokus, Geschäftsprozessorientierung, Flexibilität, finanzielle Transparenz und ein modernes Steuerungsinstrumentarium die wesentlichen Anforderungen an die IT bzw. die IT-Anwendungen.

Die Darstellung der bereits einige Jahre zurückliegenden Projektdurchführung soll an dieser Stelle auch dazu dienen, anhand der Wei- *Fortschritt und Limitierungen* terentwicklung von Standards/Referenzmodellen (COBIT, ITIL, CMM etc.), deren damaliger Stand bereits zur Analyse und Bewertung der IT-Anwendungen herangezogen wurde, den Fortschritt in diesem Bereich zu illustrieren. Außerdem soll verdeutlicht werden, dass auch heute die existierenden Standards und Referenzmodelle nicht alle Aspekte einer ganzheitlichen Betrachtungsweise der IT abbilden und an ihre Grenzen stoßen.

Um die Lücken zu schließen, bestand und besteht weiterhin die Notwendigkeit, individuelle Methoden und Lösungen zu entwickeln. Das aufgezeigte Praxisbeispiel stellt nur eine Möglichkeit des Einsatzes von Best Practices dar, andere Anforderungen und Kundensituationen führen zu einem anderen Mix der eingesetzten Standards und Referenzmodelle.

»Payback« für die IT-Unterstützung
Die strategische Anwendungsplanung gehört im Institut, in dem das hier vorgestellte Projekt umgesetzt wurde, zum Standardwerkzeug des IT-Managements. Dabei werden die Anforderungen aus den verschiedenen strategischen Geschäftsfeldern und Fachbereichen dahingehend bewertet, inwieweit sie qualitative, vor allem aber wirtschaftliche Ergebnisse erzielen können. Alle Geschäftsbereiche sind aufgefordert, das »Payback« für die IT-Unterstützung genau zu ermitteln. Im Vertrieb ist dies etwa das Erzielen zusätzlicher Erträge durch Mehrgeschäft oder im Bereich der Prozessoptimierung das Einsparen von Mitarbeiterkapazitäten durch kürzere Bearbeitungszeiten bzw. durch Automatisierung von Aufgaben.

»Time-to-Market«
Gezeigt hat sich, dass viele individuelle Wünsche meist nicht kurzfristig realisiert werden können. Gerade aber bei marktunterstützenden und vertriebsprozessoptimierenden Applikationen ist die »Time-to-Market« *die* entscheidende Größe. Auch die Suche nach standardisierten Programmen im Markt führte nicht immer zu befriedigenden Lösungen, sodass in den vergangenen Jahren rund 50 Applikationen vom Institut individuell entwickelt wurden. Die Bandbreite der Applikationen reicht dabei von Informations- und Steuerungsprogrammen über Database Marketing, Prozessunterstützung der Anwendungen für die Revisionstätigkeit bis hin zu einem professionellen Workflow-System für Backoffice-Tätigkeiten des Markts.

Aufgrund der starken Vertriebssicht des Instituts waren Vertrieb und Marktfolgeprozesse kundenzentriert zu straffen und durch die IT effizient zu unterstützen. Auch die Sicherheitsanforderungen an die prozessunterstützenden IT-Anwendungen stiegen immer weiter, und beides zusammen führte beim vorliegenden Institut zu einem erheblichen Kostenanstieg.

Damit wird die Zwickmühle deutlich, in der viele IT-Verantwortliche heute stecken: Wie unterstütze ich die Geschäftsprozesse effizient, erfülle die Sicherheitsanforderungen und minimiere zugleich meine IT-Kosten?

Zwickmühle vieler IT-Verantwortlicher

Diese Frage sollte in einem an Steria Mummert Consulting beauftragten Projekt beantwortet werden.

Beginnend mit einer umfassenden Bestandsaufnahme der gesamten IT-Landschaft, sollte – nach verschiedenen Beurteilungskriterien aufgeschlüsselt – eine Standortbestimmung aus Managementsicht erfolgen. Im Fokus standen dabei zweckmäßigerweise eine Bewertung der Applikationslandschaft im Hinblick auf deren Abdeckung der Geschäftsanforderungen und eine Analyse ausgewählter IT-Prozesse. Eine Make-or-Buy-Betrachtung zu den verschiedenen Applikationen sollte die Kostensituation transparent machen. Zielsetzung war es, valide Aussagen über den Handlungsbedarf im IT-Umfeld zu entwickeln.

Abdeckung der Geschäftsanforderungen

Aufgrund zeitlicher Rahmenbedingungen konnte dabei jedoch keine umfassende fachlich-technische Bewertung des Institutes über das gesamte Applikationsportfolio durchgeführt werden. Ähnliches gilt für die Analyse typischer IT-Prozesse: Eine vollständige Ermittlung über alle intern erbrachten IT-Dienstleistungen war daher nicht vorgesehen. Unter Berücksichtigung dieser Rahmenbedingungen wurde das Untersuchungsfeld auf 20 repräsentative Applikationen begrenzt. Steria Mummert Consulting setzte zu diesem Zweck standardisierte Methoden ein, die unter dem Begriff »Quick Check« (vgl. Abb. 8–1) zusammengefasst werden.

Untersuchungsfeld: 20 repräsentative Applikationen

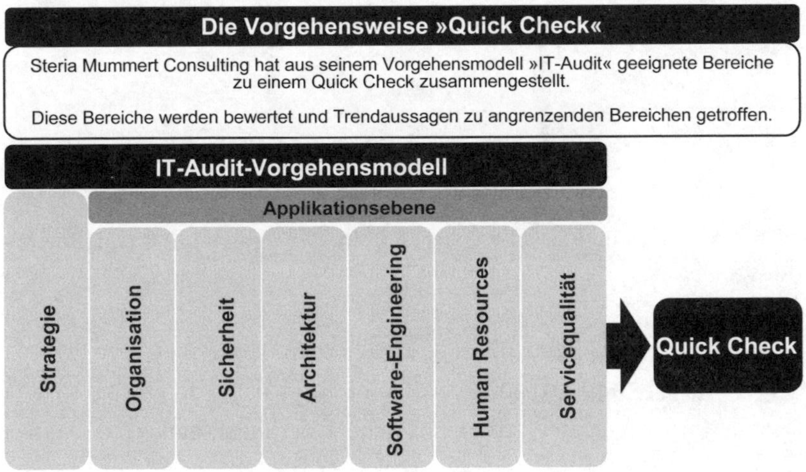

Abb. 8–1

Die Vorgehensweisen beim »Quick Check«

»Strategie Sourcing«   Die Methoden, die im Rahmen des »Quick Checks« für die verschiedenen Themengebiete verwendet wurden, sind bis heute nicht in Standards und Referenzmodellen wie z.B. ITIL oder COBIT beschrieben. Diese Lücken wurden von Steria Mummert Consulting durch geeignete Methoden zur Analyse und Bewertung der IT geschlossen. Als Beispiel sei das Themengebiet »Strategie Sourcing« genannt, das nach wie vor weder in ITIL noch in COBIT genauer spezifiziert ist.

8.2   Vorgehensweise im Projekt

Ist-Aufnahme   Abgeleitet aus den IT-Governance-bezogenen Beratungsinstrumenten von Steria Mummert Consulting wurde gemeinsam mit dem Institut eine Vorgehensweise zur Durchführung eines »Quick Check« beschlossen. Entschieden hat man sich für ein Vorgehen in drei Phasen. Nach der Projektinitialisierung wurden im Rahmen der Ist-Aufnahme zunächst Interviews mit fachlich und technisch Verantwortlichen sowie Führungskräften durchgeführt.

Ergebnistypen   Parallel dazu analysierte Steria Mummert Consulting zahlreiche Dokumente wie Fach-, DV- oder Schulungskonzepte. Einige Applikationen wurden vor Ort in ihrer praktischen Anwendung begutachtet. Anschließend wurden die gesammelten Informationen verdichtet, bewertet und in abgestimmten Ergebnistypen dargestellt (vgl. Abb. 8–2).

Abb. 8–2
Vorgehensmodell
»Quick Check«

Bewertungsgebiete   Die Untersuchung konzentrierte sich in der Folge auf zwei Bewertungsgebiete:

▪ **Applikationen**
  Der Fokus der IT-Standortbestimmung lag auf Applikationen. Für eine ausgewählte Anzahl von Applikationen des Institutes sollten daher Aussagen über die technische Leistungsfähigkeit und über die Geschäftsorientierung gemacht werden.

Reifegrad

Zusätzlich wurde der Reifegrad der IT-Organisation betrachtet. »Reifegrad« bedeutete hierbei jene Qualitätsstufe, mit der typische IT-Leistungen im Institut erbracht werden. Methodisch wurden die Ergebnisse der Ist-Aufnahme mit einem Best-Practice-Referenzmodell (ITIL und COBIT in Verbindung mit CMMI) verglichen.

8.2.1   Applikationen und ihre Bewertung

Die Applikationen wurden, um vergleichbare Aussagen treffen zu können, in drei prozessorientierte Cluster unterteilt, und zwar in Applikationen, die

Drei prozessorientierte Cluster

- die Kernprozesse des Institutes abbilden (7 Applikationen),
- die Querschnittsprozesse des Institutes abbilden (12 Applikationen) und
- die IT-spezifischen Prozesse abbilden (1 Applikation).

Die Untersuchungsstichprobe umfasste somit 20 Applikationen, die aus Gründen der Vertraulichkeit nicht namentlich genannt, sondern für die weiteren Ausführungen von 1 bis 20 durchnummeriert wurden.

Im Verlauf der empirischen Erhebung wurde weiterhin methodisch differenziert nach der anzuwendenden Tiefe der Analyse – nicht alle Applikationen wurden mittels der Methoden Fragebogen, Interview und Besichtigung betrachtet. In Zusammenarbeit mit der IT-Organisation des Institutes wurde daher der folgende differenzierte Analyseansatz gewählt:

Applikationen 1 – 7:   Fragebogen, Interview und Besichtigung

Applikationen 8 – 19: Fragebogen und Interview

Applikation 20:   vom Ansprechpartner des Kunden ausgefüllter Fragebogen

Zur Applikationsanalyse und -bewertung wurde ein Säulenmodell (vgl. Abb. 8–3) eingesetzt, das auf den folgenden Referenzmodellen beruht:

Applikationsanalyse

- ITIL (IT Infrastructure Library),
- COBIT (Control Objectives for Information and Related Technology) und
- Nolan Norton (Stage Theory).

Auf Basis dieser Methoden wurde ein Fragebogen entwickelt, der mit einem Umfang von rund 100 Fragen die applikationsspezifischen Aspekte zu den Themengebieten Organisation, Sicherheit, Architektur,

Fragen in Anlehnung an COBIT und ITIL

Software-Engineering, Human Resources und Servicequalität erfasst
und bewertet. Die Fragen wurden in Anlehnung an COBIT-Domänen

Abb. 8–3

Säulenmodell zur

Applikationsanalyse

und ITIL Service Support und Service Delivery entwickelt. Hier kamen
insbesondere die COBIT-Domänen »Plan and Organise«, »Aquire and
Implement« und »Deliver and Support« zum Tragen.

Ergebnisverdichtung   Zudem wurden die vorhandenen Applikationsdokumentationen analysiert. Die Ergebnisse wurden verdichtet, den Säulen zugeordnet und
in ein Punktesystem übertragen. Der sich daraus ergebende Qualitätsstand einer Applikation wurde dann kontextspezifisch aufbereitet (vgl.
Beispiel in Tab. 8–1).

Tab. 8–1

Applikationsbewertung –

Säulen »Kernprozesse«

Applikation 7: Cluster 1 – Kernprozesse		
Säule	Bewertung	Merkmale
Organisation	◔	Hoher Unterstützungsgrad der fachlichen Prozesse (Textverarbeitung nicht optimal), standardisierter Kriterienkatalog bei der Make-or-Buy-Entscheidung, hohe Automatisierung bei Backup-Verfahren
Sicherheit	◔	Stabilität und Sicherheit entsprechen in hohem Maße den Benutzererwartungen, aber keine explizite Schutzbedarfsanalyse, Notfall- und Administrationskonzepte sind vorhanden
Architektur	●	Datenaktualität sehr hoch, Applikation ist skalierbar, umfangreiches Benutzerhandbuch vorhanden →

Applikation 7: Cluster 1 – Kernprozesse		
Säule	Bewertung	Merkmale
Software-Engineering		Dokumentation unvollständig und veraltet, kein Schnittstellendiagramm vorhanden, ursprüngliche Anforderungen an Software fehlen
Human Resources		Hohes fachliches Anwendungs-Know-how bei Usern vorhanden
Service-qualität		Fachliche und technische Hotline stehen zur Verfügung, geringe Anzahl technischer Fehler, Prozess zur Benutzerunterstützung ist definiert

Abschließend wurden die Applikationen in einem Vier-Quadranten-Schema positioniert. Dies ermöglichte die Ableitung einer tendenziellen Aussage bezüglich der beauftragten Fragestellungen. Das Schema zeigt Abbildung 8–4.

Kriterien Technische Qualität:
- Architektur
- Verfügbarkeit
- Mängelhäufigkeit
- Skalierbarkeit
- Portierbarkeit
- Mandantenfähigkeit
- Service Level Agreements (SLAs)

Kriterien Fachliche Qualität:
- Nutzerzufriedenheit
- GPO-Unterstützung
- Aktualität der Daten
- Automatisches Backup
- Customizing
- Neufunktionalitäten
- Anforderungen
- Fachliche Benutzerunterstützung

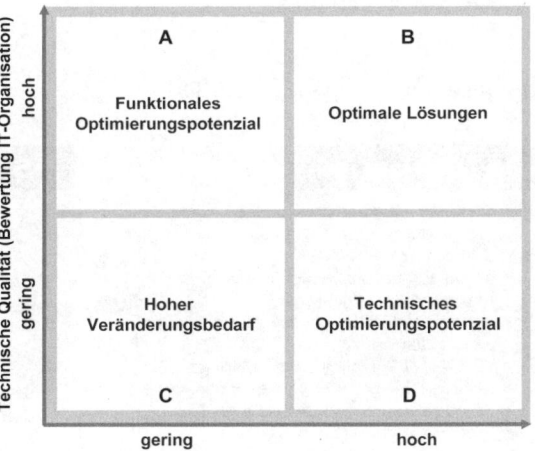

Abb. 8–4

Modell eines Applikationsportfolios

Mit dem Vier-Quadranten-Schema wurden u.a. folgende Fragestellungen beantwortet:

Fragestellungen

- Ist eine Applikation primär funktional – also fachlich – zu erweitern (Quadrant A)?
- Befindet sich eine Applikation in einem bereits optimalen Zustand – deckt also die geforderte Fachlichkeit ausreichend ab (Quadrant B)?
- Sollte eine Applikation daraufhin untersucht werden, ob sie sich durch eine Standardapplikation ersetzen lässt und/oder effizienter betrieben werden könnte – besteht also akuter Austauschbedarf (Quadrant C)?
- Sollte eine Applikation technisch – also in Bezug auf ihre technische Plattform – verbessert werden (Quadrant D)?

Interviews

Zu Beginn des Projektes wurde in Abstimmung mit dem IT-Management eine Reihe von technisch und fachlich auskunftsfähigen Ansprechpartnern festgelegt, die für 2- bis 3-stündige Interviews zur Erhebung des prinzipiellen Leistungsumfanges und technischer Applikationsparameter zur Verfügung standen.

Anlehnung an SWOT-Analyse

Zur qualitativen Verifikation der Qualitätsstände der Applikationen wurde die vom Auftraggeber zur Verfügung gestellte Dokumentation herangezogen. Insbesondere wurden Informationen bezüglich des Leistungsumfanges, der technischen Plattform (Architektur) und der Integration der Applikation in die bestehende Applikationslandschaft verwendet. Dokumentation und Interviews ermöglichten die Ableitung einer aggregierten Applikationsdarstellung. In Anlehnung an die Methodik der SWOT-Analyse wurden für jede Applikation

- Stärken,
- Schwächen,
- Möglichkeiten und
- Problemkreise

herausgearbeitet (vgl. Abb. 8–5).

Abb. 8–5
Applikationsanalyse für
»Applikation 1«

Stärken

- Unterstützung der strategischen Ausrichtung als Institut mit Vertriebsfokus
- Hohe Nutzerakzeptanz
- Hohe applikationsbezogene Qualifikation der Mitarbeiter (fachlich)
- Hohe Stabilität und Sicherheit, erweiterbar und portierbar
- Effizientes Tool für Massen-Mailings
- Geringer Pflege- und Betreuungsaufwand
- Benutzerfreundliche, einfache Abfragen
- Fest hinterlegte Selektionskriterien

Schwächen

- Medienbrüche bei Übergabe der Daten für Mailing-Aktionen an externen Dienstleister
- Derzeit keine Vertriebsunterstützung im Sinne eines 1:1-Marketings
- Keine explizite Releaseplanung vorhanden
- Kein Schulungskonzept (bisher sporadisch)

Möglichkeiten

- Mehrwert durch Ausbau der Datenbank / Felderweiterungen
- DV-Integration aller Vertriebswege insb. der elektronischen Vertriebswege (Multichannel)
- CTI-Anwendung für Callcenter und Beraterarbeitsplätze
- Integration von anderen Applikationen
- Erweiterung der Kundensegmentierung um Verhaltensaspekte / Bedürfnisstruktur

Problemkreise

- Keine Kundenhistorie
- Eventuell leicht ersetzbar durch umfassende CRM-Tools auf dem Markt
- Konzentration des technischen Know-hows bei externem Partner

Portfoliobezogene Aussagen

Nach Abschluss aller Analysen mit Applikationsbezug wurde eine Portfoliobetrachtung vorgenommen: Gemäß der drei Cluster (Kernprozesse, Querschnittsprozesse und IT-spezifische Prozesse) fand ein Vergleich der Applikationen untereinander statt, indem vergleichende portfoliobezogene Aussagen zu den folgenden Themenkreisen abgeleitet wurden:

Fachliche und technische Leistungsfähigkeit der Applikationen

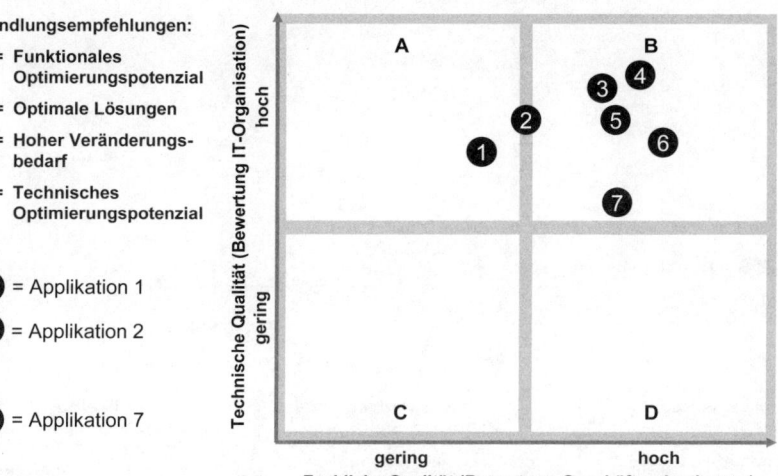

Handlungsempfehlungen:

A = Funktionales
      Optimierungspotenzial

B = Optimale Lösungen

C = Hoher Veränderungs-
      bedarf

D = Technisches
      Optimierungspotenzial

① = Applikation 1

② = Applikation 2

⋮

⑦ = Applikation 7

Abb. 8–6

Einordnung der Kernprozesse in das Portfolio

Wie sehen aus der IT-Sicherheits- und Business-Contingency-Planungsperspektive die Folgen eines Ausfalls einer Applikation auf den Geschäftsbetrieb aus?[1]

Folgen eines Ausfalls

Die Folgen eines Ausfalls einer Applikation auf den Geschäftsbetrieb spielen eine entscheidende Rolle für die Organisation des Sicherheitsprozesses. Um auch hier eine Aussage machen zu können, wurde erneut eine Portfoliobetrachtung herangezogen (vgl. Abb. 8–7).

Ein wesentliches Ergebnis war, dass die Kosten einer individuellen Erstellung im Institut oft geringer waren als eine Realisierung in Gemeinschaftsentwicklung (vgl. Tab. 8–2). Hier wurde deutlich[2], dass ein »Lead-Bank-Prinzip« zu erheblich günstigeren Herstellungskosten führen kann.

Eine weitere Fragestellung war: Wie ist die fachliche Leistungsfähigkeit der Applikationen im Verhältnis zu den Erstellungskosten zu bewerten?

---

1.   Vgl. COBIT-Domäne »Deliver and Support« Prozesse DS4 und DS5.
2.   Das Lead-Bank-Prinzip geht davon aus, dass eine Bank die Entwicklungsführerschaft für ein Vorhaben übernimmt und das Ergebnis nach Test und Abnahme zur Verfügung stellt. Eine gemeinsame Lösungsvorstellung ist hier die Ausgangslage.

Abb. 8–7

Die Abhängigkeit des Geschäftsbetriebes von Applikationen

- Die Verfügbarkeit der ausgewählten Applikationen im Bezug zu den negativen Konsequenzen bei Ausfall der Applikation ergibt Aufschlüsse über potenzielle Risiken und Ausmaß ihres Wirkungsgrads.

- Alle drei Prozess-Cluster wurden zusammengefasst betrachtet.

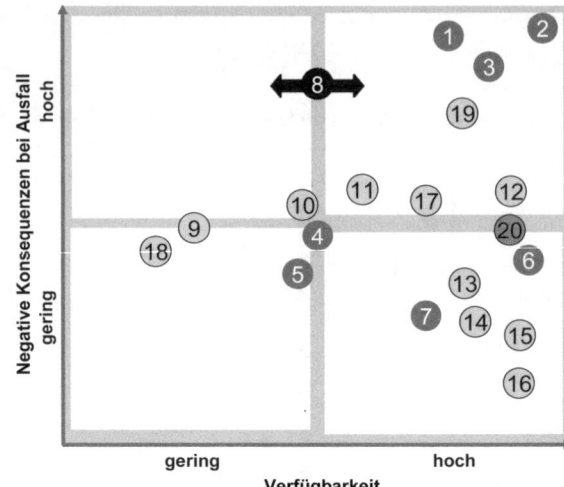

■ Noch nicht in Betrieb

	Entscheidungsgründe Individualsoftware			Entscheidungsgründe Standardsoftware			Make/Buy-Entscheidungsgründe	
	nicht verfügbar	nicht gemäß Anforderung	Kosten	nicht verfügbar	nicht gemäß Anforderung	Kosten	customized	entwickelt
Kernprozesse								
Appl. 1								
Appl. 2								
Appl. 3								
Appl. 4								
Appl. 5								
Appl. 6								
Appl. 7								
Querschnittsprozesse								
Appl. 8								
Appl. 9								
Appl. 10								
Appl. 11								
Appl. 12								
Appl. 13								
Appl. 14								
Appl. 15								
Appl. 16								
Appl. 17								
Appl. 18								
Appl. 19								
IT-Prozesse								
Appl. 20								

Tab. 8–2   *Sourcing-Gründe – Warum wurde entwickelt bzw. warum wurde gekauft?*

Die Parameter für die Erstellungskosten wurden definiert als:

- Investitionen (Hardware, wie z.B. Server)
- Beratungskosten (Konzepte, Programmierung)
- Lizenzkosten für das erste Betriebsjahr (dabei wurde eine vierjährige Nutzung unterstellt und der anteilige Betrag für das erste Jahr ermittelt)

Steria Mummert Consulting verließ sich bei der Ermittlung dieser Kosten auf die Antworten der Interviewpartner. Separate Kostenanalysen wurden nicht angestellt. Aufgrund der Systematik zur IT-Maßnahmenplanung des Institutes (d.h. keine Vollkostenermittlung zu IT-Projekten) war jedoch davon auszugehen, dass die tatsächlichen Erstellungskosten höher lagen und die generierten Aussagen bzgl. Einzelapplikationen vielfach qualitativen Charakter hatten. Nicht zuletzt darum empfahl Steria Mummert Consulting die Verbesserung des IT-Controllings. Prinzipiell sollte als Vorgehensweise hier die IT-Projekt-bezogene Vollkostenermittlung herangezogen werden.

Die Erstellungskosten wurden der fachlichen Leistungsfähigkeit der Applikationen gegenübergestellt. Damit ließen sich Aussagen im Sinne eines »Value for Money« machen (vgl. Abb. 8–8).

Abb. 8–8

Erstellungskosten vs. Geschäftsorientierung

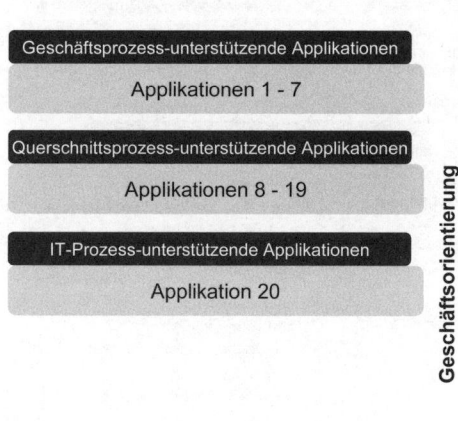

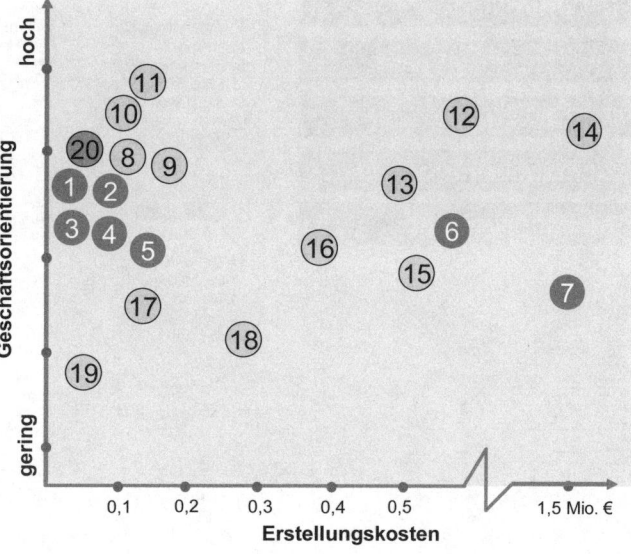

8.2.2 Reifegrad ausgewählter Prozesse

Neben den Applikationen wurden ausgewählte IT-Prozesse untersucht. Dies geschah, um nicht nur die Services der IT-Organisation – in diesem Falle die Applikationen – zu bewerten, sondern auch die Qualität ihrer Herstellung. Das entsprechende Vorgehen wird nachfolgend beschrieben.

CMMI

Innerhalb der IT-Organisation des Institutes wurde zusätzlich der Reifegrad zuvor identifizierter Prozesse (vgl. Abb. 8–9) betrachtet und anhand eines fünfstufigen Reifegradmodells bewertet. Dazu nutzte Steria Mummert Consulting einen internationalen Ansatz, der auf CMMI basiert. Zur Erfassung des Reifegrads wurden zusätzlich zu den applikationsbezogenen Interviews noch Strategie-Interviews und projektprozessbezogene Interviews durchgeführt.

Abb. 8–9

Prozesse der

IT-Organisation (Auswahl)

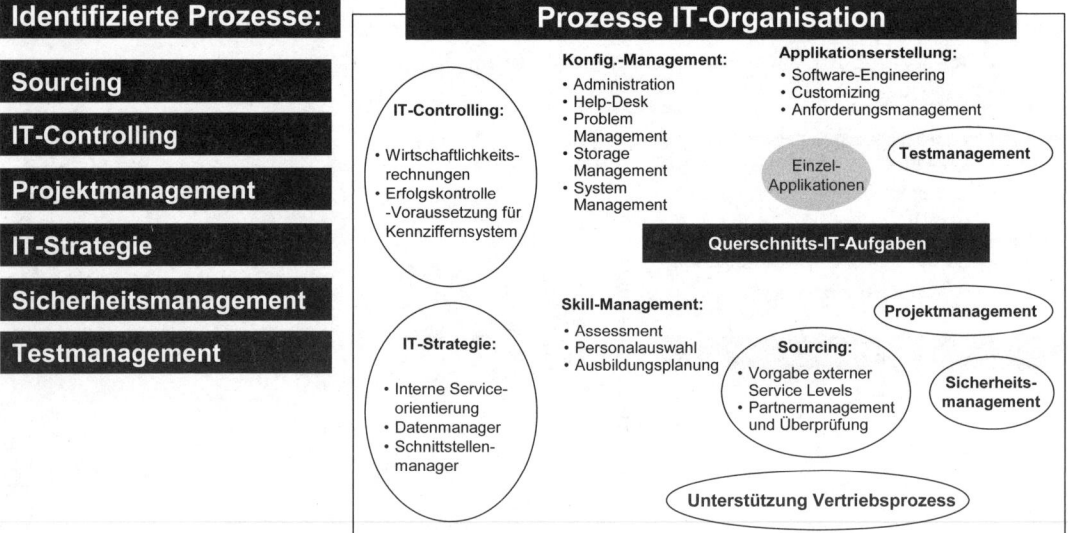

Der Reifegrad gibt die Qualitätsstufe wieder, mit der typische IT-Leistungen erbracht werden. Dieser Ansatz beruht auf der Idee, dass die Qualität von IT-Leistungen wesentlich vom Erstellungsprozess abhängt. Durch das Erreichen einer höheren Stufe (evolutionärer Prozess) kann ein Unternehmen seine Erstellungsprozesse und somit auch die Qualität der IT-Leistungen verbessern (vgl. Abb. 8–10).

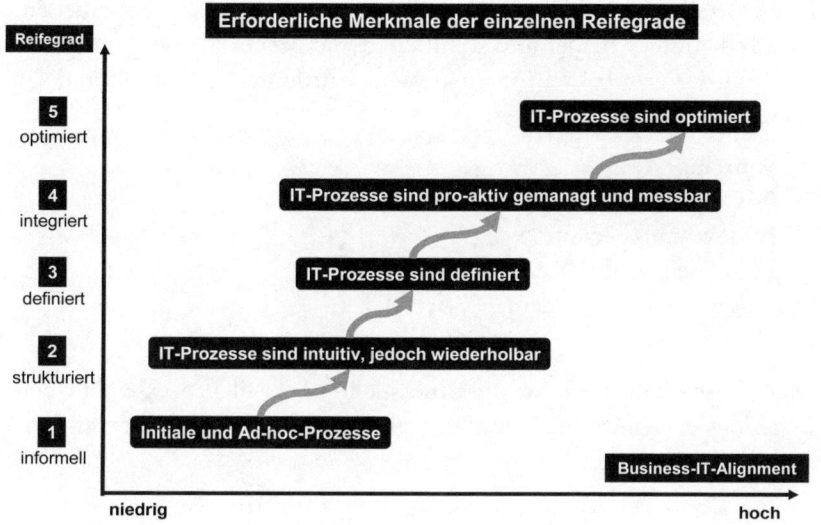

Abb. 8–10
Bewertungskriterien des Reifegrades
(5 = höchster Grad)

In der nachfolgenden Tabelle 8–3 sind die verwendeten Reifegrade gegenübergestellt.

Reife-grad	Name	Beschreibung
1	Initiale und Ad-hoc-Prozesse	• Keine Dokumentation von Geschäftsprozessen • Informelle Leistungserbringung • Keine Automatisierung der IT-Prozesse • Abdeckungsgrad Geschäftsprozess durch Technologie nicht adäquat
2	IT-Prozesse sind intuitiv, jedoch wiederholbar	• Grundlegendes Prozessframework • Prozesse sind reproduzierbar • Leistungsvorgaben noch rudimentär • Minimale Geschäftsprozessunterstützung durch Technologie • Kaum Automatisierung der IT-Prozesse • Dokumentation unvollständig
3	IT-Prozesse sind definiert	• Vollständige Dokumentation aller Geschäftsprozesse • Ausführliches Prozessframework • Leistungserbringung nach Vorgaben, noch nicht gemessen • Dokumentierte technologische Werkzeuge • Toolunterstützte IT-Prozesse, keine Toolvernetzung
4	IT-Prozesse sind proaktiv gemanagt und messbar	• Ausgeübte Prozesse entsprechen Prozessmodell • Prozesse sind mit Zielvorgaben versehen, kein Kontinuierlicher Verbesserungsprozess (KVP) • Technologieabdeckung der Geschäftsprozesse hoch • Hoher Grad der Automatisierung (IT-Prozesse mit Tooleinsatz) • Datenerhebung und -auswertung
5	IT-Prozesse sind optimiert	• Prozessmessung gegen Baseline • Prozesse werden in KVP eingespeist • Definiertes Change-Verfahren • Konsistente IT-Strategie mit funktionierendem Change-Prozess • Technologieüberprüfung auf Optimierungspotenzial

Tab. 8–3
Reifegrade und ihre Beschreibung

Qualitätsstand der Prozesse

Der Vorteil eines solchen Modellansatzes ist, dass er verschiedene Zustände unterscheidet und somit ein dynamisches Element integriert. Anhand der erhobenen Informationen wurde der Qualitätsstand der folgenden Prozesse ermittelt:

- Sourcing
- IT-Controlling
- Projektmanagement
- IT-Strategie
- Sicherheitsmanagement
- Testmanagement

Methodisch kam auch für die Untersuchung der IT-Prozesse ein fragebogenbasiertes Interview zur Anwendung. Als Ansprechpartner dienten hierbei:

- Interview 1 – Vertreter des Vorstandes
- Interview 2 – Bereichsleiter der IT-Organisation
- Interview 3 – Projektleiter/Koordinator

Interview 1

Schwerpunkte im Interview 1 waren strategische Fragestellungen. Beispiele hierfür sind[3]:

- Qualifizieren Sie die Hauptfunktion der IT: (1) Unterstützung der Geschäftsstrategie (2) Kostensenkung (3) Sicherstellung Betrieb (4) Beratungsfunktion.
- Nennen Sie die wichtigsten 5 geschäftlichen Projekte mit IT-Relevanz.
- Nennen Sie die Hauptaufgaben des IT-Bereichs sowie dessen Leistungsvorgaben.
- Welche qualitativen Vorgaben werden der IT gemacht?
- Was sind für Sie die wichtigsten Ziele der IT- Strategie?

Interview 2

Schwerpunkte im Interview 2 waren IT-relevante Fragestellungen aus IT-Sicht. Beispiele hierfür sind:

- In welchem Umfang sind die Verantwortlichkeiten für die IT und deren Komponenten zwischen der Unternehmensleitung, den Geschäftsbereichen und Abteilungen eindeutig aufgeteilt?
- Wie bewerten Sie die Ressourcenverteilung zwischen den beteiligten Organisationseinheiten?
- Welches sind die wichtigsten IT-Projekte, die die IT-Strategie unterstützen?
- Wie stellen Sie die Strategie-Konformität von Projekten sicher?
- Gibt es ein bereichsübergreifendes Projektportfolio?

---

3.   Vgl. z.B. mit der CoBiT-Domäne »Plan and Organise« Prozesse PO1, 6, 7, 8 und 10.

Schwerpunkte im Interview 3 waren IT-Projekt-relevante Fragestellungen. Beispiele hierfür sind:

Interview 3

▨ Wie stellen Sie die Strategie-Konformität von Projekten sicher?
▨ Gibt es ein bereichsübergreifendes Projektportfolio?
▨ Haben alle Projekte eine klar definierte Struktur (z.B. Projektorganisation, Vorgehensmodell, fortlaufende Kontrolle des Budgets)?
▨ Gibt es ein organisatorisches und dokumentiertes Zusammenspiel von Linienorganisation und Projektorganisation?

Die Ergebnisse der prozessrelevanten Aussagen wurden anschließend verdichtet und gemäß dem eingesetzten Reifegradmodell kategorisiert. Am Beispiel des Prozesses IT-Controlling (vgl. Abb. 8–11 und die Tabellen 8–4 und 8–5) wird die Bewertung des Reifegrades dargestellt.

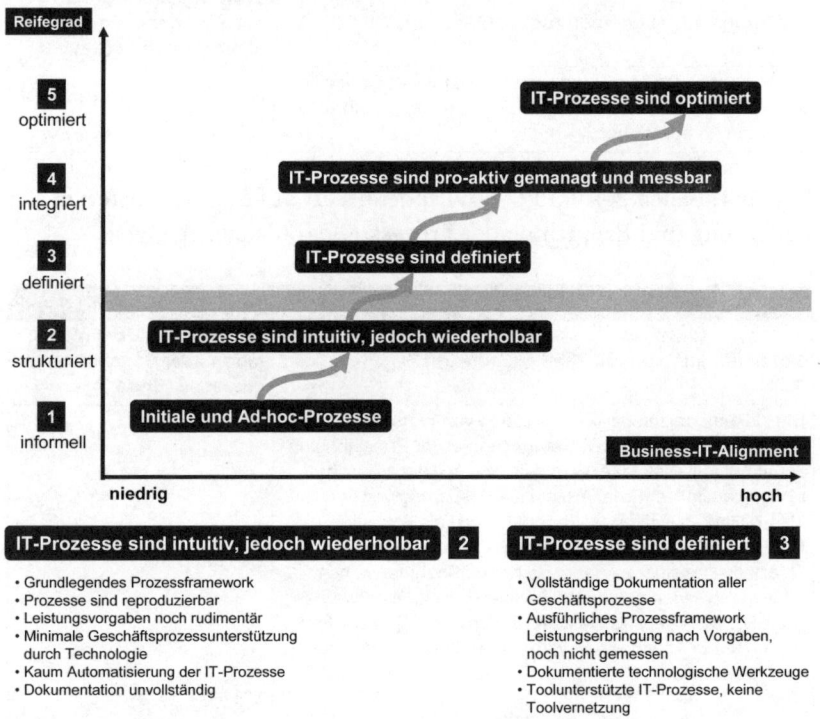

Abb. 8–11
Prozess IT-Controlling:
Reifegrad zwischen
2 und 3

Für den Prozess IT-Controlling gab es ein grundlegendes Prozessframework, und der Prozess war reproduzierbar. Dadurch, dass der Prozess jedoch nicht vollständig dokumentiert war und die Leistungen nur rudimentär nach Zielvorgaben erbracht wurden, wurde der Reifegrad 3 nicht erreicht. Der Reifegrad 3 wurde gemeinsam mit dem Institut als Zielrichtung definiert und Maßnahmen zu dessen Erreichung abgeleitet.

Reifegraderteilung

Tab. 8–4

Reifegrad der Prozesse:
Bewertung für
IT-Controlling (Teil 1)

Einstufungsmerkmale zwischen Stufe 2 und 3	
Grundlegendes Prozessframework (Stufe 2)	**Ausführliches Prozess-framework (Stufe 3)**
Das Aufsetzen von IT-Projekten und Maßnahmen ist standardisiert in dem Instrument »Maßnahmenplanung«. Wesentliche Elemente der Planung sind dabei Investitionskosten, Handlungskosten, Angaben zur Wirtschaftlichkeit, Aufwand, Einsparungen bzw. Ertrag sowie eingesetzte Mitarbeiterkapazitäten.	Das Institut befindet sich auf Stufe 2.
Prozesse sind reproduzierbar (Stufe 2)	**Prozesse entsprechen teilweise Prozessmodell (Stufe 3)**
Ja. Prozesse sind grundsätzlich reproduzierbar. Es gibt aber daneben informelle Prozesse (Umschichtungen von angeforderten Ressourcen innerhalb einer Abteilung, wenn die Kosten innerhalb einer Abteilung verbleiben).	Das Institut befindet sich auf Stufe 2.
Leistungsvorgaben noch rudimentär (Stufe 2)	**Leistungserbringung nach Vorgaben, noch nicht gemessen (Stufe 3)**
Ja. In Teilen wird bereits gemessen. So meldet Controlling z.B. bei allen Maßnahmen quartalsweise, ob angeforderte Ressourcen ausreichen.	Das Institut befindet sich auf Stufe 3.

Messkriterien

In den Tabellen 8–4 und 8–5 wird detailliert auf die Messkriterien zur Bewertung und Ermittlung der Prozessreifegrade eingegangen.

Tab. 8–5

Reifegrad der Prozesse:
Bewertung für
IT-Controlling (Teil 2)

Einstufungsmerkmale zwischen Stufe 2 und 3	
Dokumentation unvollständig (Stufe 2)	**Vollständige Dokumentation aller Geschäfts-prozesse (Stufe 3)**
Die Dokumentation bei der Erstellung von Wirtschaftlichkeitsrechnungen und ROI-Betrachtungen vor Projektbeginn findet nur teilweise statt. Grundsätzlich sollte die Beschreibung quantitativer Ergebnisse als »Einsparung von Mitarbeiterkapazitäten (in Tagen)« sowie als »sonstige Erträge bzw. Kosteneinsparungen in TEUR« stattfinden. Qualitative Leistungsergebnisse der Maßnahmen können nach verschiedenen Gesichtspunkten beschrieben werden, wie z.B. nach ihrer strategischen Zielerreichung. Diese findet jedoch nur in Abhängigkeit vom Projekt Anwendung bzw. wird dokumentiert.	Das Institut befindet sich auf Stufe 2.
Minimale Geschäftsprozessunterstützung	**Dokumentierte technologische Werkzeuge (Stufe 3)**
nicht relevant	nicht relevant
Kaum Automatisierung der IT-Prozesse (Stufe 2)	**Toolunterstützte IT-Prozesse, keine Toolvernetzung (Stufe 3)**
Das Institut befindet sich auf Stufe 3.	Ein System zur Kostenrechnung wurde vor ca. 2 Jahren eingeführt.

Aus dem Vergleich der Ergebnisse der Ist-Aufnahme mit dem Best-Practice-Referenzmodell wurden daraufhin Empfehlungen abgeleitet, die kurz- bis mittelfristig umgesetzt werden können (Beispiel s. Abb. 8–12).

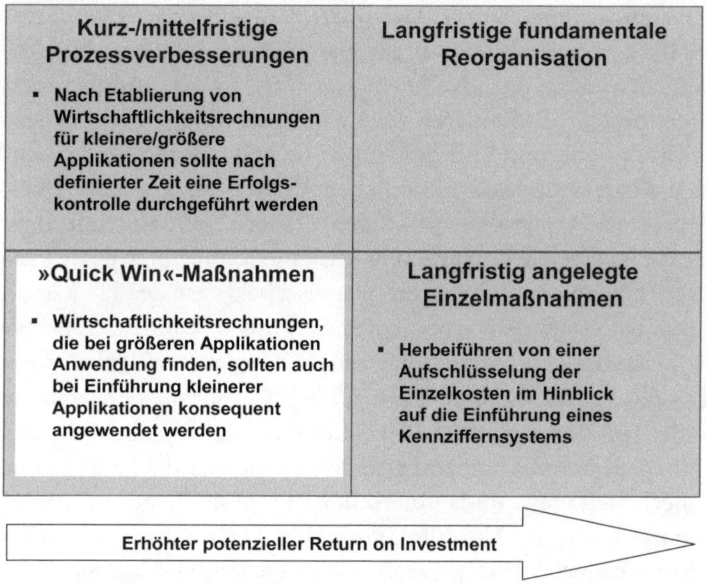

Kurz-/mittelfristige Prozessverbesserungen	Langfristige fundamentale Reorganisation
▪ Nach Etablierung von Wirtschaftlichkeitsrechnungen für kleinere/größere Applikationen sollte nach definierter Zeit eine Erfolgskontrolle durchgeführt werden	
»Quick Win«-Maßnahmen	Langfristig angelegte Einzelmaßnahmen
▪ Wirtschaftlichkeitsrechnungen, die bei größeren Applikationen Anwendung finden, sollten auch bei Einführung kleinerer Applikationen konsequent angewendet werden	▪ Herbeiführen von einer Aufschlüsselung der Einzelkosten im Hinblick auf die Einführung eines Kennziffernsystems

Erhöhter potenzieller Return on Investment

Abb. 8–12
Prozess IT-Controlling: Kurz- bis langfristige Maßnahmen

8.3   Zusammenfassung

Als zusammenfassendes Ergebnis aus der Applikationsanalyse und der Ermittlung des Reifegrades wurde dem Institut ein umfangreicher Katalog an Handlungsempfehlungen zur Verfügung gestellt, die sowohl nach zeitlicher als auch sachbezogener Dringlichkeit differenziert waren. Besonderer Wert wurde auf die Ableitung von Quick Wins gelegt, deren Durchführung einen schnellen Mehrwert erzeugt. Mit dieser Standortbestimmung wurde die bereits vorliegende IT-Strategie ergänzt und wichtige Rahmenbedingungen für die Zukunft der IT im Hause des Instituts geschaffen.

Katalog an Handlungsempfehlungen

Um Quick Wins zu erzielen, wurden auf Beschluss des IT-Managements des Instituts eine Reihe von empfohlenen Verbesserungsvorschlägen sofort aufgegriffen. Dabei wurden im Wesentlichen zwei Themenschwerpunkte ausgewählt: Die Gestaltung der IT-Organisation als Dienstleister: Wie muss eine moderne und zukunftsfähige IT gestaltet sein? Wie muss sie sich organisieren? Wo muss eine höhere Qualitätsstufe erreicht werden, um dem Lead-Bank-Prinzip gerecht zu werden?

Zukunftsfähige IT

Balanced Scorecard
für die IT-Dienste

Der Informationssicherheitsprozess als Corporate-Asset-Schutz: Um die IT auf die Geschäftsziele auszurichten, also die richtigen Dinge zu tun, soll eine Balanced Scorecard für die IT-Dienste eingeführt werden. Um die Dinge zudem richtig zu tun, wird künftig ein tragfähiges Prozessmodell benötigt.

Soll-Modell aus Teilen
von ITIL und COBIT

Zusammen mit Steria Mummert Consulting wurde daraufhin innerhalb von zwei Monaten ein aus 16 Prozessen bestehendes Soll-Modell entwickelt, das aus Teilen von ITIL, COBIT und weiteren Best Practices besteht. Besonderer Wert wurde auf finanzielle Transparenz, die Formulierung und Spezifizierung von IT-Diensten als Services und auf den Prozess der kontinuierlichen Verbesserung gelegt. Um dabei eine Integration mit dem künftigen Steuerungsinstrument Balanced Scorecard zu erreichen, wurden praxisnahe Kennzahlen entwickelt, die direkten Eingang sowohl in die vier Perspektiven der IT- als auch in jene der Unternehmens-Top-Scorecard finden können. Eine weitgehende Leistungs- und Steuerungstransparenz ist somit gewährleistet.

Informationssicherheit

Für das zweite wichtige Thema, die Informationssicherheit, wurde ebenfalls ein Konzept erarbeitet. Ziel war es, dem Sicherheitsbeauftragten einen pragmatischen Leitfaden an die Hand zu geben, mit dem IT-Sicherheitsfragen und Querschnitt-Fragestellungen (Schutz von Informationsgütern, Notfallplanung für IT-Dienste und Geschäftsprozesse etc.) gehandhabt werden können. Steria Mummert Consulting entwickelte dazu einen angepassten Informationssicherheitsprozess und einen spezifischen Instrumentenkoffer für den Sicherheitsbeauftragten.

Kundenspezifischer Mix
der Methoden

Das Institut hat damit bewiesen, dass Qualitätsverbesserungen oder Effizienzsteigerungen auch sehr kurzfristig erfüllbar sind, wenn kontrolliert Eigenentwicklung betrieben wird.

Das Praxisbeispiel hatte nicht den Anspruch, die Entwicklung der Standards und Referenzmodelle in den vergangenen Jahren in einer eventuellen Neubewertung des Institutes darzustellen – wobei dieser Ansatz sehr interessant wäre –, vielmehr beschreibt das dargestellte Projekt die praktische Anwendung und Umsetzung von Standards und Referenzmodellen, die IT-Governance und somit den Wertbeitrag der IT für den Geschäftserfolg unterstützen. Bei der Verwendung dieser Standards und Referenzmodelle zur Standortbestimmung und Optimierung der IT-Organisation ist es notwendig, diese kundenspezifisch, entsprechend der jeweiligen Zielsetzung und mit einem individuell geeigneten Mix bei der Auswahl der Methoden einzusetzen.

9 Schlussbetrachtung

Gegenstand des vorliegenden Buches waren Referenzmodelle der IT-Governance. Zu Anfang wurde skizziert, warum IT-Governance in den vergangenen Jahren zu einem vieldiskutierten Thema der IT geworden ist. Als wesentlicher Grund konnte die Notwendigkeit identifiziert werden, die Tätigkeiten der IT aus der Sicht der Geschäftsseite in Unternehmen und Organisationen verständlicher zu machen und diese auf Unternehmensziele und Geschäftsanforderungen hin auszurichten. Das Themengebiet IT-Governance adressiert damit Herausforderungen, die in Unternehmen als dringend zu schließende Lücke wahrgenommen werden, und zeichnet sich insofern durch eine hohe Praxisrelevanz aus.

Praxisrelevanz von IT-Governance

Vor dem Hintergrund dieser Herausforderungen kann die IT in Unternehmen sich kaum mehr vornehmlich als Technologie-Dienstleister positionieren. Sie muss vielmehr ihre Ausrichtung auf die Unternehmensziele konkretisieren, und zwar durch Erbringung quantifizierbarer Wertbeiträge, den Abgleich von IT und Geschäftsseite (Alignment), ein effizienteres Ressourcenmanagement und die Erfüllung von regulatorischen Anforderungen (Compliance).

Kernbereiche als Herausforderungen

Damit ist benannt, *was* getan werden muss. Allerdings fehlt häufig die methodische Unterstützung, die IT-Verantwortlichen Hilfestellungen gibt, *wie* diesen Anforderungen zu begegnen ist. Hier hat sich in den vergangenen Jahren eine Reihe von Referenzmodellen und Standards etabliert, die diese Lücke füllen können. Einige haben bereits eine weite Verbreitung gefunden (bspw. ITIL und ISO 17799). Andere beginnen sich zu etablieren und haben unserer Einschätzung nach das Potenzial, einen prominenten Platz im »Methoden-Portfolio« des IT-Managers einzunehmen.

Referenzmodelle zur methodischen Unterstützung

Wir erwarten, dass die Entwicklung und Weiterentwicklung dieser Modelle und Standards die Professionalisierung und Industrialisierung der IT weiter vorantreiben wird. So sind bspw. Standardisierung sowie

Professionalisierung und Industrialisierung der IT

Prozess- und Serviceorientierung als Paradigmen in der IT unverzichtbar und werden sich auch auf den Bereich der Methoden weiter ausdehnen.

Kombination von
Referenzmodellen

Da die verschiedenen Referenzmodelle und Standards ihre Schwerpunkte jeweils unterschiedlich setzen, können sie, wenn sie gemeinsam bzw. kombiniert implementiert werden, eine umfassende Steuerungswirkung entfalten. Hierfür ist allerdings noch eine Reihe von Vorarbeiten nötig, da der gemeinsame – im Sinne von parallele – Einsatz durch die Überlappungen der Modelle potenziell Probleme mit sich bringt.

Insofern bleibt es eine Herausforderung zu klären, wie unterschiedliche Referenzmodelle auch methodisch sauber kombiniert werden können. Die in Kapitel 7 vorgestellten Ansätze setzen mehrheitlich Prozesse als eine Bündelung von Aktivitäten miteinander in Beziehung. Allerdings scheint es zweckmäßig, darüber hinaus auch andere Komponenten in ein Mapping einzubeziehen (Rollen, In- und Outputs, Ziele und Metriken/Kennzahlen etc.).

Hierfür sind weitere Forschungsarbeiten nötig. So sehen wir, dass an dieser Stelle ein interessantes Forschungsgebiet entsteht, das neben dem direkten und konkreten In-Beziehung-Setzen der Inhalte auch Methoden für das Mapping entwickeln muss.

Weitere Herausforderungen für eine praxisorientierte Forschung im Bereich IT-Governance ergeben sich durch neue Technologien und neue technologische Paradigmen. Am Beispiel von serviceorientierten Architekturen (SOA) wurde gezeigt, dass die Referenzmodelle der IT-Governance nach adäquaten Anpassungen und Ergänzungen auch in diesem Bereich Einsatz finden können. Als weitere Richtungen sind die Anpassungen von Referenzmodellen für bestimmte Größenklassen von Unternehmen denkbar (bspw. für kleine und mittlere Unternehmen) oder für bestimmte Branchen.

Zu hoffen ist, dass durch die hohe Praxisrelevanz des Themas auch die Forschung, insbesondere in den Bereichen Informations- und IT-Management der Wirtschaftsinformatik, Auftrieb erhält und sich so fundierte Strategien, Methoden und Werkzeuge zur Erfüllung der Anforderungen des heutigen und zukünftigen IT-Managements entwickeln lassen.

Abkürzungsverzeichnis

AI	Acquire and Implement
AICPA	American Institute of Certified Public Accountants
AM	Availability Management
APM	Application Management
BDSG	Bundesdatenschutzgesetz
BSI	British Standards Institution (häufig auch Bundesamt für Sicherheit in der Informationstechnik)
CAB	Change Advisory Board
CCTA	Central Computer and Telecommunications Agency
CEO	Chief Executive Officer
CI	Configuration Item
CIO	Chief Information Officer
CISA	Certified Information Systems Auditor
CISM	Certified Information Security Manager
CMDB	Configuration Management Database
CMM	Capability Maturity Model
CMMI	Capability Maturity Model Integration
COBIT	Control Objectives for Information and Related Technology
COO	Chief Operating Officer
COSO	Committee of Sponsoring Organizations of the Treadway Commission
DCF	Discounted Cash Flow
DIN	Deutsches Institut für Normung
DS	Deliver and Support

DTI	Department of Trade & Industry
EAI	Enterprise Application Integration
EDIFACT	Electronic Data Interchange For Administration, Commerce and Transport
EFQM	European Foundation for Quality Management
EIU	Economist Intelligence Unit
ERP	Enterprise Resource Planning
EU	Europäische Union
EXIN	Examination Institute for Information Science Exameninstitut voor Informatica
GDPdU	Grundsätze zum Datenzugriff und zur Prüfbarkeit digitaler Unterlagen
IAS	International Accounting Standards
ICT	Information and Communication Technology
ICTIM	ICT Infrastructure Management
IEC	International Electrotechnical Commission
IFAC	The International Federation of Accountants
IIA	Institute of Internal Auditors
IM	Investitionsmanagement
ISACA	Information Systems Audit and Control Association
ISACF	Information Systems Audit and Control Foundation
ISEB	Information Systems Examinations Board
ISO	International Organization for Standardization
IT	Informationstechnik
ITGI	IT Governance Institute
ITIL	IT Infrastructure Library
ITPM	IT Process Model
ITSCM	IT Service Continuity Management
ITSM	IT-Servicemanagement
itSMF	IT Service Management Forum
KGI	Key Goal Indicators
KonTraG	Gesetz zur Kontrolle und Transparenz im Unternehmensbereich
KPI	Key Performance Indicators

KVP	Kontinuierlicher Verbesserungsprozess
LOB	Lines of Business
MaRisk	Mindestanforderungen an das Risikomanagement
ME	Monitor and Evaluate
MOF	Microsoft Operations Framework
NPV	Net Present Value
OECD	Organisation for Economic Cooperation and Development
OGC	Office of Government Commerce
PC	Process Controls
PCAOB	Public Company Accounting Oversight Board
PD	Published Document
PDCA	Plan-Do-Check-Act-Modell
PEP	Policy Enforcement Points
PM	Portfolio Management
PO	Plan and Organize
PWC	PriceWaterhouseCoopers
RACI	Responsible Accountable Consulted Informed
RFC	Request for Change
RoI	Return on Investment
RoIT	Return on IT
SAM	Stategic Alignment Model
SD	Service Delivery
SEC	Securities and Exchange Commission
SEI	Software Engineering Institute
SEM	Security Management
SigG	Signaturgesetz
SLA	Service Level Agreement
SLM	Service-Level-Management
SMM	SOA-Maturitätsmodell
SOA	Serviceorientierte Architektur
SOX	Sarbanes-Oxley Act
SPICE	Software Process Improvement and Capability Determination

SWOT   Strengths, Weaknesses, Opportunities und Threats

TCSEC   Trusted Computer System Evaluation Criteria

TOGAF   The Open Group Architecture Framework

UDDI   Universal Description, Discovery and Integration

US-GAAP   United States Generally Accepted Accounting Principles

VG   Value Governance

Literaturverzeichnis

[Accenture 2002] Accenture (Hrsg.): Informationstechnolgie als Wett-
bewerbsfaktor. Die strategische Bedeutung von IT-Investitionen in
Versicherungsunternehmen. Eine Umfrage in Deutschland, Österreich
und der Schweiz. 2002.
Unter *www.alexandria.unisg.ch/EXPORT/DL/21232.pdf*,
Abruf am 16.3.2007.

[Acrys et al. 2006] Kompetenzzentrum für Geschäftsprozessmanagement
GbR & Acrys Consult GmbH & Co. KG: Ergebnisse der Studien-
umfrage Status Quo Geschäftsprozessmanagement 2005, 2006.
Unter: *www.acrys.com/de*, Abruf am 16.3.2007.

[Avison et al. 2004] Avison, D., Jones, J., Powell, P., Wilson, D.: Using and
Validating the Strategic Alignment Model. Journal of Strategic
Information Systems, 13, 3, S. 223-246, 2004.

[Baurschmidt 2005] Baurschmid, M.: Vergleichende Buchbesprechung
IT-Governance. In: Wirtschaftsinformatik 47 (2005) 6. S. 450-457.

[BEA 2006] BEA Systems: Das Chaos meistern oder provozieren – weshalb
ein Plan für Ihre SOA erforderlich ist.
Unter: *http://www.bea.com/newsletters/exec2exec/06oct/de/org.jsp*,
Abruf am 19.2.2007.

[Berbner et al. 2005] Berbner, R., Heckmann, R., Steinmetz, R.: An Architec-
ture for a QoS driven composition of Web Service based Workflows.
In: Proceedings of the Networking and Electronic Commerce Research
Conference, Lake Garda, Italien, 2005.

[Berbner et al. 2006] Berbner, R., Johannsen, W., Goeken, M., Repp, N.,
Eckert, J., Steinmetz, R.: SOA Governance – Management of Oppor-
tunities and Risks. efinance lab Quarterly 04/06, efinance lab,
Frankfurt, 2006.

[Bieberstein et al. 2005] Bieberstein, N., Bose, S., Fiammante, M., Jones, K.,
Shah, R.: Service-Oriented Architecture (SOA) Compass: Business
Value, Planning, and Enterprise Roadmap, 2005.

[BITKOM 2006] Kompass der IT-Sicherheitsstandards – Leitfaden und Nachschlagewerk. BITKOM, DIN, Berlin, 2006.

[Brynjolfsson & Hitt 1998] Brynjolfsson, E., Hitt, L. M.: Beyond the Productivity Paradox. In: Communications of the ACM, Vol. 41, No. 8, 1998, S. 49-55.

[Brynjolfsson & Hitt 2003] Brynjolfsson, E., Hitt, L. M.: Computing Productivity: Firm-Level Evidence. Working Paper No. 4210-01, MIT Sloan School, Cambridge, USA, 2003.

[BSI 2005a] Bundesamt für Sicherheit in der Informationstechnik: ITIL und Informationssicherheit, 2005. Unter: *www.bsi.bund.de/gshb/index.htm*, Abruf am 3.3.2007.

[BSI 2005b] Bundesamt für Sicherheit in der Informationstechnik: IT-Grundschutz-Kataloge, 2005. Unter: *www.bsi.bund.de/gshb/index.htm*, Abruf am 8.1.2007.

[Carr 2003] Carr, N. G.: IT Doesn`t Matter. In: Harvard Business Review, May 2003.

[Carr 2004] Carr, N. G.: Does IT Matter? Harvard Business School Press, Boston, USA, 2004.

[CCTA 2000a] Central Computer and Telecommunications Agency (Hrsg.): IT Infrastructure Library (ITIL). The Stationary Office for CCTA, UK, 2000.

[CCTA 2000b] Central Computer and Telecommunications Agency (Hrsg.): Service Support, Version 1.01, UK 2000.

[Chan 2002] Chan, Y. E.: Why haven't we mastered alignment? The importance of the informal organizational structure. MIS Quarterly Executive, 1, S. 97-112, 2002.

[Chan et al. 1997] Chan, Y. E., Huff, S. L., Barclay, D. W., Copeland, D. G.: Business Strategy Orientation, Information Systems Orientation and Strategic Alignment. Information Systems Research 8, S.125-150, 1997.

[Christensen et al. 2004] Christensen, C. M., Roth, E. A., Anthony, S. D.: Seeing What's Next. Harvard Business School Press, 2004.

[COSO 2004] COSO – The Committee of Sponsoring Organizations of the Treadway Commission: Enterprise Risk Management – Integrated Framework, 2004. Unter: *www.coso.org/publications.htm*, Abruf am 3.3.2007.

[De Haes & van Grembergen 2004] De Haes, S., van Grembergen, W.: IT Governance and Its Mechanisms. Information Systems Control Journal, Vol.1, 2004.

[Deloitte 2005] Deloitte: Are you sitting comfortably? – 2005 IT Governance survey findings, Deloitte & Touche LLP, 2005.

[**Dietrich & Schirra 2004**] Dietrich, L., Schirra, W.: Einleitung. In: Dietrich, L., Schirra, W. (Hrsg.): IT im Unternehmen – Leistungssteigerung bei sinkenden Budgets. Erfolgsbeispiele aus der Praxis. Springer-Verlag, Berlin, Heidelberg, New York, 2004.

[**Dierlamm 2007**] Dierlamm, J.: Neues – und Offizielles – über ITIL Version 3. In: itServices Management, Heft 3, 2007

[**Dohle & Rühling 2006**] Dohle, H., Rühling, J.: ISO/IEC 20000 – Stellenwert für das IT Service Management. It-Service-Management, Heft 1, 2006.

[**Dugmore & Lacy 2003**] Dugmore, J., Lacy S.: A Managers' Guide to Service Management. British Standards Institution, 2003.

[**Economist 2005**] Economist Intelligence Unit 2005: Business 2010: Financial services, 2005.
Unter: *www.eiu.com/Business2010*, Abruf am 3.3.2007.

[**Fröhlich & Glasner 2007**] Fröhlich, M., Glasner, K.: IT-Governance. Leitfaden für eine praxisgerechte Implementierung. Gabler, Wiesbaden, 2007.

[**Gaulke 2004**] Gaulke, M.: Risikomanagement in IT-Projekten. 2. Auflage, Oldenburg Verlag, 2004.

[**Hafner et al. 2004**] Hafner, M., Schelp, J., Winter, R.: Architekturmanagement als Basis effizienter und effektiver Produktion von IT-Services. In: HMD – Praxis der Wirtschaftsinformatik, Heft 237, Juni 2004.

[**Henderson & Venkatraman 1989**] Henderson, J., Venkatraman, N.: Strategic Alignment: A Framework for Strategic Information Technology Management. Center for Information Systems Research, Working Paper No. 190, Massachusetts Institute of Technology, Cambridge, 1989.

[**Henderson & Venkatraman 1993**] Henderson, J. C., Venkatraman, N.: Strategic Alignment: Leveraging Information Technology for Transforming Organizations. IBM Systems Journal, März 1993.

[**Hochstein & Hunziker 2003**] Hochstein A., Hunziker, A.: Serviceorientierte Referenzmodelle des IT-Managements. In: HMD – Praxis der Wirtschaftsinformatik, Heft 232, August 2003.

[**Hochstein et al. 2004**] Hochstein, A., Zarnekow, R., Brenner, W.: Serviceorientiertes IT-Management nach ITIL: Möglichkeiten und Grenzen. In: HMD – Praxis der Wirtschaftsinformatik, Heft 239, Oktober 2004.

[**Horváth & Rieg 2001**] Horváth, P., Rieg, R.: Grundlagen des strategischen IT-Controllings. In: HMD – Praxis der Wirtschaftsinformatik, Heft 217, Februar 2001.

[**IBM 2006**] IBM Global Business Services: Innovation und Kooperationsmanagement im Blick. IBM Corporation, Stuttgart, Wien, Zürich, 2006.

[**IBM 2007a**] IBM: SOA and Web services.
http://www-128.ibm.com/developerworks/webservices,
Abruf am 5.4.2007.

[IBM 2007b]   IBM: SOA Governance and Service Lifecycle Management. *www.ibm.com/software/solutions/soa/gov/*, Abruf am 5.4.2007.

[ISO/IEC 2004]   ISO/IEC 13335-1:2004: Information technology – Security techniques – Management of Information and Communications Technology Security (Part 1: Concepts and Models for Information and Communications Technology Security Management), International Organization for Standardization, 2004.

[ISO/IEC 2005a]   ISO/IEC 17799:2005: Information technology – Security techniques – Code of Practice for Information Security Management. International Organization for Standardization, 2005.

[ISO/IEC 2005b]   ISO/IEC 20000:2005: Information technology – Service management – Part 1: Specification. International Organization for Standardization, 2005.

[ISO/IEC 2005c]   ISO/IEC 20000:2005 Information technology – Service management – Part 2: Code of practice. International Organization for Standardization, 2005.

[ISO/IEC 2006]   ISO/IEC 2700: Information technology – Information Security Management – Fundamentals and Vocabulary, International Organization for Standardization, 2006.

[ITGI 2000]   IT Governance Institute: COBIT® 3rd Edition Implementation Tool Set. July 2000.

[ITGI 2003a]   IT Governance Institute: Board Briefing on IT Governance, 2nd Edition, 2003. Als Übersetzung: IT-Governance für Geschäftsführer und Vorstände – Zweite Auflage 2003.
Unter: *www.isacaitgi.org*, Abruf am 16.3.2007.

[ITGI 2003b]   IT Governance Institute: COBIT Implementation Guide. o. O. 2003.

[ITGI 2005a]   IT Governance Institute: COBIT 4.0, Control Objectives, Management Guidelines, Maturity Models, 2005.
Unter: *www.isaca.org*, Abruf am 3.3.2007.

[ITGI 2005b]   IT Governance Institute: Aligning COBIT, ITIL and ISO 17799 for Business Benefit, 2005. Unter: *www.isaca.org*, Abruf am 3.3.2007.

[ITGI 2006a]   IT Governance Institute: Enterprise Value: Governance of IT Investments – The Val IT Framework, 2006.
Unter: *www.isaca.org*, Abruf am 3.3.2007.

[ITGI 2006b]   IT Governance Institute: Enterprise Value: Governance of IT Investments – Business Case, 2006.
Unter: *www.isaca.org*, Abruf am 3.3.2007.

[ITGI 2006c]   IT Governance Institute: Enterprise Value: Governance of IT Investments – The ING Case Study, 2006.
Unter: *www.isaca.org*, Abruf am 3.3.2007.

[ITGI 2006d] IT Governance Institute: IT Governance Global Status Report, 2006. Unter: *www.isaca.org*, Abruf am 3.3.2007.

[ITGI 2006e] ISACA German Chapter: COBIT 4.0 auf Deutsch, 2006. Unter: *www.isaca.de*, Abruf am 3.3.2007.

[ITGI 2006f] IT Governance Institute: IT Control Objectives for Sarbanes-Oxley, 2nd Edition, 2006. Unter: *www.isaca.org*, Abruf am 3.3.2007.

[ITGI 2006g] IT Governance Institute: IT Governance Institute: COBIT Mapping, Overview of International IT Guidance, 2006. Unter: *www.isaca.org*, Abruf am 10.3.2007.

[ITGI 2007a] IT Governance Institute: Mapping of ITIL With COBIT 4.0. 2007. Unter: *www.isaca.org*, Abruf am 19.2.2007.

[ITGI 2007b] IT Governance Institute: COBIT 4.1, Framework, Control Objectives, Management Guidelines, Maturity Models, 2007. Unter: *www.isaca.org*. Abruf am 14.5.2007.

[ITGI 2007c] IT Governance Institute: IT Assurance Guide With COBIT 4.0. 2007. Unter: *www.isaca.org*, Abruf am 29.5.2007.

[itSMF o.J.] About Best Practice. *http://www.itsmf.com/bestpractice/index.asp*, Abruf am 5.4.2007.

[itSMF o.J.a] Community-Plattform zum Thema ISO 20000. *http://www.itsmf.de/iso20000.asp*

[Johannsen & Goeken 2006] Johannsen, W., Goeken, M.: IT-Governance – neue Aufgaben des IT-Managements. In: HMD – Praxis der Wirtschaftsinformatik, Heft 250, August 2006.

[Johannsen et al. 2002] Johannsen, W., Humburg, S., Andelfinger U.: Informationstechnologie künftig als Geschäft betreiben. Betriebswirtschaftliche Blätter, Ausgabe Dezember 2002.

[Kagermann & Österle 2006] Kagermann, H., Österle, H.: Geschäftsmodelle 2010 – Wie CEOs Unternehmen transformieren. Frankfurter Allgemeine Buch, Frankfurt, 2006.

[Karimi et al. 2001] Karimi, J., Somers, T., Gupta, Y. P.: Impact of Information Technology Management Practices on Customer Service. In: Journal of Management Information Systems, Vol. 17, H. 4, S. 125-158, Frühjahr 2001.

[Keller 2007] Keller, W.: IT-Unternehmensarchitektur. Von der Geschäftsstrategie zur optimalen IT-Unterstützung. dpunkt.verlag, Heidelberg, 2007.

[Kneuper 2006] Kneuper, R.: CMMI – Verbesserung von Softwareprozessen mit Capability Maturity Model Integration. 2. Auflage, dpunkt.verlag, Heidelberg, 2006.

[Kobielus 2006] Kobielus, J.: SOA Governance: Preventing rogue services. Network World, 2006.
Unter: *www.networkworld.com*, Abruf am 3.3.2007.

[Koch 2006] Koch, G.: IT-Governance in Versicherungsunternehmen. Unterlagen Hauptseminar Versicherungsinformatik, Universität Leipzig, 2006. Unter: *www.unileipzig.de/versicherungsinformatik/dokumente*, Abruf am 4.3.2007.

[Köhler 2005] Köhler, P. T.: ITIL – Das IT-Servicemanagement Framework. Xpert.press, Springer-Verlag, Berlin, Heidelberg, New York, 2005.

[KPMG 2004] KPMG: Summary of KPMG IS Governance Survey. KPMG LLP, London, September 2004.

[Kraemer & Dedrick 1994] Kraemer, K., Dedrick, J.: Payoffs from Investment in Information Technology – Lessons from the Asia Pacific Region. In: World Development, 22. Jg., H. 12, S. 1921-1931, 1994.

[Liebe 2003] Liebe, R.: ITIL – Entstehen eines Referenzmodells. In: Bernhard, M. G., Blomer, R. J., Bonn (Hrsg.): Strategisches IT-Management, Band 1. Symposion Publishing, Düsseldorf, 2003.

[Luftman 1996] Luftman, J. N.: Competing in the Information Age – Strategic Alignment in Practice. Oxford University Press, 1996.

[Luftman et al. 1999] Luftman, J. N., Papp, R., Brier, T.: Enablers and Inhibitors of Business-IT Alignment. Communications of the AIS, Volume 1, Issue 3, 1999.

[Maes et al. 2000] Maes, R., Rijsenbrij, D., Truijens, O., Goedvolk, H.: Redefining Business – IT Alignment through a Unified Framework. PrimaVera Working Paper 2000-19, 2000.

[Melville et al. 2004] Melville, N., Kraemer, K., Gurbaxani, V.: Review: Information Technology and Organizational Performance – An Integrative Model of IT Business Value. In: Management Information Systems Quarterly. Volume 28, Issue 2. S. 283–322, Juni 2004.

[Ndilula 2007] Ndilula, Panduleni E.: IT Governance as a requirement and Status of Implementation in Namibia. Thesis for Master of Information Technology, Polytechnic of Namibia, Windhoek, 2007.

[OGC 2001] Office of Government Commerce (Hrsg.): Service Delivery (IT Infrastructure Library), Version 2.1. UK 2001.

[OGC 2002a] Office of Government Commerce, (Hrsg.): Application Management, Version 2.0 (IT Infrastructure Library), UK 2002.

[OGC 2002b] Office of Government Commerce (Hrsg.): ICT Infrastructure Management, Goals, scope and objectives (IT Infrastructure Library), UK 2002.

[OGC 2002c] Office of Government Commerce (Hrsg.): Planning to Implement Service Management (IT Infrastructure Library), UK 2001.

[OGC 2004] Office of Government Commerce (Hrsg.): The Business
Perspective (IT Infrastructure Library), UK 2004.

[Österle & Blessing 2005] Österle, H., Blessing, D.: Ansätze des Business
Engineering. In: HMD – Praxis der Wirtschaftsinformatik, Heft 241,
Februar 2005.

[Papp 1999] Papp, R.: Business-IT Alignment: Productivity Paradox Payoff?
In: Industrial Management & Data Systems. 99/8. S. 367–373, 1999.

[Papp 2001] Papp, R.: Introduction to Strategic Alignment. In: Papp, R.
(Hrsg.): Strategic Information Technology: Opportunities for
Competitive Advantage. Idea Group, Hershey, PA, 2001. S. 1–24.

[Pfeifer 2003] Pfeifer, A.: Zum Wertbeitrag von Informationstechnologie.
Eine Darstellung an Unternehmen der Fertigungsbranchen in
Deutschland, Passau, 2003.
Unter: *www.opus-bayern.de/uni-passau/volltexte*, Abruf am 3.3.2007.

[Porter & Millar 1985] Porter, M. E., Millar, V. E.: How Information gives
you Competitive Advantage. Harvard Business Review July-August,
S. 149-160, 1985.

[Reich & Benbasat 2000] Reich, B. H., Benbasat, I.: Factors that Influence
the Social Dimension of Alignment between Business and Information
Technology Objectives. MIS Quarterly 24,1, S. 81–113, USA, 2000.

[Schelp & Stutz 2007] Schelp, J., Stutz, M.: SOA-Governance. In: HMD –
Praxis der Wirtschaftsinformatik, Heft 253, 2007, S. 66–73.

[Schneider 2006] Schneider, B. : Case Study: IT Service Management nach
ISO 20000 – und was es bringt. 2. Information-Security-Symposium,
Wien, 2006.

[Schütte 1998] Schütte, R.: Grundsätze ordnungsmäßiger Referenz-
modellierung. Konstruktion konfigurations- und anpassungs-
orientierter Modelle. Wiesbaden 1998.

[SEC 2003] Securities and Exchange Commission. Final Rule: Management's
Reports on Internal Control Over Financial Reporting and
Certification of Disclosure in Exchange Act Periodic Reports.
http://www.sec.gov/rules/final/33-8238.htm, Abruf am 5.4.2007.

[SEI 1993] Software Engineering Institute: Capability Maturity Model
(CMM), 1993. Unter: *www.sei.cmu.edu*, Abruf am 3.3.2007.

[SEI 1999] CMMI: The Evolution of Process Improvement. Dezember 1999.
Unter: *http://www.sei.cmu.edu/news-at-sei/features/1999/
december/Background.dec99.htm*, Abruf am 4.6.2003.

[SEI 2007] Software Engineering Institute: Capability Maturity Model
Integration (CMMI), 2007.
Unter: *www.sei.cmu.edu/cmmi/cmmi.html*, Abruf am 3.3.2007.

[Sewera 2005] Sewera, S.: Referenzmodelle im Rahmen von IT-Governance –
COBIT, ITIL, MOF. Seminar Informationswirtschaft, Wirtschafts-
universität Wien, 2005.
Unter: *http://www.ai.wu-wien.ac.at/~koch/lehre*, Abruf am 8.1.2007.

[Stahlknecht & Hasenkamp 2002] Stahlknecht, P., Hasenkamp, U.:
Einführung in die Wirtschaftsinformatik, 10. Auflage. Springer-Verlag,
Berlin, Heidelberg, New York, 2002.

[Stephan 2005] Stephan, B.: IT-Transparenz – Zum Stand der Praxis in
deutschen Unternehmen. Detecon Consulting, Eschborn, 2005.

[SUN 2006] Sun Microsystems, Inc.: SOA Governance Solution. Accelerating
SOA. Unter: *www.sun.com/products/soa/soa_governance.pdf*,
Abruf am 3.3.2007.

[Szakats 2004] Szakats, D.: IT Maturity and Sourcing Strategies. Institut für
Informatik der Universität Zürich, Zürich, 2004.

[Tallon et al. 2000] Tallon, P., Kraemer, K. L., Gurbaxani, V.: Executive's
Perception of the Business Value of Information Technology:
A Process-Oriented Approach. Journal of Management Information
Systems. 16, 4. S. 145-173, 2000.

[Turbitt 2006] Turbitt, K.: ISO 20000: What's an Organization to Do? BMC
Software, 2006. Unter: *www.bmc.com/USA/*, Abruf am 8.1.2007.

[van Grembergen et al. 2004] van Grembergen, W., De Haes, S., Guldentops,
E.: Structures, Processes and Relational Mechanisms for IT Gover-
nance. In: Van Grembergen, W. (Hrsg): Strategies for Information
Technology Governance. Idea Group, London, S. 1-36, 2004.

[van Reenen & Sadun 2005] van Reenen, J., Sadun, R.: Information
Technology and Productivity: It ain't what you do it's the way that you
do I.T. EDS Innovation Research Programme Discussion Paper Series,
Oktober 2005.

[Victor & Günther 2005] Victor, F., Günther H.: Optimiertes IT-Management mit ITIL. Vieweg, Wiesbaden, 2005.

[Walter & Krcmar 2006] Walter, S.; Krcmar, H.: Reorganisation der
IT-Prozesse auf Basis von Referenzmodellen – eine kritische Analyse.
In: it-Service-Management, Heft 2, 2006.

[Weill & Ross 2004] Weill, P., Ross, J. W.: IT Governance. Harvard Business
School Press, Boston, 2004.

[Winter 2003] Winter, R.: Modelle, Techniken und Werkzeuge im Business
Engineering. In: Österle, H., Winter, R. (Hrsg.), Business Engineering –
Auf dem Weg zum Unternehmen des Informationszeitalters. 2. Aufl.,
Springer-Verlag, Berlin, Heidelberg, New York, S. 87-118, 2003.

Index

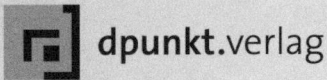

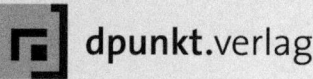

2006, 160 Seiten, Broschur
€ 23,50 (D)
ISBN 978-3-89864-382-5

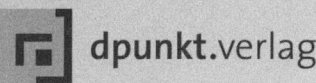

dpunkt.verlag

Ringstraße 19 · 69115 Heidelberg
fon 0 62 21/14 83 40
fax 0 62 21/14 83 99
e-mail hallo@dpunkt.de
http://www.dpunkt.de

Hans-Peter Fröschle
Susanne Strahinger (Hrsg.)

IT-Governance

HMD Praxis der Wirtschaftsinformatik

Heft 250

Aus den Erfahrungen der letzten Jahre haben IT-Führungskräfte gelernt, dass der Wertbeitrag der IT zielorientiert gesteuert und effizient kontrolliert werden muss, wenn IT als ein »Business im Business« akzeptiert werden soll und in dieser Rolle nachhaltig wirken will. Die richtige Gestaltung der IT-Governance ist daher eine der wichtigsten Aufgaben, mit der sich IT-Manager derzeit beschäftigen müssen.

Zudem schlagen zunehmend von Gesetzgebern oder vom Markt diktierte Anforderungen an Unternehmen hinsichtlich der Gestaltung ihrer Corporate Governance auf die verschiedenen Unternehmensbereiche, darunter in großem Maße auf die IT, durch. Das Schlagwort »Compliance« und die damit verbundenen gesetzlichen Kontroll-, Prüf- und Berichtspflichten auf Unternehmensebene beeinflussen unmittelbar Strukturen und Prozesse in der IT.

HMD 250 leistet einen Beitrag zur Beantwortung der Frage, wie IT-Governance situativ zu gestalten ist. Erfahrungsberichte von Unternehmen können hierbei als wertvolle Quelle dienen. Dabei ist von besonderem Interesse, wie die zur Verfügung stehenden allgemeinen Rahmenwerke wie z.B. COBIT (Control Objectives for Information and Related Technology) oder das Risikomanagement-Framework COSO (Committee of Sponsoring Organizations of the Treadway Commission) konkret und unternehmensspezifisch umgesetzt werden. Nicht zuletzt darf gerade die IT die IT-Unterstützung ihrer eigenen Arbeit nicht vernachlässigen. In diesem Sinne soll auch über IT-Governance-Werkzeuge und Erfahrungen mit diesen berichtet werden.

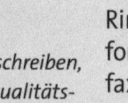

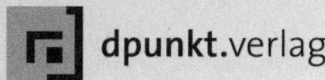

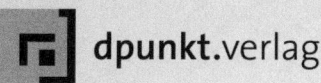